中国气田开发丛书

凝析气田开发

胡永乐　李保柱　夏　静　等编著

石油工业出版社

内 容 提 要

本书系统论述了凝析气田开发的理论与方法，围绕凝析气藏流体的特殊性，详细介绍了这一研究领域的最新科研成果，包括凝析气藏流体评价、凝析气藏储量与产能评价、凝析气藏开发设计、凝析气藏动态分析方法、多组分数值模拟技术及简明地面工艺技术，并结合现场实际加以分析和应用。

本书可供从事凝析气田开发的研究人员、现场工作人员以及有关院校师生学习、借鉴、参考。

图书在版编目（CIP）数据

凝析气田开发／胡永乐等编著．
北京：石油工业出版社，2016.1
（中国气田开发丛书）
ISBN 978-7-5183-0673-2

Ⅰ．凝…
Ⅱ．胡…
Ⅲ．凝析气田－气田开发
Ⅳ．TE372

中国版本图书馆 CIP 数据核字（2015）第 237913 号

出版发行：石油工业出版社
（北京安定门外安华里 2 区 1 号楼　100011）
网　址：www.petropub.com
编辑部：(010) 64523537　图书营销中心：(010) 64523633
经　　销：全国新华书店
印　　刷：北京中石油彩色印刷有限责任公司

2016 年 1 月第 1 版　2016 年 1 月第 1 次印刷
889×1194 毫米　开本：1/16　印张：13.5
字数：370 千字

定价：108.00 元
（如出现印装质量问题，我社图书营销中心负责调换）

《中国气田开发丛书》
编 委 会

《中国气田开发丛书》
专 家 组

《中国气田开发丛书·凝析气田开发》
编 写 组

组　长：胡永乐

副组长：李保柱　夏　静　焦玉卫

成　员：朱忠谦　李　勇　阳建平　方建龙
王振彪　张　晶　罗　凯　别爱芳
李汝勇　蒋漫旗　谢　伟　吕伦杰
陈文龙　廖发明　薛　展　张久存
肖香姣　成荣红　闫建业　刘　东
李　旭　王　勇

序

我国常规天然气开发建设发展迅速，主要气田的开发均有新进展，非常规气田开发取得新突破，产量持续增加。2014年全国天然气产量达$1329\times10^8m^3$，同比增长10.7%。目前，塔里木盆地库车山前带克深和大北气田，鄂尔多斯盆地的苏里格气田和大牛地气田，四川盆地的磨溪—高石梯气田、普光和罗家寨气田等一批大中型气田正处于前期评价或产能建设阶段，未来几年天然气产量将持续保持快速增长。

近年来，中国气田开发进入新的发展阶段。经济发展和环境保护推动了中国气田开发的发展进程；特别是为了满足治理雾霾天气的迫切需要，中国气田开发建设还将进一步加快发展。因此，认真总结以往的经验和技术，站在更高的起点上把中国的气田开发事业带入更高的水平，是一件非常有意义的工作，《中国气田开发丛书》的编写实现了这一愿望。

《中国气田开发丛书》是一套按不同气藏类型编写的丛书，系统总结了国内气田开发的经验和成就，形成了有针对性的气田开发理论和对策。该套丛书分八个分册，包括《总论》《火山岩气田开发》《低渗透致密砂岩气田开发》《多层疏松砂岩气田开发》《凝析气田开发》《酸性气田开发》《碳酸盐岩气田开发》及《异常高压气田开发》。编著者大多是多年从事现场生产和科学研究且有丰富经验的专家、学者，代表了中国气田开发的先进水平。因此，该丛书是一套信息量大、科学实用、可操作性强、有一定理论深度的科技论著。

《中国气田开发丛书》的问世，为进一步发展我国的气田开发事业、提高气田开发效果将起到重要的指导和推动作用，同时也为石油院校师生提供学习和借鉴的样本。因此，我对该丛书的出版发行表示热烈的祝贺，并向在该丛书的编写与出版过程中给予了大力支持与帮助的各界人士，致以衷心的感谢！

中国工程院院士 韩大匡

前　言

凝析气藏是一种特殊的气藏。它的特殊之处在于气藏中聚集的碳氢化合物在地层温度、压力条件下以气态存在，当压力降到露点压力以下时，气态混合物中会析出液体，通常称为凝析油。凝析油主要成分是$C_5 \sim C_{11+}$的混合物，油质轻而纯净，是一种宝贵的资源。

20世纪70年代以来，在中国东部地区先后发现并开发了板桥、大张坨、东海春晓、东海残雪等凝析气田。随着中国石油工业战略西移，在新疆塔里木盆地发现并开发了柯克亚、吉拉克、牙哈、英买力、迪那等一批大中型凝析气田。随着油气钻探向盆地深层扩展，预计发现的凝析气田将会越来越多。加强凝析气田开发的基础理论与技术研究，对于规模、高效、经济地开发中国凝析油气资源具有非常重要的意义。

由于凝析气流体相态的特殊性，对于凝析气田，在流体取样、PVT实验、相态特征评价、储量计算、开发动态特征、数值模拟、注采工艺、地面工程设计等方面都不同于常规的油气田。特别是开发过程中地层压力低于露点压力后，流体相态会出现气液两相或更复杂的变化，凝析油黏附在储层岩石表面难以采出，致使凝析油采收率降低，造成资源上的浪费和经济上的损失。如何合理高效地开发凝析气田面临许多问题与挑战。

笔者多年来从事凝析气田开发技术研究工作，曾参与完成过国内柯克亚凝析气田衰竭后循环注气、牙哈凝析气田早期循环注气、英买力凝析气田油气同采等开发方案设计，以及乌克兰卡捷列夫凝析气田循环注气系统优化等研究工作，在凝析气田开发的多个领域积累了一定的经验和素材，现经整理汇总提炼编写了此书，本书内容包括凝析气藏的分类与分布特点，凝析气的相态特征、试井及产能评价，凝析气藏开发方法，凝析气藏储量及采收率计算，循环注气开发动态评价及监测方法，凝析气藏数值模拟，凝析气藏开发程序及实例。由于能力有限，书中不足之处在所难免，敬请读者批评指正。

在编写过程中，谢兴礼教授对全书进行了仔细审阅，孟慕尧教授、李士伦教授、方义生教授、孙志道教授给予了精心指导，中国石油天然气股份有限公司勘探与生产分公司天然气处任东、谭健、杨炳秀等专家对本书提出了非常好的修改意见。借此出版之际，对为该书出版付出心血和艰辛劳动的各位专家表示深深的谢意！

本书编写组

2015年9月

目　　录

第一章　绪　　论

凝析气藏是介于油藏和气藏之间的一种特殊烃类矿藏，其油气体系即凝析油气体系，以高气油比和轻组分相对富集（相对油藏而言）为主要特征。气藏中的碳氢化合物在地层原始温度和压力条件下，以气相形式存在。在一定温度、压力范围内存在逆蒸发和逆凝析现象。在开采过程中，地下、井筒会出现油气两相，从生产井产出流体经分离器分离后可得到天然气和凝析油。

第一节　凝析气藏的形成与分类

一、凝析气藏的基本概念

对凝析气藏的定义，中外著者有大同小异的说法[1-3]。凝析气藏是一种特殊类型气藏，它的特殊之处在于：气藏中聚集的碳氢化合物在原始地层温度、压力条件下以气态存在，当压力降到某一界限（称之为露点压力）及以下时，气态混合物中会出现液体。这种现象和一般情况相反，一般气态物质（如水蒸气）只有在压力升高或温度降低时才能凝聚成液体。因此，把这种现象称为“反凝析现象”，其凝析物称为凝析油，这种气藏称为凝析气藏。

凝析气藏之所以具有这种特殊的反凝析现象，首先在于凝析气的组分，其次是储层的压力和温度条件。凝析气中除含有大量甲烷以外，戊烷（C_5H_{10}）和戊烷以上的烃类含量较一般气藏高，这些组分在原始地层条件下以气态形式存在，当压力降低到露点压力以下时，部分组分反凝析为液态油。由于凝析油质轻而纯净（呈无色透明状或淡黄透明状），采出后甚至不需加工炼制就可以直接利用。所以，凝析气藏是一种很宝贵的资源。这种气藏在中国的四川、大港、华北、塔里木等地被相继发现，并已投入大规模开发。

一般情况下，凝析气藏与油藏、干气气藏的区别是明显的。油藏原始气油比通常不超过400m^3/m^3，而当气油比超过3000m^3/m^3时，就基本属于干气气藏了。凝析气藏气油比的变化范围多在1000～3000m^3/m^3。当气油比落在400～1000m^3/m^3这一范围时，可能是挥发油藏，也可能是凝析气藏[4]。同样，凝析气藏的气油比上限也是模糊的。

挥发油藏与高凝析油含量的凝析气藏，低凝析油含量的凝析气藏与湿气气藏之间的界限是逐渐过渡的，若要准确区分其类型还需依靠PVT（高压物性）的实验结果。

二、凝析气藏的形成

与常规油气藏相比，凝析气藏的形成取决于其流体组分、相态特征、转换平衡及其赖以存在的条件。以此为线索，追寻成因，人们发现，凝析气藏其实是地层及其所含有机质深成作用的产物。在深成作用阶段，由于C—C链断裂速度的增加和原溶解气的释放，造成气态烃的体积猛增，形成凝析气和富含气态烃的湿气。腐殖型有机质生成凝析油气体系的温度范围大致在85～125℃；而腐泥型的则要在140～170℃之间才能生成。在运聚成藏过程中，温压系统的变化，会使凝析气在一定区间内相态的平衡发生改变，使其既可变为油藏又可变为纯的凝析气藏。因此形成凝析气藏必须具备两个条件：

（1）地层温度介于烃类物系的临界温度和临界凝析温度之间，地层压力大于该温度时的露点压力。

这是形成凝析气藏的重要特征。通常压力都超过14MPa，温度超过38℃。多数凝析气藏的压力大于20MPa，温度大于90℃。但地层压力和温度并不是形成凝析气藏的唯一条件，油气在地层条件下的比例、烃类混合物的原始组成以及各种地质条件等也是形成凝析气藏的必要条件。气层越深，压力和温度越高，在其他条件相同的情况下，凝析油在气体中的含量也越高。压力限制了凝析气藏的最小深度，否则不能形成凝析气藏。根据美国1945年前发现的224个凝析气田的统计，其中约80%凝析气田深度大于1500m [5] 。

（2）烃类中的气体含量超过液体，为液相溶于气相创造条件，可见，凝析油气体系的生成在受干酪根类型和成熟度控制的前题下，原始气油比和烃类的组成（特别是轻烃的含量）是影响烃类相态的又一决定性因素。也正因为如此，凝析气藏中的流体组分才有下述特性。

①具有足够数量的气态烃。

凝析气藏流体组分中约90%（体积分数或摩尔分数）是甲烷、乙烷、丙烷及CO_2、N_2等。在高温、高压下，气体能溶解相当数量的液态烃。

②具有一定数量的液态烃。

凝析油有两种来源：一种来源是由于地层深处生油层中有机质的生成作用，有机质受热分解生成大量气态烃和少量液态烃。有机质埋藏深，具有深层的热应力，陆源有机质在这种异常条件下可生成一定数量的凝析油。另一种来源是生物降解作用，凝析油热成熟度很低，主要是次生的凝析油生成于高热的蚀变区，以后运移到低蚀变区，并重新分配。气相中的凝析油含量是由凝析油的密度、馏分组成、族分组成以及某些物理性质（初沸点和终沸点等）所决定的。环烷烃含量越高，油的含量越低。随着密度、沸点的降低，凝析油含量增大。

在地层条件下，凝析油含量存在临界值，高于此值，凝析油不可能全部溶于气相中，它与气油比的临界值相当。气油比大于临界值时，油气体系处于气相状态。气油比临界值主要取决于烃类组成及气层的热动力条件。

③具有一定的高分子同系物。

在高压下，液态烃在甲烷气体中的溶解度非常低。但当高分子气态同系物增加时，可以明显地提高液态烃的溶解，有利于凝析气藏的形成。

三、凝析气藏的分类

地下油气可分为8种流体类型：即干气、湿气、凝析气、近临界态流体、挥发油、黑油、重质油和沥青等（图1–1）。

凝析气藏分为纯凝析气藏和带油环或底油凝析气藏（凝析气顶与油环共存的凝析气藏）。而凝析气藏按油气分布结构大致有5种类型：

（1）油气和油水界面有4条内外边界线，界线间存在纯油区，如图1–2（a）所示。

（2）油水内边界线处于油气外边界线以内，如图1–2（b）所示。

（3）底油衬托含气区，有一条油气边界线和两条油水边界线，存在纯油区，如图1–2（c）所示。

（4）底油衬托含气区，有一条油气边界线，有两条油水边界线，但油水内边界线处于油气边界线以内，不存在纯油区，如图1–2（d）所示。

（5）凝析气顶底水块状油藏，油气和油水边界线各只有一条，如图1–2（e）所示。

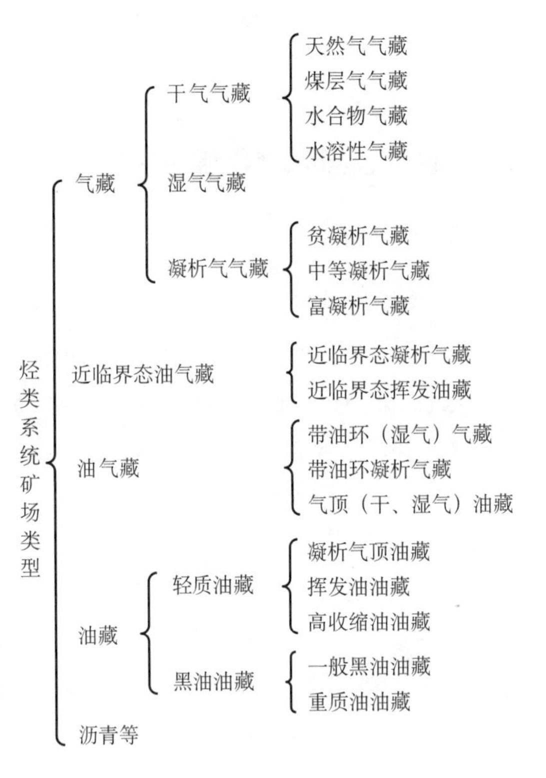

图1–1　烃类系统按相态分类

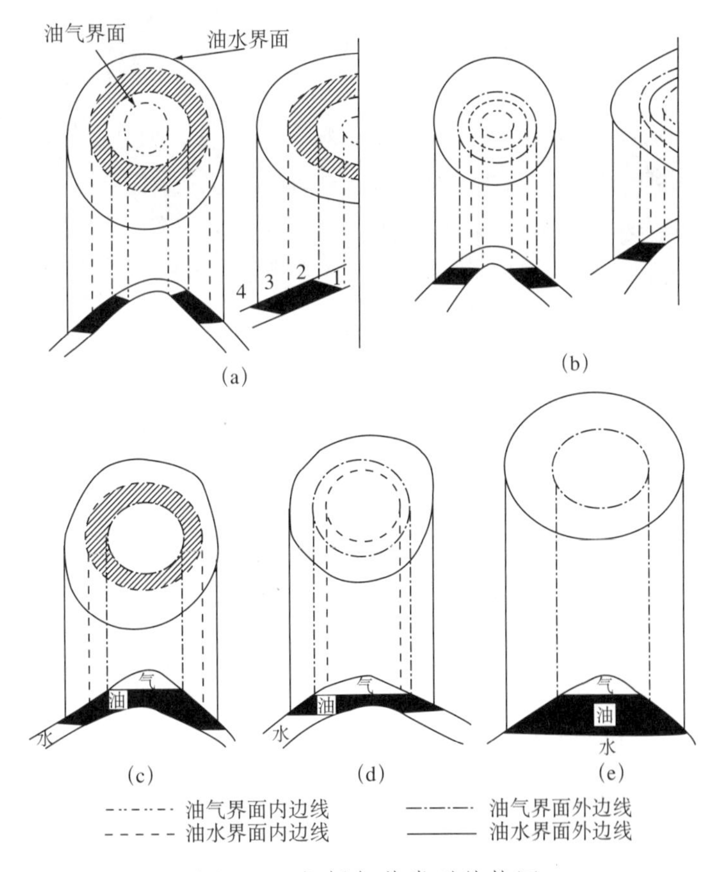

图1–2　凝析气藏类型结构图

第二节　凝析气藏的特点与分布

一、凝析气藏的基本地质特点

凝析气藏的主要地质特点可归纳为7个方面。

1. 成烃体系

凝析气藏的生烃母质有4类，主导4类成烃体系。

（1）陆源母质成烃体系：母质主要为陆源有机质，在R_o为0.8%～1.3%时是陆源凝析油气体系形成的主要阶段，但R_o＞2仍有贡献。

（2）煤成烃体系：煤型烃源岩生烃母质研究证明：R_o为0.75%～1.30%区间是煤型凝析油气体系形成的主要阶段。

（3）湖泊腐泥型有机质成烃体系：淡水—半咸水湖相腐泥型源岩，R_o＞1.4%进入凝析油气体系形成的高峰期，所形成的凝析油主要是烷烃，芳烃含量甚微。C—C键，继续断裂，烃类进一步裂解形成大量湿气和干气。

（4）海相腐泥型有机质成烃体系：R_o＞2时进入生气高峰，可以形成大量高温裂解气。如果高温裂解气对油藏发生气侵，也可产生“气侵型凝析油气”。

2. 形成的盆地

凝析气藏主要形成于5类盆地中，并以其中3类为主。

全球已发现的凝析油气田主要分布于美国、俄罗斯、澳大利亚、哈萨克斯坦、乌兹别克斯坦以及东南亚等地区。以大地构造环境为据，可归入5类盆地：老克拉通盆地（以早古生代及其以前地层为基底，如塔里木盆地、第聂泊—顿涅次盆地、安加拉—勒那盆地、阿纳达科盆地），新克拉通盆地（以晚古生界及其以后褶皱系为基底，如西伯利亚盆地、卡拉库姆盆地等），前陆盆地（如库车坳陷、扎格罗斯盆地、滨里海盆地、印度河盆地等），裂谷盆地（如渤海湾盆地、红海盆地、苏门答腊盆地、加里曼丹、东北萨哈林盆地），山间盆地（如中伊朗盆地、圣胡安盆地、库克湾盆地等）。但这5类盆地并非同等重要，最重要的是前3类：目前全球共发现106个大型凝析气田，分布于全球70多个沉积盆地。其中主要的，如西西伯利亚盆地、滨里海盆地、波斯湾盆地、扎格罗斯盆地、美国墨西哥湾及中国塔里木盆地等都属于这3类。

3. 圈闭与储盖层

圈闭主要为大型背斜构造、鼻状构造、断块及断层伴生断块群，部分地层及岩性圈闭。储盖层岩心与常规相比，出入不大，唯因深埋影响，致密层比例偏高。

4. 运移充注与成藏

凝析气藏的成因决定其常常经历复杂的地史过程，因而，多期充注晚期成藏是其普遍现象。蒸发凝析、分馏与混合，导致运移、聚集过程中，烃系分异富化，形成次生凝析气藏则是其一大特点。

5. 流体性质

流体组分与相态既是地质条件的反映，也是重要的成因特征，故在“凝析气藏的形成”部分已做了介绍，详见第一章第一节。

需要补充说明的是年轻地台内凝析气藏的凝析油密度达0.7～0.84g/cm^3，沸点范围30～110℃，凝析油的烃组分以环烷烃为主，有的环烷烃含量达75%～89%。在凝析气中重质甲烷同系物随深度增加而增加，最高达15%～27%。老地台盆地经历了漫长而复杂的地质历史，凝析油密度低、沸点低，凝析气的烃组分中以甲烷为主。

6. 时代、层系与深度分布

凝析气藏在全球与中国的时代、层系与深度分布趋势大体一致，除古生代寒武系到新生代古近系都有分布。部分地区元古界和新近系也有发现。气藏埋深通常2000～6000m之间。2000m以浅6000m以深，也有少量发现。由于影响地温梯度和压力系数的因素不同，不同盆地乃至同一盆地不同部位凝析气藏埋深也是不一样的。有统计称年轻地台内部浅一些，2000～3000m的深度，地台边缘增至3000～4000m；活动盆地中凝析气藏分布在2000～6000m之间。在老地台及其边缘区的盆地，凝析气藏的深度不等。这些尚待更多资料加以证明或修正。

7. 气田规模分布

全球已发现22000个以上凝析气田，大凝析气田只有106个，仅占0.5%，但储量却占60%以上。中国凝析气田储量中，中小气田占比较国外多一些，但也改变不了以塔里木和南海大气田为主的大趋势，这就指明了凝析气勘探开发的重点方向。

二、中国凝析气藏的特点与分布

据初步统计，截至2012年底，中国累计探明凝析油地质储量4.22×10^8t、天然气地质储量2.61×10^{12}m^3。这些凝析气藏分布在陆上和海上含油气盆地中，其中塔里木盆地是中国凝析气藏发现最多的地区，也是凝析气资源最丰富、最有开发前景的地区[6]。

1. 凝析油含量和储量分布特点

根据气藏分类标准（SY/T 6168—1995）凝析油含量分为5类：特高含量（大于600g/m^3）、高含量（250～600g/m^3）、中含量（100～250g/m^3）、低含量（50～100g/m^3）、微含量小于（50g/m^3）。

从表1-1统计看，特高含凝析油的凝析气藏主要分布在塔里木盆地，其次是大港和渤海地区。高、中含凝析油的凝析气藏也主要分布在塔里木盆地，约占现有发现资源量一半以上，其次是大港、吐哈、华北、渤海、东海等地区；低含、微含凝析油的凝析气藏主要分布在南海、中原、辽河和准噶尔等地区，四川盆地凝析气也多属于这种类型。

中国凝析气储量主要分布在塔里木盆地。截至2009年底，塔里木凝析气藏天然气储量2016×10^8m^3，占全国的36.5%；凝析油储量7013×10^4t，占全国的62.4%（图1-3）。

2. 以纯凝析气藏类型为主

根据地下油气相态及油气当量相对大小，把凝析气藏分为3类：纯凝析气藏、带油环（或底油）凝析气藏、凝析气顶油藏（储层含油体积大于含气体积）。

表1–1　不同地区凝析气藏中凝析油含量数据

地区	凝析油含量，g/m³					
	>600	250～600	100～250	50～100	<50	总平均
塔里木	788	415	181	74		348
吐哈		291	238	56		237
准噶尔				79	28	41
青海			182			182
大港	707	345			27	330
冀东			222			222
华北		348	177			204
辽河		373	161	93	13	86
吉林					49	49
中原			101	90	21	40
渤海	702	263	222			241
东海		285	180	95		225
南海		253		95	43	48.3
全国平均	781	363	187	74	35	227

注：表中数据为同类凝析气藏凝析油含量储量加权平均值。

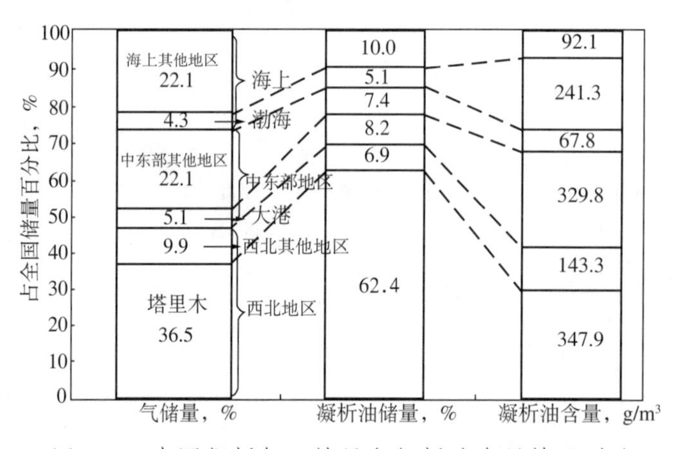

图1–3　中国凝析气田储量和凝析油含量情况对比

根据51个资料比较完整的凝析气藏统计分析（表1–2、图1–4），其中纯凝析气藏有26个，占总数目的51%，气储量占总气储量的67%，凝析油储量占总凝析油储量的62.4%；带油环（或底油）凝析气藏有12个，占总数目的23.5%，气储量占总气储量的22%，凝析油储量占总凝析油储量的31%；凝析气顶油藏有13个，占总数目的25.5%，气储量占总气储量的11%，凝析油储量占总凝析油储量的7%。

从区域分布来看，塔里木纯凝析气藏15个，带油环（或底油）凝析气藏3个，凝析气顶油藏4个，占总统计数的43%，所占份额都较高。在准噶尔盆地和东海区域，目前只发现少数纯凝析气藏。在大港、华北和渤海地区，发现带油环（或底油）凝析气藏。在辽河、中原和吉林地区，发现一些凝析气顶油藏。在南海区域，发现2个储量较大的纯凝析气藏和1个凝析气顶油藏，但都是凝析油含量相当低的（微含量和低含量型）凝析气藏。

表1–2　凝析气藏类型分析表

地区	纯凝析气藏				带油环（或底油）凝析气藏				凝析气顶油藏			
	个数 个	气储量 %	油储量 %	凝析油含量 g/m³	个数 个	气储量 %	油储量 %	凝析油含量 g/m³	个数 个	气储量 %	油储量 %	凝析油含量 g/m³
塔里木	15	47.8	73.1	322	3	46.8	59.4	401	4	9.8	45.4	630
吐哈	3	4.7	6.5	291	1	7.8	5.9	238	1	8.2	3.4	56
准噶尔	3	8.2	1.6	41								
青海												
大港					2	20.7	22.6	345				
冀东												
华北					4	2.6	1.6	196				
辽河									5	66.7	41.1	90
吉林									1	2.5	0.9	49
中原									1	10.8	7.8	98
四川					1	8.6						
渤海					1	13.5	10.5	246				
东海	3	9.8	12.1	260								
南海	2	29.5	6.7	48					1	2.0	1.4	95
总计/平均	26	100	100	210	12	100	100	316	13	100	100	142

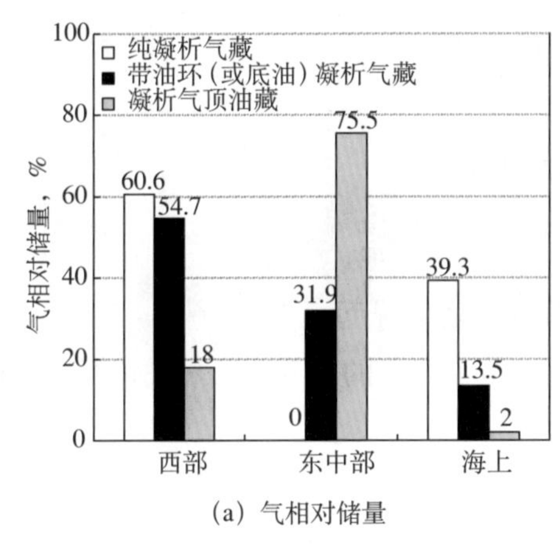

(a) 气相对储量

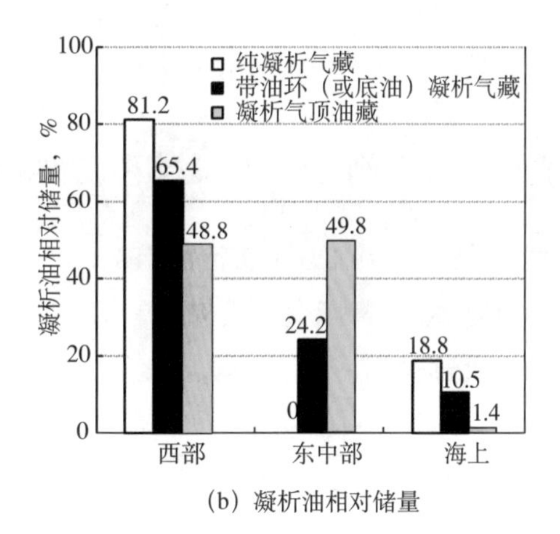

(b) 凝析油相对储量

图1–4　凝析气藏类型分析

3. 凝析气藏埋藏深度的影响

把凝析气藏埋藏深度分为3个深度段做一个统计，即：小于3000m，3000～4000m，大于4000m（表1–3、图1–5）。在统计的51个凝析气藏中，大于4000m的有22个，3000～4000m的有12个，小于3000m的有17个。可见，大于4000m的凝析气藏占多数。

表1–3和图1–5表明一个特点，即埋深3000～4000m的凝析气藏，其气储量占总气储量的比例最多，达41.5%；而大于4000m的其次，占31%；小于3000m的最少，占27.5%。但凝析油储量，则是大于4000m的最多，占48.9%；3000～4000m的其次，占34.3%；小于3000m的最少，只占16.8%。埋藏深度大于4000m的凝析气藏其凝析油含量最高，平均为321g/m³；3000～4000m的凝析气藏其凝析油含量平均为168g/m³，几乎下降了一半；小于3000m的凝析气藏其凝析油含量最低，平均为124g/m³。凝析

气藏的凝析油含量随埋藏深度有增高的趋势。

大于4000m的凝析气藏主要分布在塔里木盆地。

表1–3 凝析气藏埋藏深度综合数据表

类型	埋深 m	凝析气藏个数 个	气储量 %	凝析油储量 %	平均凝析油含量 g/m³
超深层	>4000	22	31.0	48.9	321
深层	3000～4000	12	41.5	34.3	168
中深层	<3000	17	27.5	16.8	124
合计		51	100	100	203

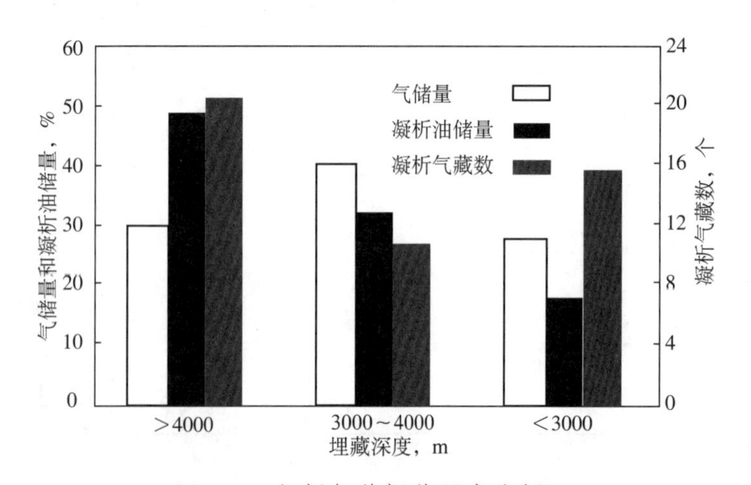

图1–5 凝析气藏埋藏深度分析图

三、中国凝析气藏举例：塔里木凝析气藏的特点与分布

塔里木盆地位于新疆维吾尔自治区南部，为一大陆干旱性盆地，盆地面积$56\times10^4km^2$，其中沙漠面积$33\times10^4km^2$。盆地分为7个一级构造单元，即3个隆起（塔北隆起、中央隆起、塔南隆起）和4个坳陷（库车坳陷、北部坳陷、西南坳陷、东南坳陷），具有极其丰富的石油和天然气资源（图1–6）[7]。

1. 平面分布广泛但相对集中

在塔里木盆地的库车坳陷、塔北隆起、塔中隆起、西南坳陷均已发现或探明了近20个凝析气藏。探明气层气储量$7591\times10^8m^3$，凝析油地质储量24089×10^4t，合计油当量84575×10^4t [8]（表1–4）。

2. 含油气层位多、埋深差异大

塔里木盆地凝析气藏从奥陶系到新近系均有分布，但储量主要集中在奥陶系、新近系吉迪克组、古近系和白垩系中（表1–5）。

塔北隆起凝析气藏主要发育在奥陶系、石炭系—新近系中，隆起北部主要集中在白垩系—新近系中，隆起南部分布在奥陶系、石炭系和三叠系内。塔中隆起凝析气藏主要分布在奥陶系和石炭系内，库车凹陷主要分布在阳霞凹陷，塔西南坳陷凝析气藏主要分布在新近系西沙甫组内。

从深度上看（表1–6），凝析气藏埋深一般在3200～5500m之间，最深达6500m（柯深101气藏），最浅为2960m（柯克亚西3气藏）。

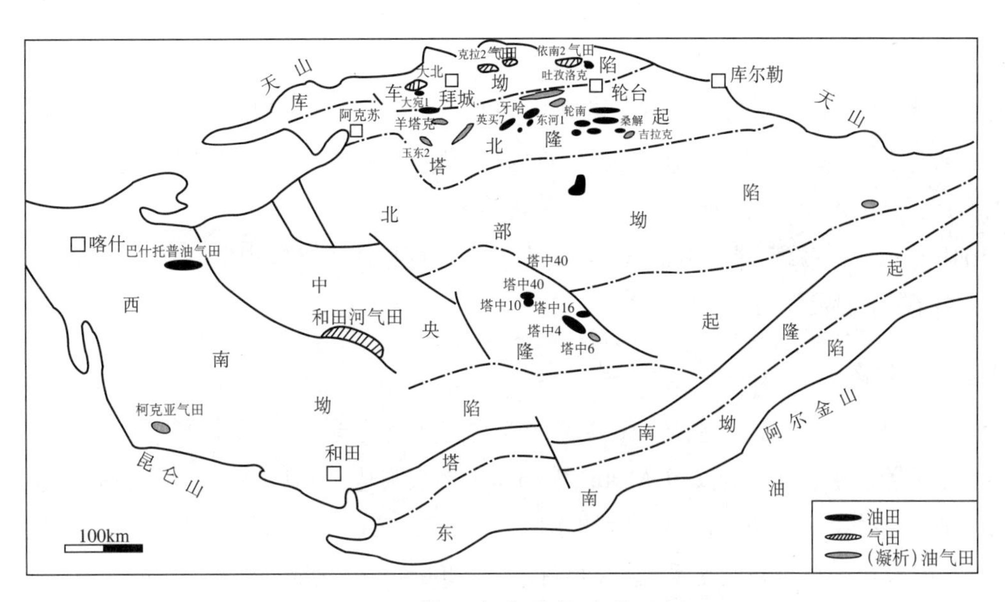

图1–6　塔里木盆地构造单元图

表1–4　塔里木盆地探明凝析油地质储量分布情况统计

构造位置	气藏名称	凝析油地质储量 10^4t	占全探明地质储量 百分比，%
库车凹陷	迪那2	1339	5.56
塔北隆起	牙哈、英买7、羊塔克、吉拉克、玉东2、吉南4、提尔根、红旗、轮古、东河塘	5871	24.37
塔中隆起	塔中Ⅰ号、塔中4（气顶）、塔中6	15470	64.22
西南坳陷	柯克亚	1409	5.85

表1–5　塔里木盆地探明凝析气藏层系分布情况统计

层　系	气 藏 名 称	凝析油地质储量 10^4t	占全探明地质储量 百分比，%
O	轮古、塔中Ⅰ号	15843	65.8
C	吉拉克、塔中4（气顶）、塔中6	264	1.1
T	吉拉克	614	2.5
K	牙哈2-3、羊塔克、玉东2	757	3.2
E	英买7、红旗、牙哈	4707	19.5
N	红旗、提尔根、牙哈、柯克亚	1904	7.9

表1–6　塔里木盆地探明凝析气藏埋藏深度分布情况统计

深度 m	气藏名称	凝析油地质储量 10^4t	占全探明地质储量 百分比，%
＜3200	柯克亚（X_3、X^1_4）	337.8	5.8
3200～4000	塔中4（气顶）、塔中6、柯克亚（X^2_4—X_8）	1260.7	21.6
4000～5000	英买7、牙哈（N_1j）、吉南4、吉拉克（T_{II}）	2799.1	48.0
＞5000	牙哈（E+K）、东河、羊塔克、吉拉克（C_{III}）、提尔根（K）	1432.5	24.6

3. 与挥发性油藏或油环相伴生

在塔北隆起凝析气藏富集带上，有羊塔克5、牙哈1等挥发性油藏间断分布于凝析气藏之间，如羊塔克5挥发性油藏与羊塔克1凝析气藏伴生，牙哈1弱挥发性油藏与牙哈凝析气田伴生，轮古11凝析气藏与轮古12挥发性油藏相伴生，同时大部分凝析气藏都具有油环。

塔中4油田C_{II}凝析气藏与塔中4油田C_{III}油组弱挥发油藏相伴生，塔中6凝析气田、柯克亚凝析气田不同凝析气藏有多个挥发性的油环。

4. 地层压力较高

原始地层压力一般较高，约在40～60MPa之间，只有个别凝析气藏出现异常高压情况，如吉拉克石炭系凝析气藏地层压力高达72.07MPa，地层压力系数高达1.361，柯深卡拉塔尔组地层压力高达128.6MPa，压力系数高达2.0。地温梯度约在1.77～2.78℃/100m之间（表1–7），属低温系统。例如牙哈凝析气田，其古近系和白垩系基准面海拔为−4200m，相应地层温度为136.76℃，地温梯度为2.373℃/100m，比正常温度系统（地温梯度3℃/100m）相同深度下凝析气藏的地层温度（163.09℃）低了26.33℃。

表1–7 塔里木凝析气藏温度压力系统情况统计

气藏名称		层位	地层压力 MPa	压力系数	地层温度 ℃	地温梯度 ℃/100m
牙哈	YH2–3	N_1j	55.79	1.08～1.16	132.8	2.373
		E+K	56.51		136	
	YH5	N_1j	56.38		130.1	
	YH7	E_5	56.38		135.2	
英买7	YM7–19	E_5	51.12	1.098	107	2.071
	YM17	E_5	50.75	1.091	108	
	YM21	E_4	49.32	1.129	98	
	YM23	E_5	50.48	1.088	105	
羊塔克	YT1	E_I	58.68	1.070～1.111	108	1.902
		E_{II}	58.78		108	
		K_5	58.29		108	
	YT5	K_5	57.58		113	
吉拉克		T_{II}	47.42	1.09	104.5	2.406
		C_{III}	71.59	1.361	127.5	2.42
塔中6		C_{III}	43.39	1.2	115	2.54
玉东2		K_5	52.09	1.12	110.4	
吉南4		T_{II}	47.2	1.12	105.6	1.98
提尔根		N_1j	52.5	1.11	137	2.43
		K_5	52.25	1.1	140	2.78

续表

气藏名称		层位	地层压力 MPa	压力系数	地层温度 ℃	地温梯度 ℃/100m
红旗	YM6	N_1j	48.14	1.1	107	1.94
		E	49	1.08	107	1.88
	DH12	$E_{Ⅰ}$	50.62	1.09	117	2.07
		$E_{Ⅱ}$	50.21	1.07	116	2.07
东河	DH20	$J_{Ⅲ}$	62.97	1.18	145	2.66
		$J_{Ⅳ}$	60.943	1.133	134	2.44
解放渠东		$T_{Ⅱ}$	48.43	1.08	107	2.4
塔中4	TZ402	$C_{Ⅲ}$	42.33	1.19	104	
柯克亚		X_3	29.42	1.01	77	1.77
		X^1_4	37.21	1.21	78	1.77
		$X^2_4—X^2_5$	39.4	1.23	83.4	1.77
		X^1_7	44.46	1.23	90	1.77
		X^2_7	44.9	1.22	93.7	1.77
		X_8	52.32	1.37	93	1.77
		卡拉塔尔	128.6	2.00	153.7	1.94

5.凝析油含量变化范围广、反凝析特征差异大

在塔里木盆地，凝析气藏多为中、高凝析油含量的凝析气藏，凝析油含量一般在300～600g/m³之间。但不同地区、不同层系的凝析油含量差异较大，最低为42g/m³，最高为904.54g/m³。同时，凝析气藏的反凝析特征差异也很大（表1–8）。

表1–8 塔里木盆地凝析气藏相态特征统计表

气藏名称		层位	凝析油含量 g/m³	地露压差 MPa	最大反凝析压力 MPa	最大反凝析液量 %
牙哈	YH2–3	N_1j	573	4.73	25	22.6
		E+K	537.44	4.86	24.5	28
	YH5	N_1j	671	3.53	31	39.67
	YH6	N_1j	588	6.27	25	24.9
	YH7	N_1j	560	1.95	32	33.23
英买7		E	164	0	15	4.58
羊塔克	YT1	E	315	2.79	13.1	11.29
		K	121	1.29	16	4.04
	YT5	K	42	17.98	10.1	0.88
吉拉克		$T_{Ⅱ}$	270～475	0.38	15.68～20.7	4.22～11.73
		$C_{Ⅲ}$	68～121	26.9	9.2～17.6	0.98～1.48

续表

气藏名称		层位	凝析油含量 g/m^3	地露压差 MPa	最大反凝析压力 MPa	最大反凝析液量 %
塔中6		C_{III}	93	7.03	11	0.69
玉东2		K	198.9	2.38	8	6.22
吉南4		T_{II}	395	14.55	18.2	11.81
提尔根		N_1j	550	22.9		
		K	357			
红旗	YM6	N_1j	629			
		E	212			
	DH12	E	662	0.21	20.58	20.4
东河	DH20	J_{III}	904.54	6.17	20	9.04
		J_{IV}	405.08			
塔中4	TZ402	C_{III}	749	0	23.97	19.6
解放渠东		T_{II}	329.8	2.38	19.5	8.7
柯克亚		X_3	167.6			
		X^1_4	656.6			
		X^2_4—X^2_5	437	0	19.6	21.7
		X^1_7	170.8			
		X^2_7	311.9			
		X_8	316.4	7.31	21.38	9.42
		卡拉塔尔	451.4	72.1	24	20.42

参考文献

[1] 张万选，张厚福．石油地质学 [M] ．北京：石油工业出版社，1981.

[2] 童晓光，徐树宝．中国东部陆相盆地天然气的生成和分布 [M]．北京：石油工业出版社，1983.

[3] A.X.米尔扎赞扎杰，等．凝析气田开发 [M]．杨培友，等译．北京：石油工业出版社，1983.

[4] C.R.史密斯，G.W.特蕾西，R.L.法勒．实用油藏工程 [M] ．北京：石油工业出版社，1995.

[5] 李士伦，王鸣华，何江川，等．气田与凝析气田开发 [M] ．北京：石油工业出版社，2004.

[6] 孙志道，胡永乐，李云娟，等．凝析气藏早期开发气藏工程研究 [M] ．北京：石油工业出版社，2003.

[7] 孙龙德.塔里木盆地凝析气田开发 [M] ．北京：石油工业出版社，2003.

[8] 杨海军，朱光友．塔里木盆地凝析气田的地质特征及其形成机制 [J] ．岩石学报，2013，29（9）：3233–3250.

第二章　凝析气的相态特征

对于凝析气藏，相态研究非常重要，它贯穿于勘探开发的全过程。从探井发现凝析气藏开始，就要开展相态研究工作。首先要取得储层有代表性的流体样品，并尽快送到实验室做组分分析和PVT实验，进行相态评价，以便确定油气藏类型，指导勘探和开发。凝析气相态研究成果为气藏工程、采气工程、地面集输和加工处理配套工程设计，以及经济评价提供必需的流体物性参数。在凝析气藏开发过程中，需要定期取得油气样品，研究油、气组成及其变化，为提高油、气采收率提供科学依据。

第一节　相态特征研究

一、相态

相态是指物质在一定温度、压力下所处的相对稳定的状态，是物质聚集状态的简称。物质基本的3种状态是气态、液态、固态，相应地分别称为气体、液体、固体。水蒸气、水、冰是常见的同一物质H_2O的3种相态；氧气、氮气、二氧化碳等在常温下是气态，只在极低温度和较高的压力下才转化为液态或固态；铜、铁等在常温下是固态，加热到高温可以转化为液态或气态。固态物质的分子或原子只能围绕各自的平衡位置微小振动，固体有一定的形状、大小；液态物质的分子或原子没有固定的平衡位置，但还不能分散远离，液体有一定体积，形状随容器而定，易流动，不易压缩；气态物质的分子或原子作无规则热运动，无平衡位置，也不能维持在一定距离，气体没有固定的体积和形状，自发地充满容器，易流动，易压缩。

自然界中，因为条件不同，成分差别较大的烃类体系可以气态、液态、固态或它们的混合状态存在。凝析气藏主要由轻质烃类组成，在储层原始条件下一般为气相，当压力下降到一定程度时有液相凝析油产生。

二、单组分流体相态特征

单组分烃类的热力学特性比较简单，在一定的压力和温度下可能是气相、液相或固相[1]。而单一物质的平衡状态可以同时处于两相或三相状态，改变某些参数就可以得到某一相态，这可以用相律来表示：

$$2+n-k=F \tag{2-1}$$

式中 n——组分数；

k——相数；

F——自由度数。

自由度指的是如温度、压力和相组成的一些自变量。处于三相状态的单一物质没有自由度，在相图上表现为一个固定的三相点。处于两相状态的单一物质有一个自由度，只要给定一个温度值就可以确定相的全部性质。但是采用这条规律只能确定各相的性质，而不能确定各相之间的相互关系。

处于两相状态的双组分体系有两个自由度，也就是这个体系的状态是用温度、压力这两个自变量来确定的。

处于两相状态的三组分体系自由度为3，体系的状态就由温度、压力以及某个表示相组成的一个参数来确定。但天然气的组分极其复杂，因而，要确定天然气体系的状态，就需要知道每种组分在某一相中的浓度。

单组分烃类在不同的压力、容积和温度下的相态关系，是依据实验数据在PVT坐标系中用空间曲线来表示的。定容条件下，压力、温度所确定的相态关系如图2−1所示，图2−2为甲烷的p—V相图，其临界点为C。从图中可以看出，在体系处于临界点温度时，体系的压力再大也不可能处于液相，这个温度与其所对应的压力就称为临界温度和临界压力。

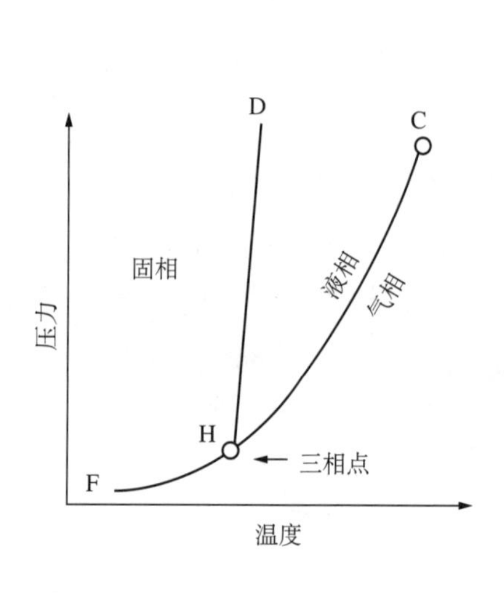

图2−1 甲烷p−T相图

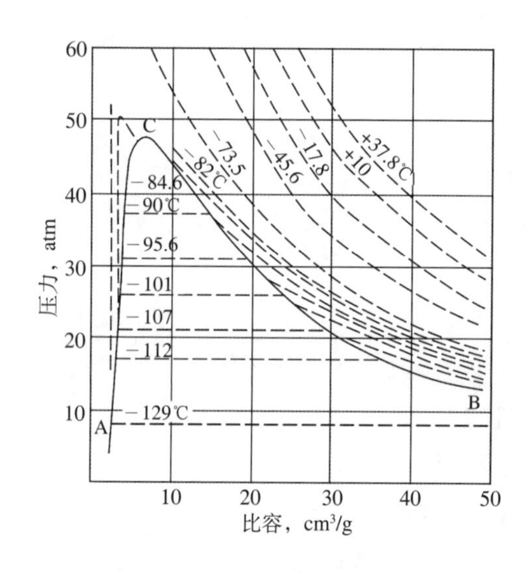

图2−2 甲烷p−V相图

三、两组分流体相态特征

在由两种烃类组成的二元体系中，压力增大（温度低于临界温度）则比容减小；当达到露点时，比容在压力显著增大时才会减小（图2−3）。二元体系和单组分烃类的本质差别在于在压力—温度坐标系中，二元体系的相图呈环状，环内部分为两相共存区。图2−4绘出了不同比例甲烷—丙烷混合物的相图。在这类相图上，混合物组分的沸点相差愈大，环的宽度也愈大。但是，对于成分一定而浓度不同的双组分混合物，其中一个组分的含量愈小，曲线的环就愈窄。而在混合物中双组分的含量大致相等时，环的宽度最大[1]。

二元体系的临界温度界于两个组分的临界温度之间，其具体数值决定于该体系的组成。而该体系的临界压力就大大高于各组分的临界压力。而且，两个组分的沸点差值越大，该体系的临界压力就越高。

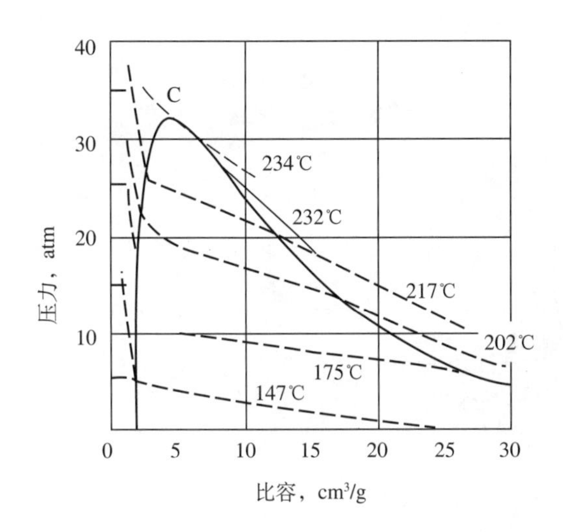

图2-3　二元体系相图（按重量百分比：正戊烷47.6%，正庚烷52.4%）

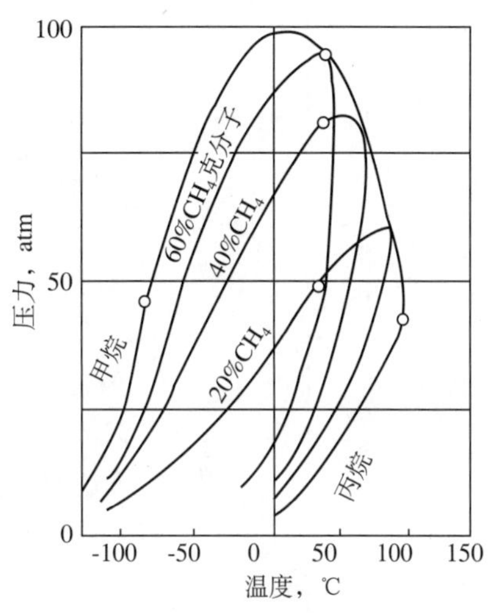

图2-4　甲烷—丙烷体系的相态特点

四、多组分烃类相态特征

对于实际凝析气藏，可以用三拟组分烃类体系来表示，即选一个相当于干气的组分，另一个为中间馏分，再一个为重质残余物。

在原始地层条件下，实际烃类流体（包括油和气）呈单相或两相共存状态。从理论上讲，各种类型的油气藏可以根据其原始压力和温度在p—T相图中所对应的位置来确定。图2-5是某一典型凝析气藏流体的p—T相图[2]，从低温到高温，由不同温度下的泡点组成的连线称为泡点线，对应的压力称为泡点压力（压力等温下降到某一压力点，单一液相开始有气泡析出，该压力点称为泡点压力）；而由不同温度下的露点连成的线称为露点线，对应的压力称为露点压力（压力等温下降到某一压力点，单一气相开始有液滴析出，该压力点称为露点压力）。由泡点线和露点线一起构成了p—T相图中的相包络线，在包络线上的点统称饱和点。泡点线和露点线的连接点称为临界点，用C表示，该点的压力、温度称为临界压力（p_C）和临界温度（T_C）。处于临界状态的流体，气、液物性趋于一致，两者不可分。相包络线上最高的饱和压力点称为最大凝析压力（p_{max}）。相包络线上的最高温度点称为最大凝析温度（T_{max}）。

被泡点线和露点线包围的左下部分是气液两相共存区。在两相区内部，由液相体积占总烃体积相同百分数（摩尔分数）的点连接的曲线称为等液量线。其中，液相体积分数为0的线为露点线，液相体积为100%的线为泡点线。不同数值的等液量线都汇聚到临界点C。当凝析气藏储层压力等温降至露点以下时，出现反凝析现象。随压力的下降，先是凝析液不断增多，当达到一个最大点时，反凝析现象终止，这一点对应的压力称为最大反凝析压力。从T_C到T_{max}之间每一温度下都有一个最大反凝析压力点，这些点的连线与露点线形成的封闭区，称作反凝析区。之所以称作反凝析，是因为通常等温膨胀过程出现蒸发现象，而不是凝析现象，这种反常现象是由Kuenen首先研究发现的。由最大反凝析压力点继续降压，则出现正常的蒸发现象，因而凝析液量又逐渐减少。

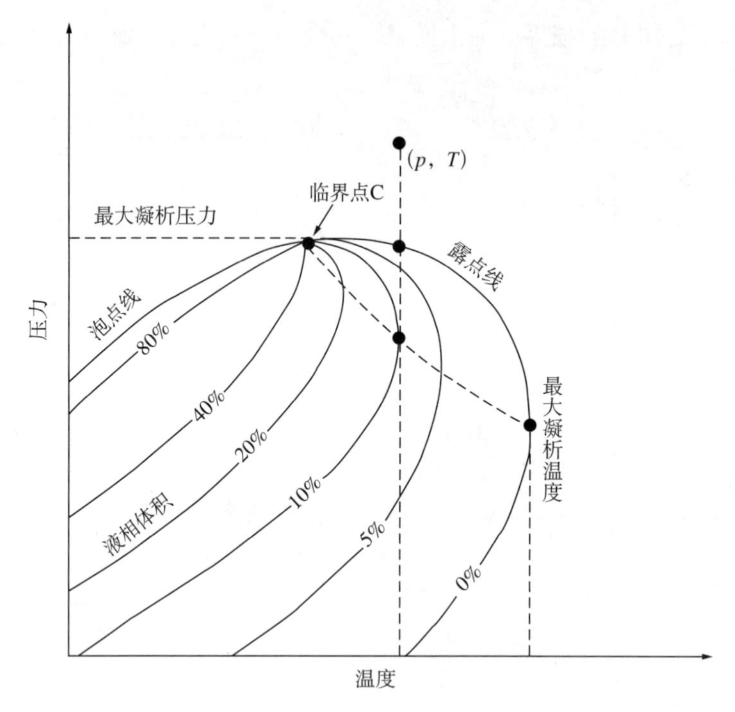

图2-5 凝析气烃类流体p—T相图

五、凝析气相态特征研究前沿

随着国内外发现的凝析气藏越来越多，凝析气相态变化呈多样化，凝析气藏相态的进一步研究将主要包括：高压凝析气相态，近临界凝析气相态，气、液、固复杂相态，烃、水相态和不可逆过程热力学研究等[3]。

1. 高温下烃、水相态

凝析气常规相态研究通常忽略水的影响，但由于当前国内外发现的凝析气藏温度越来越高，如国外已经发现温度高达230℃的凝析气藏，在这样的高温储层条件下，水极容易以蒸汽状态存在于凝析气中，成为凝析气流体体系的一部分。在整个生产过程中，水将从凝析气中析出并凝结成液体。虽然简单烃、水体系的相态在化学工程中进行了广泛研究，但水蒸气对实际凝析气相态有何影响，至今却研究得很少。室内实验及数值模拟研究表明，在高温状态下，必须考虑水蒸气对凝析气相态的影响，否则将对凝析气储量和生产动态评价产生很大偏差。

由于低温低压下烃、水相互溶解的溶解度很低，因而通常可以忽略水对烃类相态的影响，但随温度的升高，水在烃类气相的溶解度增大，如当温度高达190℃时水在气相中的含量可高达6%，其含量不容忽视，此时析出的水形成水合物，会影响凝析气的相态特征、生产动态和生产设备性能。若凝析气中含有酸性气体，则会使水具有酸性，在生产过程中腐蚀生产设备，甚至可能溶解储层的矿物质，在降温降压生产过程中产生结垢等现象，影响气井正常生产。因此，研究凝析气、水的相态特征对气藏的生产管理具有重要意义。

2. 气、液、固相态特征

高温、高压状态下的凝析气常含有特殊的组分，如高分子长链烷烃、芳香烃以及其他固相物质。

这些组分在储层高温、高压条件下分散溶解于气相中，但在储层温压条件发生变化时会出现十分复杂的相态变化及异常的相变特征，如出现蜡结晶及其他固相沉淀现象，如图2−6所示[4, 5]。

实验研究表明，当凝析气中含蜡量较高时会出现一系列极为复杂的气、液、固相态变化。在压力、温度相图中，可将其分成4个明显不同的变化区域：

（1）在低温高压时呈气、固两相状态。

（2）在高温高压时呈单相气体状态。

（3）在低温低压时呈气、液、固三相共存状态。

（4）在高温较低压力时呈气、液两相平衡状态。

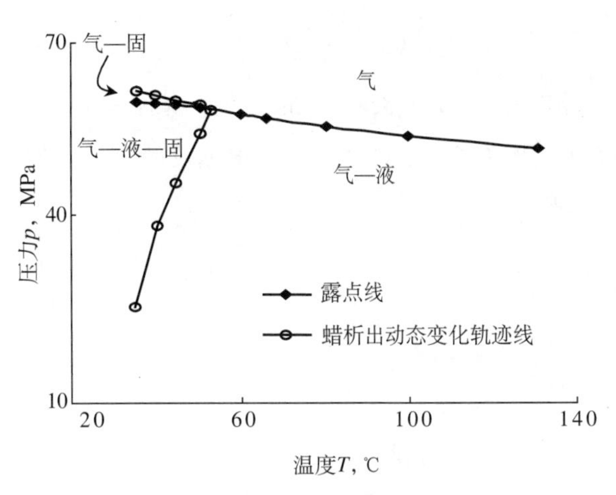

图2−6　凝析气露点线和析蜡动态综合图

3. 近临界相态特征

自从1869年Thomas Andrews报道“气、液临界点”和1892年Kuenen发现“反凝析”现象以来，临界及近临界相态特征得到广泛研究，对一元、二元和三元组分流体的研究尤其丰富，但对更为复杂的多组分流体的研究却十分稀少。Van der Waals于1910年实验发现，在高于临界温度的等温降压过程中，两组分流体会出现两个液相而不是通常所见的一个液相，并将此现象命名为“double retrograde condensation”（两次反凝析）。含饱和水蒸气的高压天然气流体也会出现上述现象。1948年Eilerts等研究凝析气藏流体相态特性时发现，当温度低于临界温度时，在压力上升过程中体系会依次出现露点、泡点、露点的相态变化，最后的露点相变对应于Kuenen发现和命名的“反凝析”原始现象。1989年Robinson报道凝析气藏流体在10℃出现“两次反凝析”相变现象，其中较重液相的最大体积占1.3%，存在的压力范围约为2MPa。1992—1993年Gregorowicz等采用三组分体系，试图解释Robinson的相变现象，结果发现在降压过程中出现先发生泡点后发生“反凝析露点”现象。在恒组分膨胀实验中发现，同一流体样品在近临界区域出现两类异常相变现象[6]：在高于临界温度的区域出现“两次反凝析露点”相态变化；在低于临界温度区域先出现“反凝析露点”，后出现“泡点”的两次相态变化。这种异常相态变化现象说明多组分流体相态变化的复杂性[7, 8]。

第二节　相态研究方法

一、状态方程

随着描述流体PVT相态行为的状态方程的研究和发展，特别是1976年，发表了结构简单、精度较高的PR立方型状态方程之后，利用流体热力学平衡理论，结合精度较高的状态方程，求解相平衡问题的方法，很快被引入油气体系的相态计算，使得平衡常数图版方法退居一隅。尤其是随着计算机技术的发展，能较准确描述和预测油气体系的状态方程得到了广泛的应用[2, 9]。

立方型状态方程的发展是以范德华（Van der Waals）方程为基础的，因此，首先从范德华方程的分析为起点讨论状态方程的选择。

1．Van der Waals方程

1873年，Van der Waals从分子热力学理论研究着手，考虑到实际分子有体积、分子间存在斥力和引力作用这些基本物理现象，根据硬球分子模型提出了著名的Van der Waals状态方程（对于1 mol体系）：

$$p = \frac{RT}{V-b} - \frac{a}{V^2} \tag{2-2}$$

式中 p——体系压力；

T——体系温度；

V——分子体积；

a，b——分别为分子引力和斥力系数；

R——气体普适常数。

方程右边第一项表示分子体积和分子间斥力对压力的贡献，第二项则表示分子间引力对压力的贡献。

已熟知，Van der Waals方程最大的成功在于给出了以下几方面的认识：

（1）第一次导出了能满足临界点条件，并且对V是简单的三次方形式的状态方程。

（2）赋予状态方程以明确的物理意义。

（3）通过与安德鲁（Andrews）实测CO_2体系临界等温线的对比，首先用状态方程阐明了气液两相相态转变的连续性。

（4）提出了两参数对比状态原理。

（5）建立并发展了能同时精确描述平衡气液两相相态行为的状态方程。

但也知道，Van der Waals方程仅对理想气体模型作了比较简单的修正，在引入分子间引力和斥力常数a、b时，忽略了实际分子几何形态和分子力场不对称性以及温度对分子间引力、斥力的影响。由式（2–2）得到的理论临界压缩因子Z_C=0.375，远比实测的实际分子的Z_C=0.23～0.31大得多，故方程仅适用于那些比较简单的球形对称的非极性分子体系。

如果把范德华方程展开成分子体积的表达式，则有：

$$V^3 - \left(b + \frac{RT}{p}\right)V^2 + \frac{a}{p}V - \frac{ab}{p} = 0 \tag{2-3}$$

式（2–3）对体积为三次方，含有a、b两个参数，所以范德华方程也称为两参数立方型状态方程。

由于范德华方程尚不能很好地适应气藏烃类体系的气液平衡计算，因此，在该方程基础上发展更为精确简便的状态方程就成为人们的研究目标，并提出了许多改进的状态方程，其中包括：

（1）基于统计热力学正则分配函数理论发展的状态方程。

（2）由统计热力学刚球扰动理论发展的状态方程。

（3）按克分子密度展开级数并结合统计热力学发展的维里状态方程。

（4）基于溶液活度理论的状态方程。

（5）根据分子热力学偏心硬球模型对Van der Waals方程作半理论半经验的改进而发展的立方型状态方程。

前3类有较严密的理论基础，但由于结构复杂，严密数学处理较为困难，实际应用受到限制；第4类方程在描述气液相平衡行为方面尚不能令人满意；第5类，由于在半理论半经验分析基础上，又有大量精确实验数据进行关联计算，因此，在实际应用方面取得较为显著的成果，特别是随着计算机技术的发展，促进了状态方程的改进和发展，并广泛用于气藏烃类体系的相态计算中。

2. RK（Redlich和Kwong）方程

立方型状态方程的改进，首先取得突破性进展的是1949年Redlich和Kwong提出的Van der Waals方程修正式，简称RK方程：

$$p=\frac{RT}{V-b}-\frac{aT^{-0.5}}{V(V+b)} \tag{2-4}$$

该方程考虑了分子密度和温度对分子间引力的影响，引入温度对引力项加以修正，式(2–4)中的引力和斥力常数a、b仍可由临界点条件表示：

$$a=0.42748R^2T_C^{2.5}/p_C \tag{2-5}$$

$$b=0.08664RT_C/p_C \tag{2-6}$$

式中　R——气体普适常数，应用时取82.06atm · cm³/（mol · K）；

T_C——临界温度，K；

p_C——临界压力，atm。

与Van der Waals方程相比，RK方程在表达纯物质的物性精度上有明显提高，但从结构上看，其本质上并没有脱离范氏原来的思路，仍用T_C和p_C两个物性参数确定方程中的a、b两个参数，即仍然遵循两参数对比状态原理。已熟知，两参数对比状态原理的实用范围，从原理上讲，仅限于极简单的硬球性非极性对称分子。RK方程的理论压缩因子Z_C=0.3333，仍比大多数实际油气烃类物质分子的实测Z_C值0.23～0.31大得多。

RK方程的压缩因子Z的三次方程，可由下式表示：

$$Z^3-Z^2+(A-B^2-B)Z-AB=0 \tag{2-7}$$

其中：

$$A=\frac{ap}{R^2T^{2.5}}$$

$$B=\frac{bp}{RT}$$

3. SRK（Soave–Redlich–Kwong）方程

1961年Pitzer发现具有不对称偏心力场的硬球分子体系，其对比蒸气压（p_S/p_C）要比简单球形对称分子的蒸气压低。偏心度愈大，偏差程度愈大。他从分子物理学角度，用非球形不对称分子间相互作用的位形能（引力和斥力强度）与简单球形对称非极性分子间位形能的偏差程度来解释，引入了偏心因子这个物理量，即：

$$\omega = -\lg p_{rS}\big|_{T_r=0.7} - 1.0 \tag{2-8}$$

其中p_{rS}为不同分子体系在$T_r=T/T_C=0.7$ 时的对比蒸气压（p_s/p_C），p_s为饱和压力。

Soave将偏心因子作为第三个参数引入状态方程，随后又有些人进行了卓有成效的工作，使立方型方程的实用性有了长足的进步，并被引入到油、气藏流体相平衡计算中。SRK方程的形式是：

$$p = \frac{RT}{V-b} - \frac{a\alpha(T)}{V(V+b)} \tag{2-9}$$

与RK方程相比，Soave状态方程中引入了一个有一般化意义的温度函数$\alpha(T)$，用于改善烃类等实际复杂分子体系对PVT相态特征的影响。

用式（2–9）拟合不同物质的实测蒸气压数据，得到不同的纯组分物质的α与温度的函数形式：

$$\alpha_i(T) = [1 + m_i(1 - T_{ri}^{0.5})]^2 \tag{2-10}$$

式中m对不同偏心度的物质有不同的数值，借助Pitzer偏心因子概念，Soave进一步把m关联为物质偏心因子的函数，得到的关联式为：

$$m_i = 0.480 + 1.574\omega_i - 0.176\omega_i^2 \tag{2-11}$$

引入温度函数，特别是引入偏心因子，可使方程中的引力项随不同分子偏心力场加以调整，使SRK方程用于非极性分子及其混合物的气液平衡计算取得较为满意的结果。用于含弱极性组分的非烃—烃组合体系相平衡计算也有所改善，较好地预测了气相的容积特性和逸度。在非极性、弱极性球形分子体系中得到广泛应用。因此，SRK方程已广泛用于天然气和凝析气体系的PVT相态计算。但对含H_2S较高的油气体系相平衡特性的预测及液相容积特性的计算可能会产生较大误差。

SRK方程仍满足临界点条件，此时对油气烃类体系中各纯组分的物性仍有：

$$a_i = 0.42748\frac{R^2T_{Ci}^2}{p_{Ci}} \tag{2-12}$$

$$b_i = 0.08664\frac{RT_{Ci}}{p_{Ci}} \tag{2-13}$$

即SRK方程仍然满足Van der Waals状态方程的临界点条件，仍可由烃类纯组分物质的临界参数来计算a、b参数。

由于气藏烃类体系是多组分混合体系，因此，还必须建立适合于多组分混合体系的状态方程，对于SRK方程，用于多组分混合体系则包括以下3个方程。

1）压力方程

$$p = \frac{RT}{V-b_m} - \frac{a_m\alpha_m(T)}{V(V+b_m)} \tag{2-14}$$

式中$a_m\alpha_m(T)$，b_m分别为混合体系的平均引力和斥力常数，由下列混合规则求得：

$$a_m\alpha_m(T) = \sum_{i=1}^{n}\sum_{j=1}^{n}x_ix_j(a_ia_j\alpha_i\alpha_j)^{0.5}(1-k_{ij}) \tag{2-15}$$

$$b_m = \sum_{i=1}^{n}x_ib_i \tag{2-16}$$

这里，x_i分别表示平衡混合气相和混合液相中各组分的组成：a_i，b_i含义同式（2–12）和式（2–13），α_i由式（2–10）和式（2–11）确定。k_{ij}为Soave引入的用来提高混合物预测精度的二元交互作用系数。可从有关专著中查阅，n为油气烃类体系的组分数。

2）压缩因子三次方程

将实验得到的压缩因子方程$pV=ZRT$代入式（2–9），可得到SRK方程用于混合体系的Z的三次方程：

$$Z_m^3 - Z_m^2 + (A_m - B_m - B_m^2)Z_m - A_m B_m = 0 \tag{2-17}$$

对于混合物，式中：

$$A_m = \frac{a_m \alpha_m(T) p}{(RT)^2} \tag{2-18}$$

$$B_m = \frac{b_m p}{RT} \tag{2-19}$$

3）混合物中各组分的逸度方程

SRK方程用于计算混合物气相或液相中各组分逸度的方程为：

$$\ln\left(\frac{f_i}{x_i p}\right) = \frac{b_i}{b_m}(Z_m - 1) - \ln(Z_m - B_m) - \frac{A_m}{B_m}\left(2\frac{\psi_i}{a_m} - \frac{b_i}{b_m}\right)\ln\left(1 + \frac{B_m}{Z_m}\right) \tag{2-20}$$

其中：

$$\psi_i = \sum_{j=1}^{n} x_j (a_i a_j \alpha_i \alpha_j)^{0.5}(1 - k_{ij}) \tag{2-21}$$

建立了以上计算公式，即可用SRK方程进行气藏烃类体系露点、泡点、闪蒸等各种相态模拟计算。

4. PR（Peng–Robinson）方程

Peng是华裔学者彭定宇。考虑到SRK方程在预测含较强极性组分体系物性和液相容积特性方面精度欠佳的问题，1976年Peng和Robinson对SRK方程作出了进一步改进，其过程可简要归纳为以下几点：

（1）运用分子物理学理论对VDW、RK和SRK三方程的结构特征进行分析，将硬球分子模型的立方型状态方程写成一般结构式：$p=p_r+p_a$，p_r、p_a表示一类Van der Waals方程改进式的广义斥力项和引力项。

（2）Van der Waals方程中原斥力的形式$p_r=RT/(V-b)$从简单性、实用性来讲对简单硬球分子模型仍是较好的形式。

（3）对引力项与分子密度的关系作了较深入的分析，给出了更好的结构，首先将p_a写成如下形式：

$$p_a = \frac{a\alpha(T)}{g(V,b)} \tag{2-22}$$

并指出，适当选择$g(V, b)$的函数形式可更好地反映包括偏心硬球分子体系在内的分子密度对引力项的影响，并可使之适合于临界区计算。给出$g(V, b)$的具体表达式为：$g(V, b)=V(V+b)+b(V-b)$，从而对SRK方程作出新的修正，简称PR方程：

$$p=\frac{RT}{V-b}-\frac{a\alpha(T)}{V(V+b)+b(V-b)} \tag{2-23}$$

自PR方程发表之后，首先被广泛用于各种纯物质及其混合物热力学性质的计算，继之又用于气水两相平衡物性的计算，并对它作了较全面的检验，与SRK方程相比有以下进步：

（1）对纯物质蒸气压的预测有明显的改进，对焓差计算则两者相当。

（2）对液相密度及容积物性计算，PR方程有明显的改善，而气相密度及容积特性的测定相当。

（3）用于气液相平衡计算，它一般要优于SRK方程。

（4）用于含CO_2、H_2S等较强极性组分体系的气液相平衡计算，一般也能取得较为满意的结果。

因此，PR方程是目前在气藏烃类体系相态模拟计算中使用最为普遍、公认为最好的状态方程之一。

对于纯组分物质体系：

PR方程仍能满足Van der Waals方程所具有的临界点条件，式中a、b为：

$$a_i=0.45724\frac{R^2T_{Ci}^2}{p_{Ci}} \tag{2-24}$$

$$b_i=0.07780\frac{RT_{Ci}}{p_{Ci}} \tag{2-25}$$

沿用Soave的关联方法，PR方程中可调温度函数关联式为：

$$a_i=[1+m_i(1-T_{ri}^{0.5})]^2 \tag{2-26}$$

$$m_i=0.3796+1.5422\omega_i-0.2699\omega_i^2 \tag{2-27}$$

对于气藏烃类多组分体系等，PR方程的形式包括以下3个方程。

1）压力方程

$$p=\frac{RT}{V-b_{\rm m}}-\frac{a_{\rm m}\alpha_{\rm m}(T)}{V(V+b_{\rm m})+b_{\rm m}(V-b_{\rm m})} \tag{2-28}$$

$$a_{\rm m}\alpha_{\rm m}(T)=\sum_{i=1}^{n}\sum_{j=1}^{n}x_ix_j(a_ia_j\alpha_i\alpha_j)^{0.5}(1-k_{ij}) \tag{2-28a}$$

$$b_{\rm m}=\sum_{i=1}^{n}x_ib_i \tag{2-28b}$$

式中 $a_{\rm m}\alpha_{\rm m}(T)$——混合体系平均引力；

$b_{\rm m}$——斥力常数。

式中k_{ij}为PR方程的二元交互作用系数，可在有关的文献资料中查得，其他参数同SRK方程。

2）用于混合物计算的压缩因子三次方程

PR方程对应的Z三次方程为：

$$Z_{\rm m}^3-(1-B_{\rm m})Z_{\rm m}^2+(A_{\rm m}-2B_{\rm m}-3B_{\rm m}^2)Z_{\rm m}-(A_{\rm m}B_{\rm m}-B_{\rm m}^2-B_{\rm m}^3)=0 \tag{2-29}$$

其中：

$$A_{\rm m}=\frac{a_{\rm m}\alpha_{\rm m}(T)p}{(RT)^2}$$

$$B_{\mathrm{m}}=\frac{b_{\mathrm{m}}p}{RT}$$

3）用于混合物中各组分逸度计算的方程

将PR方程式（2–28）代入基本热力学方程式，即可推导出对应于PR方程计算气、液相各组分逸度的计算公式：

$$\ln\left(\frac{f^{v}}{y_{i}p}\right)=\frac{b_{i}}{b_{\mathrm{m}}}(Z^{v}-1)-\ln(Z^{v}-B_{\mathrm{m}})-\frac{A_{\mathrm{m}}}{2\sqrt{2}B_{\mathrm{m}}}\left(\frac{2\psi_{i}}{(a\alpha)_{\mathrm{m}}}-\frac{b_{i}}{b_{\mathrm{m}}}\right)\ln\left(\frac{Z^{v}+2.414B_{\mathrm{m}}}{Z^{v}+0.414B_{\mathrm{m}}}\right) \tag{2–30}$$

$$\ln\left(\frac{f^{l}}{x_{i}p}\right)=\frac{b_{i}}{b_{\mathrm{m}}}(Z^{l}-1)-\ln(Z^{l}-B_{\mathrm{m}})-\frac{A_{\mathrm{m}}}{2\sqrt{2}B_{\mathrm{m}}}\left(\frac{2\psi_{i}}{(a\alpha)_{\mathrm{m}}}-\frac{b_{i}}{b_{\mathrm{m}}}\right)\ln\left(\frac{Z^{l}+2.414B_{\mathrm{m}}}{Z^{l}+0.414B_{\mathrm{m}}}\right) \tag{2–31}$$

其中：

$$\psi_{i}=\sum_{j=1}^{n}x_{j}(a_{i}a_{j}\alpha_{i}\alpha_{j})^{0.5}(1-k_{ij}) \tag{2–32}$$

在PR方程中，由于引力项中进一步考虑了分子密度对分子引力的影响，其结构上更为合理。经过后人大量实验数据的验算，用于纯组分蒸气压的预测及含弱极性物质体系的气液平衡计算比SRK方程有较显著的改进，尤其对液相容积特性的预测能给出更好的估计。用于临界点，PR方程所得的理论Z_{C}值为0.3074，更接近于实际分子体系的0.23～0.31。故PR方程对于临界区物性的预测也能得到满意的结果，因此被普遍用于气藏烃类体系的相态计算。

二、取样方式及要求

相态特征研究是一项系统工作。为了进行凝析气藏工程计算，使凝析气藏生产达到最佳化，了解储层烃类流体的特性，必须进行取样分析。要强调指出的是，取样和分析应当在气藏开发的早期进行，即在储层压力降低之前取得。只有在凝析气藏压力等于或高于原始露点压力时，才能取得代表原始储层流体的样品[10]。而当凝析气藏压力降到上露点压力以下时，烃类体系在储层中就已形成了气、液两相，这时流入井中的井流物组成一般不再是凝析气藏原始流体的组成，因此，在这种情况下虽然要求必须取得有代表性的样品，但在多数情况下已不可能做到了。

关于流体的取样方式，目前有井下取样和地面分离器取样两种方式。井下取样易于在不同深度下取样，从而研究流体性质随深度的变化。井下取样技术发展迅速，目前常用的是MDT测试器，使用模块式的结构设计以满足各种不同的应用需求，取样过程中可以实时监测流体类型，提高了取样的准确性[11]。地面取样，先采集分离器的凝析油样和气样，再根据气油比按规定重新配样，从而得到地层流体样品。目前，国内在矿场实践中，多数是在分离器内取样，并按生产气油比配样。

为了取得有代表性的流体样品，取样时有如下要求：

（1）为获得气藏有代表性的样品，气藏流体样品应从靠近基准面深度（气藏中部）的生产井中获取，这样的组成对该气藏才具有代表性；对于面积大、气藏厚度较大的凝析气藏，应在气藏不同层位处取样，研究相态特征与层位和深度的关系。

（2）应选择具有较高生产能力的井取样，以使取样时生产压差最小。

（3）取样前必须对井进行适当的调整，使产量达到最小，又能携带井下液体，并且要稳定一定时间；生产气油比也要保持稳定（误差在2%以内）；还要尽可能地保持分离器压力和温度的稳定，这有利于保持产量和气油比稳定。

（4）在对凝析气井进行取样的过程中，需要准确测量气体和液体的产量。如果测量的气油比有5%的误差，实验室确定上露点压力时就有可能出现很大的误差；要对水的产量单独进行测量，并尽可能完全地把产出水与油气样品分离开。

（5）对于析蜡温度较高的凝析气藏，分离器温度应保持在析蜡温度以上，以防蜡析出凝结在分离器壁上，造成样品代表性差。

三、常规凝析气藏相态分析实验

相态实验即通过实验方法测定压力、温度、体积（PVT）之间的变化关系。凝析气相态实验是凝析气藏开发研究的主要基础手段，最常见的实验内容主要包括流体样品检验、井流物测定、等组分膨胀、等容衰竭以及多级分离实验等[2]。

1．流体样品检验

凝析气藏流体常采用地面分离器取样，实验前要检验样品是否在运输与存储过程中出现泄漏。样品检验主要包括分离器气样检验和分离器油样检验。

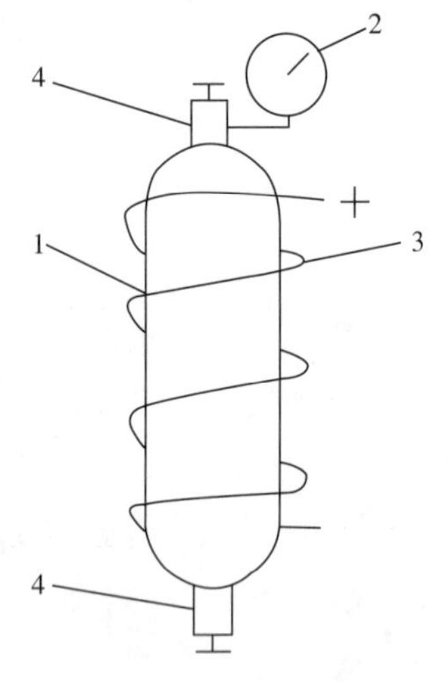

图2–7　分离器气样检查流程

1—分离器气样瓶；2—压力表；3—恒温套；4—阀门

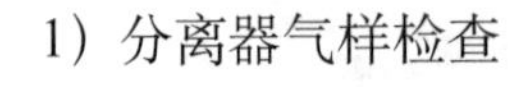

1）分离器气样检查

将分离器气样瓶直立加热至分离器温度，恒温4h以上，如图2–7所示。打开气样瓶上阀接通压力表，压力表读数即为气样压力。气样压力与分离器压力相对误差小于5%为合格。用气相色谱仪进行气样组分分析，气样组分分析测试方法按SY/T 0529—1993执行。

2）分离器油样检查

以活塞式储样器为例，按下列步骤进行油样压力检查：按图2–8连接流程；用计量泵加压至略高于分离器压力，打开阀门4，连通样品；将分离器油样瓶加热至分离器温度并恒温4h以上，加热过程中要不断摇样，以防压力过高；压力稳定后的压力值即为该样品的打开压力。

此外，还必须进行油样饱和压力测定，测定步骤如下：

（1）在分离器温度下，将油样加压至高于分离器压力5MPa以上，充分摇动，使样品成单相，稳定后记录压力值和泵读数。

（2）降压至下一预定压力（压力间隔为1～2MPa），充分摇动至压力稳定后记录压力和泵读数，依此分别测得各压力下的泵读数。

（3）以压力为纵坐标，累计泵读数差为横坐标。将测试结果标绘在直角坐标系上，从而得到如图2–9所示的饱和压力测试曲线，曲线的拐点即为饱和压力。

（4）分离器内油的饱和压力与分离器压力相对误差小于5%为合格。

分离器内油的单次脱气测试。选取一支经检查合格的分离器油样，在分离器温度下按下列步骤进

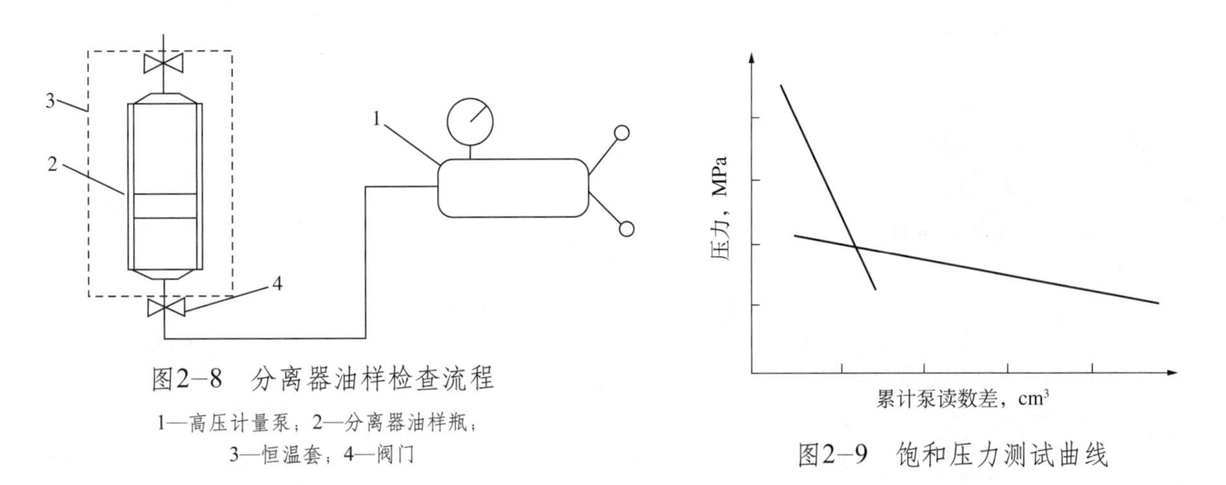

图2-8　分离器油样检查流程

1—高压计量泵；2—分离器油样瓶；3—恒温套；4—阀门

图2-9　饱和压力测试曲线

行测试：

（1）按图2-10连接流程，在分离器取样温度下恒温4h以上，将样品加压高于分离器压力5MPa以上，充分搅拌，使其成为单相。

（2）压力稳定后，记录压力值和泵初读数。

（3）用计量泵保持压力，将一定体积的分离器油样放出，记录泵末读数，计量脱出气体积，称油质量，记录大气压力和室温。

（4）取油、气样分析组成。

（5）测定油密度和平均相对分子质量，测试方法按SH/T 0604和SH/T 0169执行。

（6）将油样进行切割蒸馏，测定C_{7+}馏分的平均相对分子质量和密度。

（7）按以上步骤平行测试3次以上。

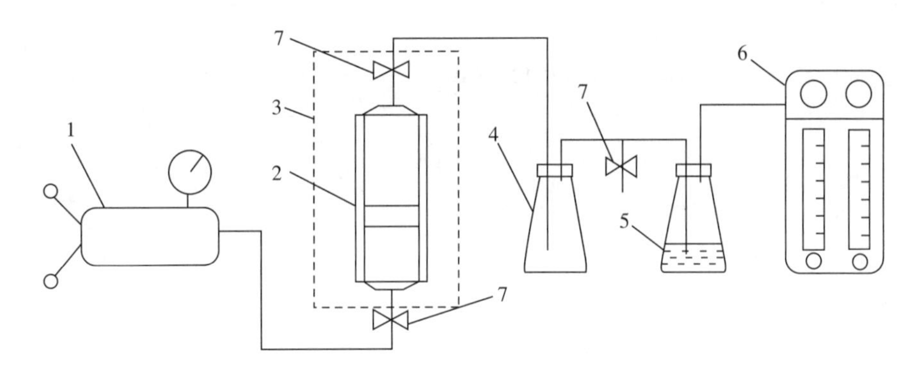

图2-10　单次脱气实验流程

1—高压计量泵；2—分离器油样容器；3—恒温浴；4—分离瓶；5—气体指示瓶；6—气量计；7—阀门

整理油样测试数据，计算下列参数：

（1）计算油罐油体积：

$$V_{\rm ot}=W_{\rm ot}/\rho_{\rm ot} \tag{2-33}$$

式中　$V_{\rm ot}$——油罐油体积，cm³；

$W_{\rm ot}$——油罐油质量，g；

$\rho_{\rm ot}$——油罐油密度（20℃），g/cm³。

（2）分离器油体积系数：

$$B_{os} = V_{os} / V_{ot} \tag{2-34}$$

式中 B_{os}——分离器油体积系数；

V_{os}——分离器油体积（由泵读数差经校正求出），cm^3。

（3）分离器油的气油比：

$$GOR_t = (\frac{T_{sc} p_1 V_1}{p_{sc} T_1}) / V_{ot} - 1 \tag{2-35}$$

式中 GOR_t——分离器油的气油比，m^3/m^3；

T_{sc}——标准温度，293.15K；

p_1——实验时大气压力，MPa；

V_1——放出气体在室温、大气压力下的体积（气量计测量体积），cm^3；

p_{sc}——标准压力，0.101325MPa；

T_1——室温，K。

（4）油罐油的摩尔组成：

$$X_{ti} = \frac{W_{mi} / M_i}{\sum_{i=1}^{n} \frac{W_{mi}}{M_i}} \tag{2-36}$$

式中 X_{ti}——油罐油 i 组分的摩尔分数；

W_{mi}——油罐油i组分的质量分数；

M_i——i组分的相对分子质量。

（5）分离器油的组成：

$$X_{si} = \frac{X_{ti} + 4.157 \times 10^{-5} \frac{\overline{M}_{ot} GOR_t Y_{ti}}{\rho_{ot}}}{1 + 4.157 \times 10^{-5} GOR_t \frac{\overline{M}_{ot}}{\rho_{ot}}} \tag{2-37}$$

式中 X_{si}——分离器油 i 组分的摩尔分数；

Y_{ti}——油罐气i组分的摩尔分数；

$\overline{M}_{ot}$——油罐油的平均相对分子质量。

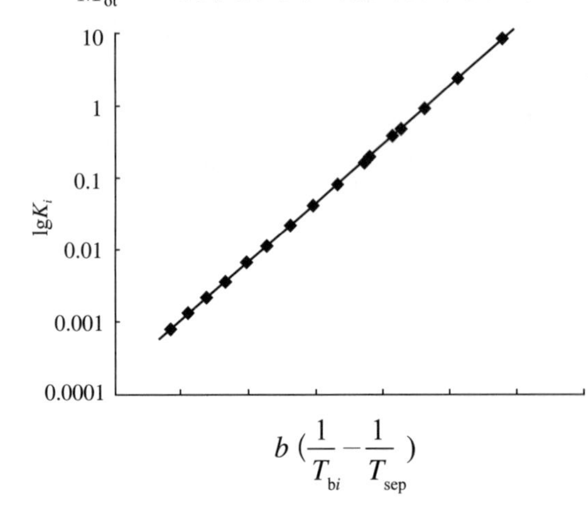

图2-11 分离器油气样品的热力学检验

要求其中两次测试结果的气油比相对误差小于2%，体积系数相对误差小于1%。

根据热力学关系进一步检验样品的代表性，处于平衡状态的分离器油、气样品，其组成从甲烷到己烷的$\lg K_i$与b（$1/T_{bi}-1/T_{sep}$）应成线性关系，其中K_i为组分i的平衡常数，T_{bi}为组分i的沸点（单位R），T_{sep}为一级分离器温度，b为与组分有关的常数。图2-11给出了某凝析气样品的热力学检验结果，从图中的线性关系可以判断在取样条件下油气样品处于平衡状态。

2．凝析气藏地层流体的配制

1）配样准备和计算

（1）分离器气体的复压：采用气体增压泵或冷冻复压等方法，将处于分离器温度下的分离器气体转入活塞式高压容器中，并增压到配样压力。

（2）配样条件下气体偏差系数的测定，其测试步骤为：

①按图2–12连接流程。将样品恒温在配样温度4h以上。

②用计量泵将高压容器中的分离器气样稳定在配样压力。

③记录计量泵和气量计初读数。

④打开高压容器顶阀，保持压力将约20cm³的高压气体缓慢放出，关闭顶阀。

⑤读取泵、气量计末读数，记录室温和大气压力。

⑥按以上平行测试3次以上。

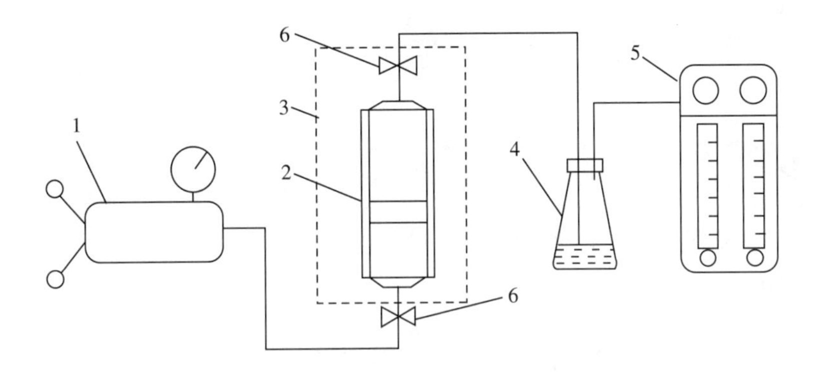

图2–12　气体偏差系数测定流程

1—高压计量泵；2—高压容器；3—恒温浴；4—气体指示瓶；5—气量计；6—阀门

计算配样条件下分离器气体的偏差系数：

$$Z_p = \frac{p_p V_p T_1 Z_1}{T_p p_1 V_1} \tag{2-38}$$

式中　Z_p——配样条件下分离器气体的偏差系数；

p_p——配样压力，MPa；

V_p——高压气体体积（内泵读数差经校正求出），cm^3；

T_p——配样温度（一般可设定为分离器温度），K；

Z_1——室温、大气压力下的气体偏差系数（一般可近似取值等于1）。

要求3次测试结果的相对误差小于2%。

（3）现场气油比校正：

$$GOR_c = GOR_f \sqrt{\frac{d_f Z_f}{d_L Z_L}} \tag{2-39}$$

式中　GOR_c——校正气油比，m^3/m^3；

GOR_f——现场气油比，m^3/m^3；

d_f——现场计算气量所用天然气相对密度；

Z_f——现场计算气量所用天然气偏差系数；

d_L——根据实验室所测天然气组成计算的相对密度；

Z_L——根据实验室所测天然气组成计算的分离器条件下天然气偏差系数。

（4）计算一级分离器的气油比。

如果送样单上提供的是分离器气油比，则按式（2−39）校正即可。若提供的是生产气油比，则必须换算为分离器气油比，即：

$$GOR_s = GOR_c / B_{os} \tag{2-40}$$

式中 GOR_s——一级分离器气油比数值，m^3/m^3。

（5）配样用油样量和气样量的计算。

①计算配样用油量。

若配制$x$cm³地层流体样品，所需分离器油量用下式求出：

$$V_{os} = \frac{366x}{GOR_s + 183} \tag{2-41}$$

式中 V_{os}——配制 $x$cm³ 地层流体样品所需的分离器油量，cm^3。

②计算配样用气量。

$$V_{sg} = \frac{p_{sc} V_{os} GOR_s T_p Z_p}{Z_{sc} T_{sc} p_p} \tag{2-42}$$

式中 V_{sg}——配样条件下的用气量，cm^3；

Z_{sc}——标准条件下的气体偏差系数，一般可近似取值为1。

2）配样

（1）按下列步骤转油样：

①清洗干净配样容器，按图2−13连接流程。

②将两恒温浴恒定在配样温度4h以上。

③抽空配样容器达200Pa后再抽30min。

④将分离器油样恒定在配样压力。

⑤用双泵法将所需的分离器油量转入配样容器中。

（2）按下列步骤转气样：

①将恒温浴中的油瓶更换为贮气瓶，并恒定在配样温度和压力4h以上。

②用双泵法将所需的分离器气量转入配样容器中。

（3）配样质量检查：

①将配样容器中的流体样品加热恒温在地层温度4h以上，充分搅拌并稳定在高于地层压力5MPa以上。

②按规定进行地层流体的单次脱气实验，平行测试3次以上。

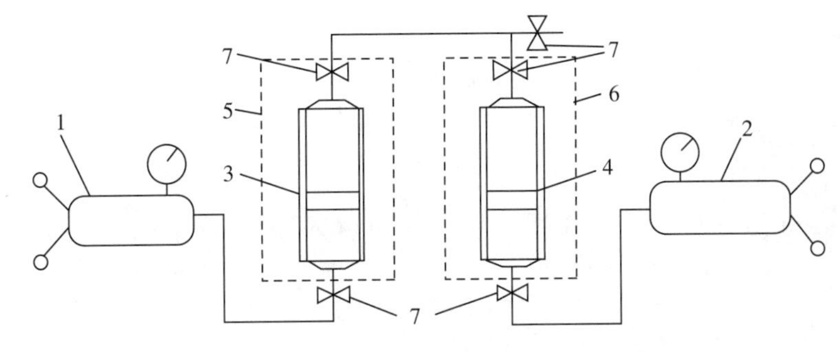

图2-13 配样流程

1，2—高压计量泵；3—分离器油（或气）贮样瓶；4—配样容器；5，6—恒温浴；7—阀门

③计算配制地层流体的组成：

$$X_{fi}=\frac{\dfrac{W_d}{M_d}X_{di}+\dfrac{p_1V_1}{RZ_1T_1}Y_{di}}{\dfrac{W_d}{M_d}+\dfrac{p_1V_1}{RZ_1T_1}} \tag{2-43}$$

式中 X_{fi}——地层流体 i 组分的摩尔分数；

W_d——死油的质量数，g；

M_d——死油的平均相对分子质量；

X_{di}——死油i组分的摩尔分数；

R——摩尔气体常数，8.3147MPa·cm³/（mol·K）；

Y_{di}——单脱放出气i组分的摩尔分数。

④配制地层流体与按气油比计算的地层流体中各组分的组成应一致，其中甲烷含量相差不大于3%为合格。

3）转样

为进行相关测试，采用双泵法将经质量检验合格的配制样品转入PVT分析容器，转样步骤如下：

（1）将PVT容器清洗干净，按图2-14连接流程。

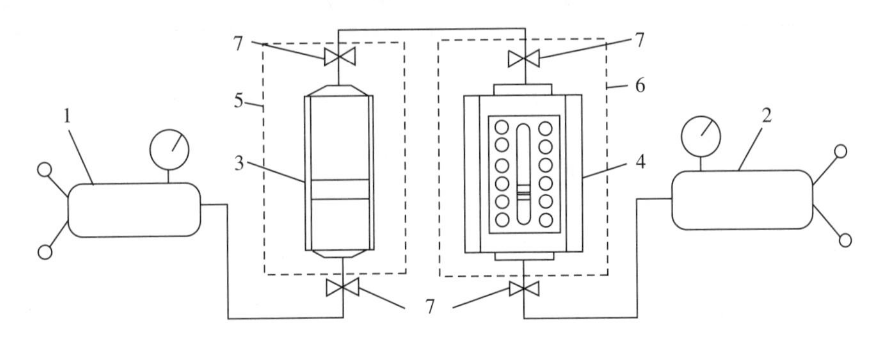

图2-14 转样流程

1，2—高压计量泵；3—配样容器；4—PVT容器；5，6—恒温浴；7—阀门

（2）将PVT容器、储样器均恒温在地层温度4h以上。

（3）将PVT容器及外接管线抽空到200Pa后继续抽30min。

（4）用计量泵将样品增压，充分搅拌，使其成为单相。

（5）在保持压力条件下缓慢打开储样器顶阀和PVT容器顶阀，将所需样品量转入PVT容器中。

3. 井流物测定

在实验室常采用色谱仪测定分离器油气样品的组分组成，见表2−1。

1）计算井流物组成

$$X_{wi}=\frac{X_{ti}+4.157\times10^{-5}\frac{\overline{M}_{ot}}{\rho_{ot}}\left(GOR_tY_{ti}+GOR_cY_{si}\right)}{1+4.157\times10^{-5}\frac{\overline{M}_{ot}}{\rho_{ot}}\left(GOR_t+GOR_c\right)} \tag{2-44}$$

式中 X_{wi}——i 组分在井流物中的摩尔分数；

X_{ti}——油罐油i组分的摩尔分数；

Y_{si}——分离器气i组分的摩尔分数；

Y_{ti}——油罐气i组分的摩尔分数。

2）计算分离器气重质组分含量

$$C_{sj}=41.57Y_{sj}M_j \tag{2-45}$$

式中 C_{sj}——分离器气中自 C_2 之后 j 组分的含量，g/cm^3；

Y_{sj}——分离器气中自C_2之后j组分的摩尔分数；

M_j——自C_2之后j组分的相对分子质量。

3）计算井流物中的重质含量

$$C_{wj}=41.57X_{wj}M_j \tag{2-46}$$

式中 C_{wj}——井流物中自 C_2 之后 j 组分含量，g/cm^3；

X_{wj}——井流物中自C_2之后j组分的摩尔分数。

由于重组分对凝析气相态的影响非常敏感，所以在井流物研究中常常要求通过实验确定其组分的分布特征及重组分特征化，如图2−15所示，此分布趋势可用于确定Whitson分布方程的参数，然后用于PVT状态方程的相态计算。

表2−1 井流物组分组成数据

组 分	分离器液	分离器气		井流物	
	摩尔分数，%	摩尔分数，%	组分含量，g/m^3	摩尔分数，%	组分含量，g/m^3
CO_2	0.18	0.67		0.62	
N_2	0.31	3.58		3.26	
C_1	9.88	83.85		76.59	
C_2	5.80	9.24	115.577	8.9	111.324
C_3	4.71	1.52	27.884	1.83	33.570
iC_4	1.91	0.33	7.978	0.48	11.605
nC_4	3.37	0.42	10.154	0.71	17.165
iC_5	2.38	0.12	3.601	0.34	10.204
nC_5	2.55	0.10	3.001	0.34	10.204
C_6	5.26	0.08	2.795	0.59	20.616

续表

组　分	分离器液	分离器气		井流物	
	摩尔分数，%	摩尔分数，%	组分含量，g/m^3	摩尔分数，%	组分含量，g/m^3
C_7	10.57	0.07	2.795	1.10	43.927
C_8	11.19	0.02	0.890	1.12	49.850
C_9	5.97			0.59	29.696
C_{10}	4.88			0.48	26.755
C_{11+}	31.04			3.05	291.463
合计	100	100	174.675	100	656.379

注：以塔里木某凝析气藏样品为例。

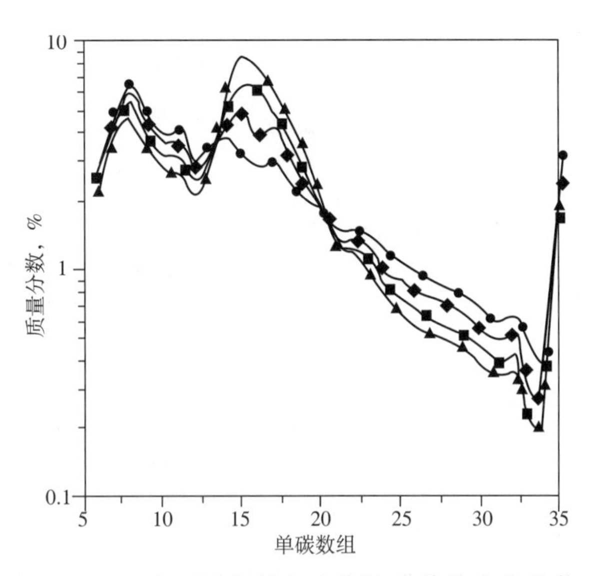

图2-15　4个不同凝析气流体随碳数的变化趋势

4. 等组分膨胀

等组分膨胀实验又称恒质膨胀实验或p—V关系测试，是指在地层温度下测定恒定质量的凝析气藏流体样品体积与压力的关系，从而得到凝析气藏流体的露点压力、气体偏差系数和不同压力下流体的相对体积等参数。测试步骤如下：

1）露点压力测定

（1）在地层温度下将约为容器容积1/3的凝析气藏流体样品转入带窗PVT容器中，在高于地层压力的某一压力下恒温4h，不断搅拌，温度、压力稳定后，记录PVT容器内的样品体积和压力。

（2）采用逐级降压逼近法确定露点压力，当液滴出现与消失之间的压力差小于0.1MPa时停止，取这两个压力值的平均值作为第一露点压力，并把压力调到该值，平衡1h后记录压力和样品体积。

2）p—V关系测定

（1）将PVT容器中的样品再加压至地层压力，充分搅拌，待压力稳定后记录压力和样品体积。

（2）退泵分级降压，每级约降0.5～2MPa。

（3）露点压力以上，每级压力平衡0.5h后记录压力和样品体积。

（4）露点压力以下，每级压力下搅拌0.5h并静置0.5h后才能记录压力、样品体积和凝析液量。一直膨胀至原始样品体积的3倍以上时为止。

当压力降到某一值时，液体可能重新消失。这一液体消失压力为第二露点压力。确定第二露点压力的步骤与确定第一露点压力相同，但升压和降压时的液体出现和消失现象与第一露点正好相反。

3）计算参数

（1）露点压力下的气体偏差系数：

$$Z_d = \frac{p_d V_d T_{sc}}{p_{sc} V_{sc} T} \tag{2-47}$$

式中 Z_d——露点压力下的气体偏差系数；

p_d——露点压力（绝对），MPa；

V_d——露点条件下的气体体积，cm^3；

T——测试温度，K。

（2）露点压力以上各级压力的气体偏差系数：

$$Z_i = \frac{p_i V_i Z_d}{p_d V_d} \tag{2-48}$$

式中 Z_i——i级压力下的气体偏差系数；

p_i——i级压力（绝对），MPa；

V_i——i级压力下的样品体积，cm^3。

（3）各级压力下样品的相对体积：

$$R_i = \frac{V_i}{V_d} \tag{2-49}$$

式中 R_i——i级压力下样品的相对体积。

相对体积为第i级压力下的体积与饱和压力下的体积之比。实验结果如表2-2所示。

表2-2 凝析气藏流体压力与体积关系数据

压力 MPa	相对体积 V_i/V_d	偏差系数
54.94①	0.9853	1.377
54	0.9925	
53.07②	1.0000	1.350
52	1.0069	
48	1.0369	
44	1.0755	
40	1.126	
36	1.193	
32	1.2838	
28	1.41	
24	1.5915	

①地层压力；

②露点压力。

5. 等容衰竭

等容衰竭实验主要用于模拟凝析气藏衰竭式开采过程，了解开采动态，研究凝析气藏在衰竭开采过程中气藏流体体积和井流物组成变化以及不同衰竭压力时的采收率。实际情况下，衰竭式开采是一连续的降压和产出过程，但在实验室里，由于受条件限制，对此做了一些简化，即将露点压力下的样品体积确定为气藏流体的孔隙定容体积，在露点压力与零压（表压）之间均分为6个以上衰竭压力级，每级降压膨胀，然后恒压排放到定容体积。在这一实验过程中流体的压力和组成在不断变化，而其所占体积保持不变，故称为等容衰竭。

测试流程如图2–16所示。

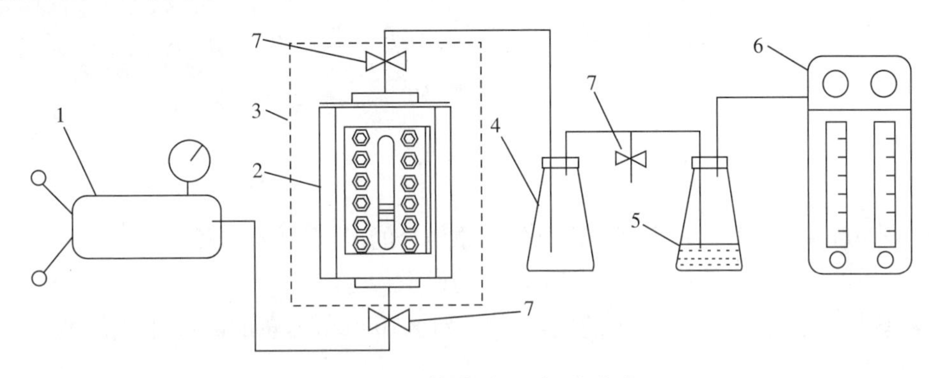

图2–16　等容衰竭实验流程

1—高压计量泵；2—PVT容器；3—恒温浴；4—分离器；
5—气体指示瓶；6—气计量；7—阀门

1）测试步骤

（1）将约为PVT容器容积2/5的凝析气藏流体样品转入带窗容器中，在地层压力下将样品搅拌均匀并在地层温度下恒温4h。

（2）将压力降至露点压力，平衡2h后，记下PVT容器内凝析气样品体积，此时容器中气体所占体积为等容体积V_c。

（3）退泵分级降压，一般分为6～8级，每级降压约3MPa，降压后搅拌2h并静置0.5h，记下压力和容器内样品体积。

（4）慢慢打开容器顶阀排气，同时保持压力进泵，一直排到定容读数时为止。排气过程中取气样分析组成，排气结束后记录气量、油量及取油样分析组成，同时记录室温和大气压力。

（5）调整测高计的位置，读取该级压力下的液体高度。

（6）重复降压–排气过程，一直进行到压力为4～5MPa的最后一级压力为止。

（7）最后一级压力到零压的测试过程是：打开顶阀，直接放气降压至零（表压），然后再进泵排出容器中的残留气和油，并取气样分析残余气组成。称量残余油，测相对密度并进行组成分析。

2）数据整理

（1）计算$1\times10^6\text{m}^3$原始储量闪蒸后的各参数。

①计算油罐油量：

$$Q_{\text{ot}}=\frac{W_{\text{ot}}M_{\text{ot}}/\rho_{\text{ot}}}{V_{\text{gb}}M_{\text{ot}}+24.056W_{\text{ot}}}\times10^6 \tag{2–50}$$

式中 Q_{ot}——$1\times10^6m^3$ 原始气储量闪蒸后的油罐油量，m^3；

V_{gb}——排出样所产闪蒸气的标准体积，m^3；

W_{ot}——排出样所产油罐油量，kg；

M_{ot}——油罐油的平均相对分子质量。

②计算闪蒸分离气量：

$$Q_{os}=\frac{V_{gb}M_{ot}}{V_{gb}M_{ot}+24.056W_{ot}}\times10^6 \quad (2-51)$$

式中 Q_{gs}——$1\times10^6m^3$ 原始气储量闪蒸后的分离器气量，m^3。

③计算闪蒸分离器气中重组分和井流物中重质组分产量：

$$G_{sj}=C_{sj}\times10^3 \quad (2-52)$$

$$G_{wj}=C_{wj}\times10^3 \quad (2-53)$$

式中 G_{sj}——$1\times10^6m^3$ 原始气储量闪蒸分离器气中重组分的产量，kg；

G_{wj}——$1\times10^6m^3$原始气储量井流物中重组分的产量，kg。

（2）计算露点压力以下各级压力下的偏差系数及$1\times10^6m^3$气储量的凝析气采出量。

①计算i级压力下平衡气相的偏差系数：

$$Z_{gi}=(p_i\Delta V_iT_{sc})/(p_{sc}V_{bi}T) \quad (2-54)$$

式中 Z_{gi}——i 级压力下平衡气相的偏差系数；

ΔV_i——i级压力下排出气在容器中所占体积，m^3；

V_{bi}——i级压力下排出井流物的标准体积，m^3。

②计算i级压力下的两相偏差系数：

$$Z_{ti}=(p_iV_dT_{sc})/\left[p_{sc}(V_{tb}-\sum_{j=1}^{i}V_{bj})T\right] \quad (2-55)$$

式中 Z_{ti}——i 级压力下的两相偏差系数；

V_{tb}——等容条件下样品的标准体积，m^3；

V_{bj}——j级压力下排出井流物的标准体积，m^3。

③计算累计采收率：

$$\eta_i=\sum_{j=1}^{i}\frac{V_{bj}}{V_{tb}}\times100\% \quad (2-56)$$

式中 η_i——i 级压力时的累计采收率，%。

④计算油罐油的累计采油量：

$$Q_{oti}=\sum_{j=1}^{i}\frac{W_{otj}}{\rho_{otj}}\times\frac{1}{V_{tb}}\times10^6 \quad (2-57)$$

式中 Q_{oti}——i 级压力时累计采油量，m^3；

ρ_{otj}——j级压力时油罐油密度，kg/m^3；

W_{otj}——j级压力时采出的油罐油量，kg。

⑤计算闪蒸气的累计采出量：

$$Q_{gsi}=\sum_{j=1}^{i}\frac{V_{gbj}}{V_{tb}}\times 10^{6} \tag{2-58}$$

式中　Q_{gsi}——i 级压力时累计采出气量，m^3；

V_{gbj}——j级压力时采出气的标准体积，m^3。

⑥闪蒸气中重质组分的累计采出量：

$$G_{smi}=\sum_{j=1}^{i}\frac{V_{gbj}Y_{smj}M_{m}}{24.056V_{tb}}\times 10^{6} \tag{2-59}$$

式中　G_{smi}——i 级压力时闪蒸气中 m 组分的累计采出量，kg；

Y_{smj}——j级压力下闪蒸气中m组分的摩尔分数；

M_m——m组分的相对分子质量，m指闪蒸气中重质组分C_2，C_3，C_4和C_{5+}。

⑦计算井流物中重质组分的累计采出量：

$$G_{wmi}=\sum_{j=1}^{i}\frac{V_{bj}X_{wmj}M_{m}}{24.056V_{tb}}\times 10^{6} \tag{2-60}$$

式中　G_{wmi}——i 级压力时井流物中 m 组分的累计采出量，kg；

X_{wmj}——j级压力下井流物中m组分的摩尔分数。

⑧计算反凝析液量占孔隙体积分数：

$$L_{i}=\frac{V_{Li}}{V_{c}}\times 100\% \tag{2-61}$$

式中　L_i——i 级压力下反凝析液占孔隙体积分数；

V_{Li}——i级压力下反凝析液体积，cm^3；

V_c——等容体积，cm^3。

等容衰竭实验结果如表2−3所示，图2−17为塔里木盆地某凝析气藏等容衰竭实验反凝析液量与压力的关系曲线。

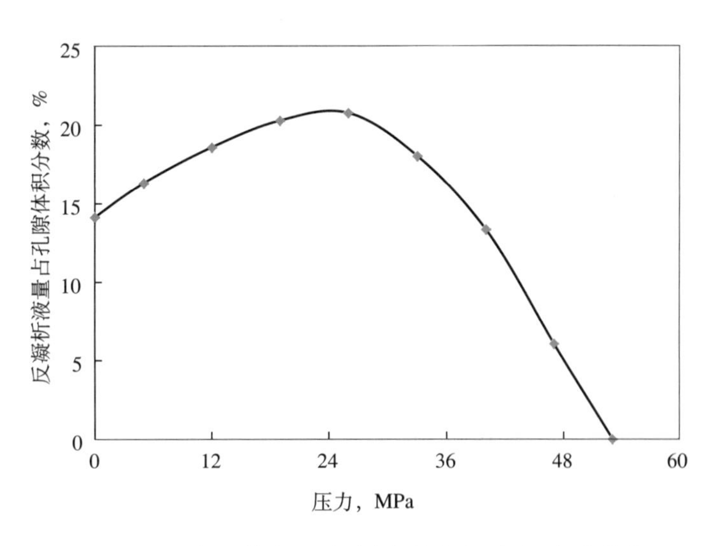

图2−17　衰竭期间反凝析液量与压力的关系曲线

表2–3 定容衰竭实验数据（137.8℃）

压力 MPa	衰竭各级井流物组成摩尔分数，%																十一烷以上的特性		气相偏差系数 Z	气液两相偏差系数	累计采出百分比，%
	CO_2	N_2	C_1	C_2	C_3	iC_4	nC_4	iC_5	nC_5	C_6	C_7	C_8	C_9	C_{10}	C_{11+}	合计	相对分子质量	密度 g/cm^3			
53.07	0.62	3.26	76.59	8.90	1.83	0.48	0.71	0.34	0.34	0.59	1.10	1.12	0.59	0.48	3.05	100.00	229.73	0.8419	1.350	—	0.00
47.00	0.62	3.83	76.81	8.88	1.81	0.46	0.68	0.32	0.30	0.54	0.97	0.98	0.52	0.41	2.87	100.00	205.59	0.8290	1.166	1.253	4.304
40.00	0.63	3.82	77.66	8.86	1.79	0.44	0.66	0.30	0.28	0.48	0.89	0.91	0.47	0.37	2.44	100.00	191.70	0.8212	1.020	1.139	10.470
33.00	0.63	3.82	78.80	8.84	1.76	0.42	0.64	0.28	0.25	0.43	0.81	0.79	0.42	0.32	1.79	100.00	180.00	0.8145	0.932	1.058	20.432
26.00	0.63	3.82	80.16	8.79	1.72	0.40	0.62	0.26	0.23	0.38	0.72	0.65	0.34	0.27	1.01	100.00	170.00	0.8092	0.880	0.990	33.018
19.00	0.63	3.82	81.46	8.72	1.68	0.37	0.58	0.23	0.20	0.33	0.56	0.45	0.23	0.21	0.53	100.00	162.60	0.8051	0.863	0.902	46.285
12.00	0.63	3.81	81.67	8.96	1.72	0.40	0.61	0.25	0.21	0.29	0.42	0.35	0.19	0.16	0.33	100.00	159.40	0.8034	0.871	0.829	63.085
5.00	0.62	3.81	80.85	9.29	1.78	0.43	0.66	0.29	0.24	0.34	0.46	0.38	0.23	0.18	0.44	100.00	165.90	0.8054	0.921	0.621	79.467

四、PVT相态拟合及模拟研究

由于实验室进行油气烃类体系的PVT实验需要的时间长，此外受温度、压力范围和实验工作量的限制，很难在实验室条件下获得所需的全部PVT参数。但可以应用相态模拟软件进行PVT实验数据的拟合，再进行相态模拟预测研究。

应用状态方程进行实验室各项实验项目的研究时，首先需要修正有关状态方程的各种参数，主要包括C_{n+}重馏分的临界温度T_C，临界压力p_C，偏心因子ω，方程系数Ω_a、Ω_b，以及二元交互作用系数K_{ij}等；但N_2、CO_2及C_1到C_6等明确组分的热力学参数一般不作调整。然后，通过调整上述状态方程的热力学参数使相态计算结果逼近实验数据，即进行PVT相态实验数据的拟合。获得较好的拟合结果之后，就可以应用状态方程，通过相平衡模型结合等组成膨胀、等容衰竭、分离器测试、露点测试等实验过程进行各项PVT相态模拟计算。

中国在20世纪80年代初引进了组分模型，到90年代又相继引进了COMP IV，VIP和GEM等先进的组分模型，目前普遍采用Eclipse软件PVT*i*模块。这些组分模型都有相态计算软件包。

20世纪80年代还引进了STATPACK油气相态软件。该软件从丹麦引进，有22种有关油气混合物相态研究方面的各类计算，被西欧、北欧各国油公司和研究机构广泛应用，尤其为解决北海海上凝析气田有关计算做出了贡献。

第三节 多孔介质中流体相态变化特征

目前，烃类体系的相态特征研究已形成了较为完整的理论和方法，能为油气田开发提供一整套相态特征参数。但这些研究都基于这样一个前提，即流体的物性参数、相态变化机理不受油气储层孔隙介质的影响，相态实验是在没有孔隙介质的PVT筒中进行的。事实上，由于流体相态变化过程发生在油气储层中，孔隙介质对相态的影响是客观存在的。毫无疑问，多孔介质中烃类体系的相态特征更贴近油气储层中烃类体系的相变规律。

一、多孔介质中凝析油气相变特征

目前，国际上关于多孔介质对凝析气相态的变化是否有影响，存在着不同认识，一部分学者认为没有影响，一部分学者持相反观点。笔者在这方面也做了一些实验[12]，结论是多孔介质中凝析油气相变特征与常规PVT筒分析结果并不完全相同。

油气储层的孔隙结构异常复杂，它的非均质性大大增加了对发生在其内部的吸附、凝聚、流动、扩散等现象的研究难度[13]。多孔介质模型的复杂性往往掩盖了研究对象的本质特征。例如对于真实岩心，准确测定其宏观参数已经不易，微观参数的定量描述就更加困难。相关实验多是在原有的相态实验装置上改装完成的，加入多孔介质以后，对相态特征的观测和测量出现了困难。由于很多情况下多孔介质对相态的影响较小，实验中的忽视和误差都可能掩盖这种影响，生产中常应用常规PVT相态模拟技术为油气田开发动态预测提供相态资料。

二、多孔介质中凝析油气相变研究方法

近十多年来，用于多孔介质中凝析油气体系相态分析的近代物理测试新方法的研究与应用十分活跃，主要包括：微波技术、伽马射线技术、超声波测试技术和各种CT技术（X射线CT、γ射线CT、累计采出量核磁共振即NMR CT和中子射线CT等）。这些新技术、新方法，依据所采用射线或波的物理性质和技术实现方式的不同，表现出各自的技术特征和应用前景[14]。

伽马射线具有很强的穿透能力，20世纪80年代以来人们开始将其用于岩心分析和含油饱和度的测定；伽马射线的另一应用是利用放射性示踪原理测试驱替过程中的界面推进及油水饱和度分布。但是，存在放射性示踪剂吸附的影响，限制了其测试准确度；另一方面，为了减少放射性统计误差，要求增大放射强度和加长测量时间，这又产生了技术安全问题。因此，伽马射线基于放射性示踪剂测试油水驱替中的饱和度分布还仅仅是一种研究中的测试方法。

进入20世纪90年代，随着开发实验研究不断向微观化发展，CT技术开始得到愈来愈多的应用。根据其所利用的射线性质不同，不同的CT有各自的技术特点。X射线CT具有适中的穿透能力，采用铝制或其他材料特制岩心夹持器，其密度分辨率达10^{-3}数量级，空间分辨率达微米量级。X射线CT（或CMT）已经相当多地应用于岩心分析、饱和度测定、渗透率测定和驱替实验等。γ射线CT由于伽马射线容易穿过金属材料，因此可以方便地用于通常的不锈钢岩心夹持器，但由于其射线源尺度限制和过强的透射能力影响，伽马射线CT的空间分辨能力和密度分辨能力较X射线CT低一个等级。中子射线对重原子材料如钢、岩石等具有极强的穿透能力，甚至可以视为“透明”，而对含氢（核）的流体其衰减极为敏感，因此可以用于油气相变、饱和度分布和驱替过程的成像研究，但却不能用于岩性特征分析。核磁共振（NMR）CT已实际用于岩心分析、饱和度测定和驱替实验等，但由于需要外加磁场，故只能用非磁性材料（如玻璃钢）特制岩心夹持器。目前中国已引进核磁共振仪，但由于仪器本身的限制，目前其测试压力只能达到20MPa，而温度也不能超过100℃。另外，由于NMR CT依据核磁共振的自旋—晶格弛豫时间T_1和自旋—自旋驰豫时间T_2原理，技术实现相对复杂，成本高，不能广泛应用于长岩心系列驱替研究。

超声波是一种机械波，利用其穿过物质时波幅衰减和不同物质中声速不同的性质，20世纪80年代开始将超声波用于气藏流体特征和油气相态测试研究。但基于传播速度关系的测试还局限在特制模拟介质中，而衰减方法则由于受耦合等不确定因素的影响，仍未能用于实际的岩心实验测试。

1. CO_2相态变化测试结果与分析

为了检验方法的可行性，分别在不充填介质、充填介质和充填人造岩心3种情况下进行了CO_2体系相态变化对比测试研究[15, 16]。

1）测试结果

当CO_2气体发生相变时，超声波波幅和波速都相应发生明显的变化，波幅衰减突然增大，而传播时间也突变性地增长，波速变慢。结合波幅和波速曲线，以波幅或波速随压力变化梯度最大为判据，确定出CO_2饱和蒸气压，测试结果见表2-4。

表2-4 CO_2饱和蒸气压超声波测试结果

T，℃	无介质p_d MPa		有介质p_d MPa
	测量值	公认值	测量值
17.5	5.52	5.56	—
22.0	6.12	6.17	—
9.6	—	4.58	4.64
10.2	—	4.66	4.77
11.2	—	4.77	4.85
18.0	—	5.62	5.69

2）结果分析

（1）超声波声速与衰减对CO_2相变表现出不同的响应程度。在空筒和孔隙度很大的填充介质测试中，当CO_2发生相变时，超声波首先波幅极不稳定，出现抖动变化，超声波幅度变化最大起伏超过200%。可以把超声波波幅抖动变化作为CO_2相变开始，即饱和蒸气压的指示。超声波声速变化大约0.2%～0.5%，虽然绝对值变化不大，但仍表现出足够敏感的突变特征。由此，结合波幅和波速曲线，以波幅或波速随压力变化梯度最大为判据，可以确定CO_2的饱和蒸气压值。

（2）从表2-4中还可发现，空筒测试的CO_2饱和蒸气压总是略低于公认值，而有介质存在的CO_2饱和蒸气压总是高于公认值。测量结果相对于同一公认值的倾向性偏离，可以认为是介质对CO_2气体相行为存在某种程度影响的表现。

2. 多孔介质中凝析油气相态行为的超声波实验结果

在长岩心驱替装置中进行测试，用岩心夹持器和数字式柱塞驱替泵实现压力控制和流体计量，衰竭压力由回压阀调节。由于岩心夹持器内外界面增多，超声波反射损失增强，为此，在接收探头后增接前置放大器，以提高超声波系统的灵敏度。

测试采用人造岩心和气藏实际岩心，在实验室用天然气和凝析油配制成所要求的凝析气样，模拟凝析气藏定容衰竭过程。为了与无介质情况进行对比，同一样品在填充和不填充介质两种情况下平行测试。孔隙介质条件下用超声波测试，无介质条件的应用DB Robinson公司的PVT测试装置进行对比测试，主要研究多孔介质对凝析气体系露点压力和反凝析油饱和度等的影响。

1）多孔介质对凝析气体系上露点压力的影响

用超声波测试多孔介质中凝析气的露点压力，同时在相同温度条件下，用DBR装置测试无介质时相同样品的露点压力。

露点是根据声波时差衰竭压力曲线上的突变点确定的，测试结果见表2-5。测试结果表明，对所研究的多孔介质—凝析气体系，与常规PVT测试相比，在1#、2#人造岩心中体系的露点有所上升，而在3#有束缚水存在的天然岩心中测试露点有所降低。

表2-5 多孔介质中凝析气藏露点压力测试结果

样品序号	有介质（超声）p_d MPa	无介质（DBR）p_d' MPa	p_d-p_d' MPa	$(p_d-p_d')/p_d$ %	转样方式
1#	32.9	31.4	1.5	4.6	N_2置换
2#	35.8	33.4	2.4	6.7	抽空，转样后置换
	35.9	33.3	2.6	7.2	抽空，转样后置换
3#	31.0	31.6	−0.6	−1.9	水、天然气置换

2）多孔介质对凝析油饱和度的影响

模拟凝析气藏等组分膨胀（CCE）和定容衰竭（CVD）过程，测试多孔介质条件下反凝析油饱和度变化。无介质条件下，在等组分膨胀实验中测试了1#和3#样品的反凝析油饱和度变化，最大分别为18%和9.86%；在定容衰竭实验中测试2#样品的最大反凝析油饱和度为23%。

当压力降低到露点压力以下时，与无介质情况相比，多孔介质中凝析油饱和度出现陡然上升现象，当压力下降到一定时候，反凝析油饱和度的增加变缓且出现一个相对稳定阶段，这和无介质反凝析的一般规律有一定区别。

此外，在多孔介质条件下，最大反凝析油饱和度均大于无介质状态下的饱和度，这意味着对于凝析气藏，特别是高含凝析油的凝析气藏，进行早期循环注气保持压力开发更为必要。

多孔介质对凝析油气体系相态的影响综合表现为多孔介质中的界面现象，具体表现在界面张力、润湿性、界面吸附、毛细凝聚和毛细管力等方面。它们之间具有不可分割的内在联系，且与多孔介质本身的性质紧密相关。界面分子力场不饱和导致界面层分子具有比体相分子多余的自由界面能而产生界面张力；而物质总有力图减少任何自由能的趋势，从而当流体与储层岩石固相接触时会产生界面吸附作用和润湿效应；而界面吸附又往往伴随着毛细凝聚的产生；由于润湿效应在储层岩石的细小毛细管中出现弯液面而产生毛细管压力。通过这种联系可分析多孔介质界面现象对凝析油气体系相平衡和渗流的影响。

如果能同时引入多孔介质表面吸附和毛细凝聚等现象对地层流体相态的影响，把凝析气体系和储层微孔隙空间视为一个相互作用的物理化学流—固耦合系统，使所建立的凝析气藏地层流体相态特征研究方法更符合气藏实际情况，就能更准确地认识和判断凝析气藏的开发、开采动态，从而更有效地开发凝析气藏。

3. 超声波测试多孔介质凝析油气体系的相对渗透率

由于凝析气的特殊相变行为，长期以来，国内没有直接测量凝析油气相对渗透率曲线，甚至采用低界面张力的N_2—煤油体系在常温常压下的相对渗透率曲线来代替，但其界面张力仍比凝析气界面张力高数十倍，例如凝析气界面张力为0.0934mN/m，而N_2—煤油体系为30mN/m。从国外的研究还可以知道，凝析气相对渗透率曲线是非常特殊的，即便是在相同的界面张力条件下，非凝析气体系的相对渗透率曲线也不同于凝析气体系。现今用超声波测凝析油气相对渗透率曲线的初步研究表明：

（1）实测的凝析油气相对渗透率曲线与煤油—N_2体系的差别很大。用常规模拟油和模拟气体组成的体系代替凝析气体系进行相对渗透率的测量是不可行的。

（2）现在一些组分软件，如CMG组分模型软件仅对输入的相对渗透率曲线进行界面张力的校正，而未做毛细管数的校正，所以必须对相对渗透率计算模块进行研究和改进。

（3）用于凝析油气相对渗透率测量的稳定法应不同于常规油气稳态测量方法。常规的稳态法是将岩心洗净、烘干后置于岩心夹持器中，然后选取某一气油比，用两台恒速泵按所选比例分别将油气恒速注入岩心，直到两端压差不变，在进出口两端气油比相同时，记录平衡时的压差。然后用已知流体黏度及岩心物理参数数据按达西公式计算气、液两相的相对渗透率。在凝析气相对渗透率测量中，为尽可能达到与实际开采过程一致，方法应有所不同，即首先应按一定的衰竭速度把饱和在岩心中的凝析气进行衰竭实验，当在观察窗中观察到体系达到凝析油临界流动饱和度时，停止衰竭，然后再进行稳态相对渗透率测试。此项实验研究在中国还仅仅是开始，尤其是在实验测试设备和方法方面还有待进一步完善发展。

三、多孔介质中凝析油气的相态变化规律

1．凝析气在储层多孔介质表面的吸附

在凝析气藏中，烃类流体在储层多孔介质表面会发生吸附作用，吸附作用的存在对气藏的状态和组分会产生影响，因而与气藏开发动态相联系[17]。

凝析油气体系的吸附不仅与温度、压力有关，也随气体组成而变化，其吸附模型较著名的有空穴溶液模型（VSM）、吸附溶液模型等。

2．多孔介质中毛细凝聚现象

毛细凝聚现象往往伴随着多孔介质表面气体吸附而发生。对多孔介质的毛细孔道来说，由于界面张力的作用，在弯曲的两相界面的两侧会形成压力差，因此气体在毛细管中发生凝聚的压力要比在平面上发生凝聚所需的压力要小，孔隙半径愈小，其发生凝聚所需的压力就愈低。因此，毛细凝聚现象会加速反凝析作用，从而影响油气体系的相态特征。

在毛细凝聚作用的影响下，凝析气体系会提前发生反凝析现象，因此，多孔介质中凝析气体系的露点可能比无多孔介质时要高，特别是对于低渗透凝析气藏。

3．多孔介质中凝析气毛细管压力

在凝析气藏的开发过程中，当地层压力低于露点后，由于反凝析现象会析出液相，从而地层中同时存在气、液两相。由于润湿性和界面张力的作用，多孔介质中会出现气、液弯曲界面，并且在弯曲界面的两侧形成压力差，即毛细管压力。毛细管压力的方向由油层岩石的润湿性决定，与弯曲液面凹向一致。

在凝析气体系两相流体同时渗流的过程中，毛细管压力有时为动力，有时又成为阻力，但一般来说，毛细管压力多以阻力出现。虽然个别弯液面引起的毛细管压力有限，但在储层孔隙介质中毛细管数量相当大，因而毛细管压力所产生的累积渗流阻力效应不可忽略。

第四节 凝析气藏相态判别方法

不同类型凝析气藏压力开发方式不同，因此确定凝析气藏类型非常重要。判别凝析气藏类型有两种方法，即相态判别法和经验统计判别法。相态判别法是基本的和可靠的方法，但需要取得代表性样品及PVT实验数据；经验统计判别法一般只需要地面测试和储层流体常规取样分析数据，比较简单易行，对于常规的气藏具有一定的可靠性，但它是根据经验数据，用统计规律来指导未知气藏类型判别，因而有一定的局限性，尤其对过渡区的气藏类型（湿气与低含油凝析气、近临界态油气、挥发油与常规油）不易准确判断，对这类气藏流体类型最终需要用相态方法确定。但经验统计判别法可用作判别气藏类型的辅助方法。

一、油气藏类型判别方法

油气藏类型判别方法主要有相图法、图版法和经验统计方法。

1. 相图法

根据典型取样流体的相图和油气藏的原始压力、温度，可将油气藏分为如图2−18所示的6种类型。根据相平衡理论、实验手段以及计算机辅助软件，可以绘制相关油气藏的流体相图，由此判断油气藏的类型。

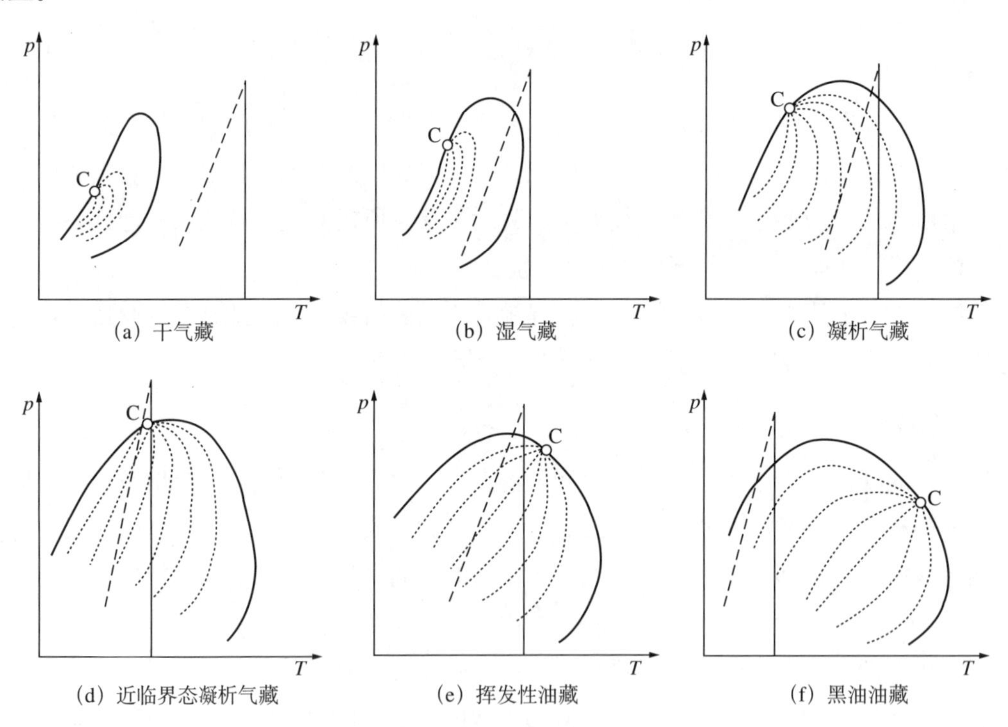

图2−18 不同类型油气藏烃类流体的p—T相图

2. 图版法

1）液体体积分数与无量纲压力关系曲线判别法

根据油气藏流体相态实验所取得的液体体积分数（相对于饱和压力点体积）与无量纲压力（相对

于饱和压力）的关系曲线形态（图2–19），可以大致判别油气藏类型[18]。

2）凝析油含量与饱和压力曲线判别法

取井中产出的气和凝析油，在实验室中以不同气油比配制样品，分别测得各自的饱和压力，绘制成凝析油含量与饱和压力的关系曲线，据此判别油气藏类型。图2–20是前苏联卡拉哈坎纳克油气样的实例，图中A流体条件为：T=88℃；p=59.2MPa；C_{5+}含量为770g/m³，判定为非饱和的近临界态凝析气藏。

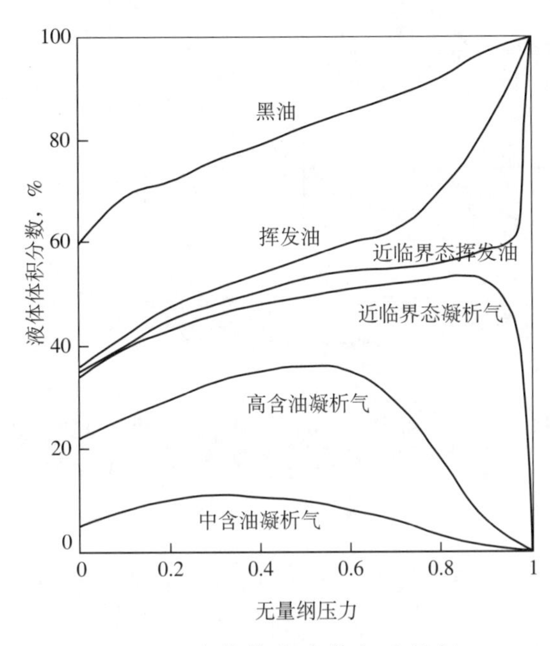

图2–19　液体体积分数与无量纲压力关系曲线

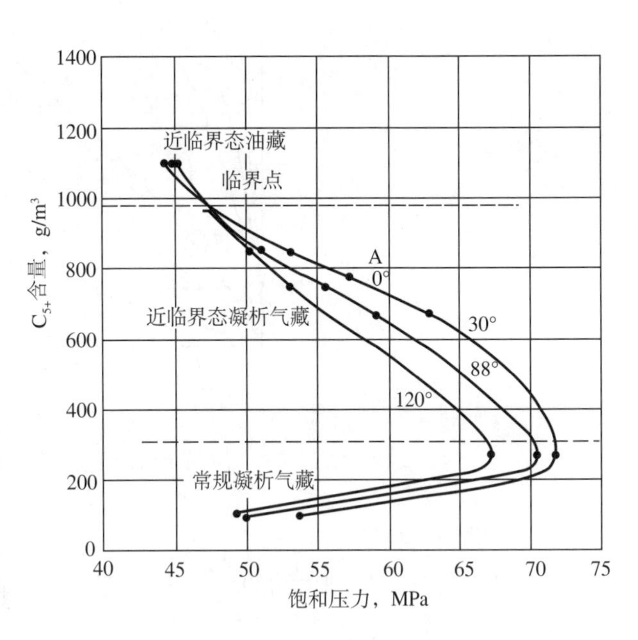

图2–20　凝析油含量与饱和压力关系曲线

3）无量纲收缩率与无量纲压力关系曲线判别法

储层流体收缩性通过PVT实验求得。

无量纲压力=现行压力÷饱和压力

无量纲收缩率=现行压力下的收缩率÷0.1013MPa下的收缩率

地层条件液体收缩率为：

$$(V_o - V_t)/V_o = (B_o - B_t)/B_o \tag{2-62}$$

式中　V_o——饱和压力和储层温度下液体体积，%；

V_t——现行压力和储层温度下液体体积，%；

B_o——饱和压力和储层温度下原油体积系数，m³/m³；

B_t——现行压力和储层温度下原油体积系数，m³/m³。

应用具体储层原油样品的PVT数据，计算无量纲收缩率和无量纲压力，然后绘制成如图2–21所示的曲线，根据曲线在图中的位置，即可判别该油藏流体类型。

图中B_o是典型黑油曲线，E、F、G是典型挥发性原油曲线，偏离典型黑油曲线越远，则挥发性越强。A、C、D曲线表明与挥发性原油收缩性相反。

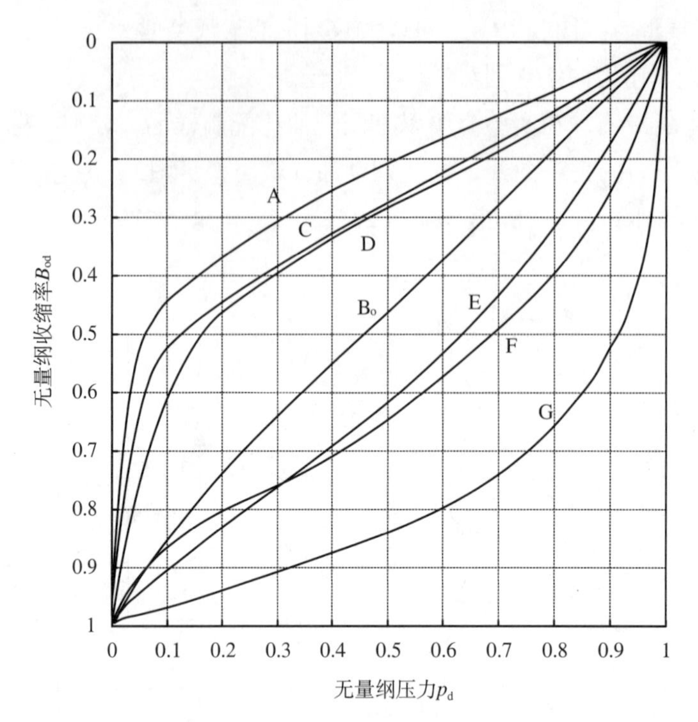

图2−21 储层原油无量纲收缩率与无量纲压力关系曲线

3. 经验统计方法

经验统计方法是根据已知的大量油气藏地层流体组成及特征参数求得多种判别方法或判别准则，以指导油气藏类型判别。

1）方框图和C_{2+}摩尔含量判别法

图2−22所示的4个正方形每条边分别为4个组分的含量参数坐标轴。判别油气藏类型时，根据4个参数实际值，点到各坐标上，然后投影到对角线上。若4个或3个点落在一个正方形内，由这个正方形所标明的油气藏类型就是所判别油气藏的类型。不同类型油气藏四参数大致范围见表2−6。

表2−6 用方框图判别不同类型油气藏4参数范围

参数名	参数范围			
	气藏	无油环凝析气藏	带油环凝析气藏	油藏
C_{2+}含量，%	0.1～5.0	5～15	10～30	20～70
C_2含量/C_3含量	4～160	2.2～6.0	1～3	0.5～1.3
100×［C_2/（C_3+C_4）］	300～10000以上	170～400	50～200	20～100
100×（C_2/C_1）	0.1～5.0	5～15	10～40	30～600

图2−23是斯特罗塞尔斯基根据前苏联和其他国家34个盆地的含气系数（气态烃总和与全烃总和之比）与流体组成中C_{2+}平均含量指标（乙烷以上烃组分合计摩尔分数）或C_2平均含量指标（乙烷摩尔分数）绘制的关系曲线。对于具体的油气藏，这里可以根据C_{2+}含量平均值在图2−23中横坐标上的位置，初步预测储层流体属于哪一种类型。

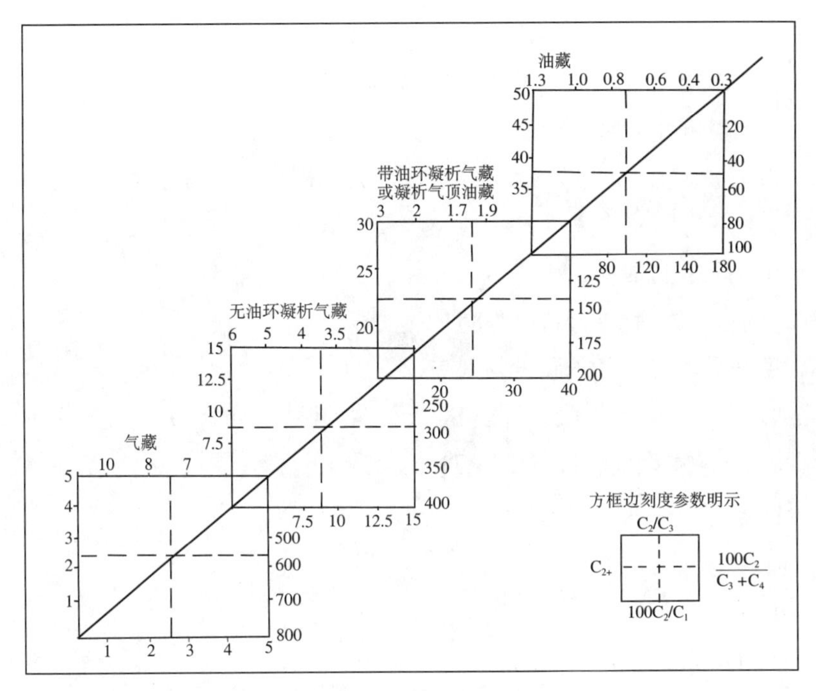

图2–22　不同类型油气藏方框图判别方法

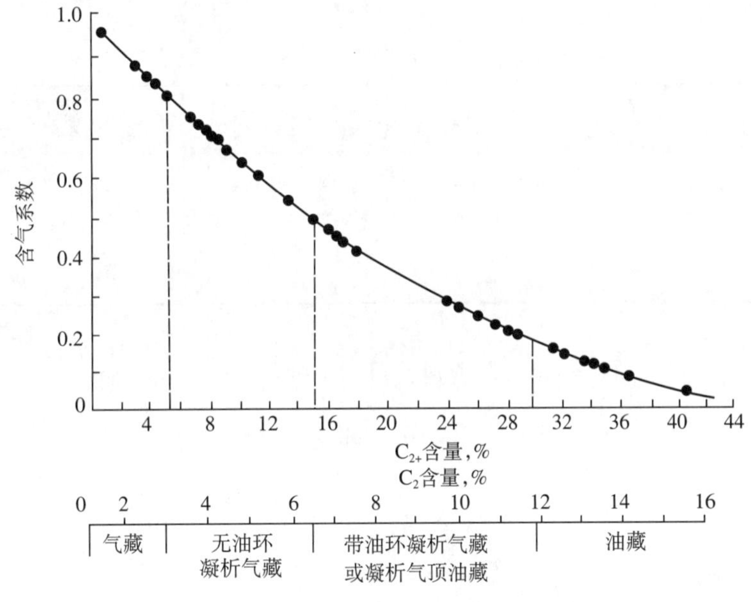

图2–23　含气系数与C_{2+}含量关系曲线

（C_2=0.35C_{2+}+1.37）

2）ϕ_1参数判别法

$$\phi_1 = \frac{C_2}{C_3} + \frac{C_1 + C_2 + C_3 + C_4}{C_{5+}} \tag{2-63}$$

等式右边各参数分别为对应组分含量。

分类标准为：

$\phi_1 > 450$　　　　气藏

$80 < \phi_1 < 450$　　　　无油环凝析气藏

$60 \leqslant \phi_1 \leqslant 80$　　带小油环凝析气藏

$15 < \phi_1 \leqslant 60$　　带较大油环凝析气藏（ϕ_1越小油环越大）

$7 < \phi_1 \leqslant 15$　　凝析气顶油藏

$2.5 < \phi_1 \leqslant 7$　　挥发性油藏（$3.8 < \phi_1 < 7$往往为凝析气藏中含油层）

$1 < \phi_1 \leqslant 2.5$　　普通黑油油藏

$\phi_1 \leqslant 1$　　高黏重油油藏

该方法根据102个油气藏检验，符合率为85%。

3）地层流体密度和平均相对分子质量判别法

Γ.Φ.特列宾通过对150多个油藏、气藏和凝析气藏实际资料的研究，提出用地层流体密度和平均相对分子质量来判断油气藏类型的标准（表2–7）。

$$\overline{M} = \sum_{i=1}^{n} M_i Z_i \tag{2–64}$$

式中　$\overline{M}$——平均相对分子质量；

M_i——i组分的相对分子质量；

Z_i——i组分的摩尔分数；

n——流体混合物的组分数。

表2–7　流体密度和平均相对分子质量判别参数范围表

油气藏类型	气藏	凝析气藏	挥发性油藏	普通黑油油藏	重油油藏
地下流体密度 g/cm^3	<0.225～0.250	0.225～0.450	0.425～0.650	0.625～0.900	>0.875
平均相对分子质量 $\overline{M}$	<20	20～40	35～80	75～275	>225

地下流体密度ρ由取样测得，若无实测资料，可用下列经验公式计算：

$$\begin{aligned} &\rho = (\lg \overline{M} - 0.74)/1.842 \qquad 20 < \overline{M} < 250 \\ &\rho = (\overline{M} - 16)/13.3 \qquad \overline{M} < 20 \end{aligned} \tag{2–65}$$

4）储层流体三元组成三角图判别法

根据油气藏的地层流体组成资料，按三角图坐标要求，即将C_1+N_2、$C_2 \sim C_6+CO_2$、C_{7+}的数据点绘在图上，如图2–24所示。

图中虚线框内为挥发性油藏数据分布范围，其右上方为凝析气藏，左下方为黑油油藏，中间虚线框内为挥发性油藏（C_{7+}组分摩尔含量大致在11%～32%范围）。以C_{7+}组分摩尔含量为主要判别参数，即可用该图判别油气藏类型。其判别标准如下：

$C_{7+} < 11\%$　　凝析气

$11\% < C_{7+} < 32\%$，$C_2 \sim C_6+CO_2 > 10\%$　　挥发性油藏

$C_{7+} > 32\%$　　黑油

这个界限并不严格，C_{7+}值在界限附近难以准确判别。

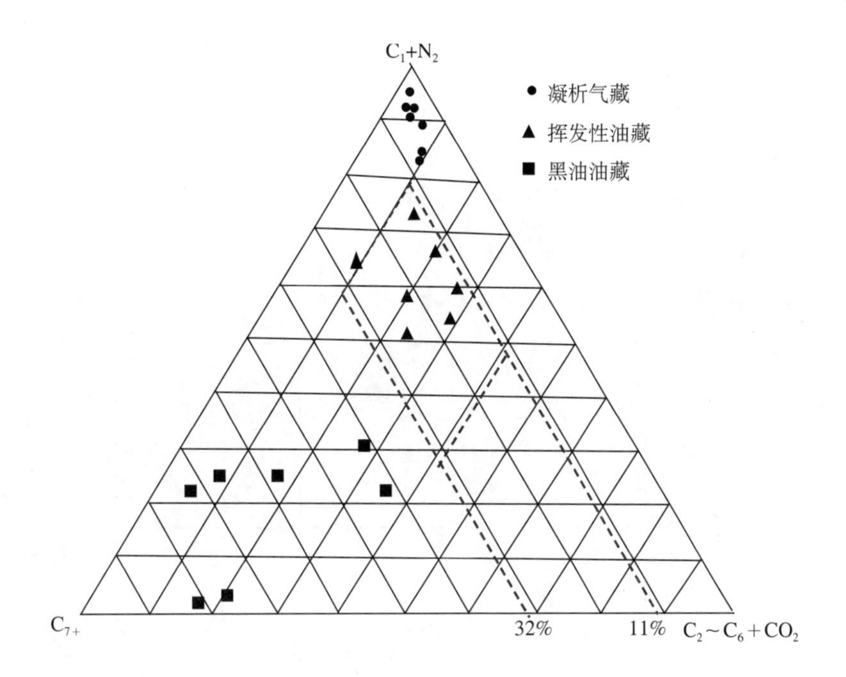

图2–24 储层流体三元组成三角图

5）气油比与单位储层流体产出油罐油量关系判别法

黑油油藏、挥发性油藏和凝析气藏的*GOR*（气油比）和单位储层流体产出油罐油量各分布在一定范围（表2–8），图2–25是用实际数据绘制的关系曲线。利用实际数据亦可大致判别油气藏类型。

但在凝析气藏与挥发性油藏之间以及挥发性油藏与黑油油藏之间的过渡带难以准确判别。

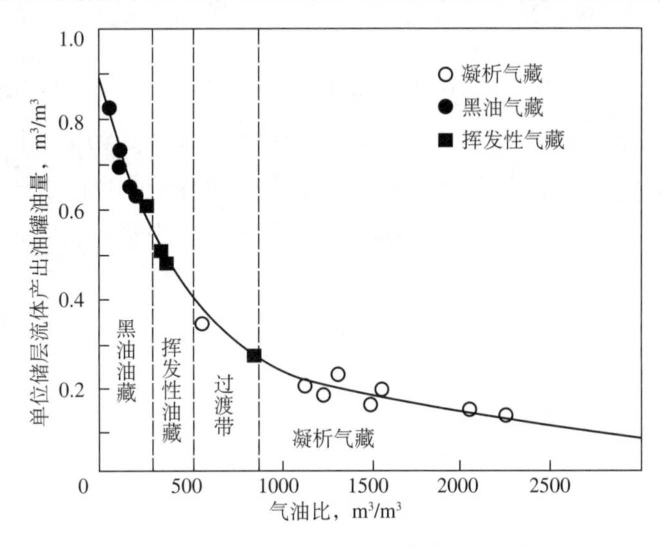

图2–25 气油比与单位储层流体产出油罐油量关系

表2–8 气油比、单位储层流体产油量与油气藏类型的关系

参数名	参数范围			
	黑油油藏	挥发性油藏	过渡带	凝析气藏
GOR，m^3/m^3	<300	300～500	550～900	>900
单位储层流体产出油罐油量 m^3/m^3	>0.55	0.55～0.35	0.35～0.28	<0.28

6）生油岩中分散有机质吸附气的C_2/C_3和iC_4/nC_4判别法

判别标准如下，并示于图2–26中：

$C_2/C_3<1.3$，$iC_4/nC_4<0.8$　　油藏

$C_2/C_3<1.3$，$iC_4/nC_4>0.8$　　凝析气藏

$C_2/C_3>1.3$，$iC_4/nC_4<0.8$　　高温裂解气藏

$C_2/C_3>1.3$，$iC_4/nC_4>0.8$　　生物成因气藏

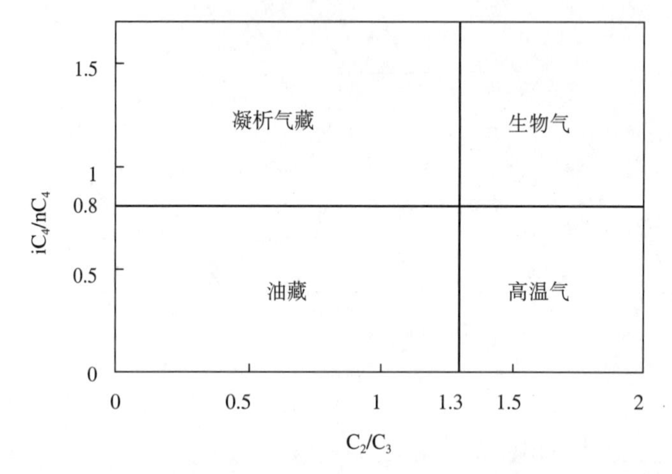

图2–26　生油岩中分散有机质吸附气的C_2/C_3和iC_4/nC_4判别法

二、凝析气藏油环识别经验方法

凝析气藏是否带油环对油气藏的早期开发评价部署十分重要。目前，油环的判断方法主要是根据凝析气藏井流物的组成总结出来的，在前苏联，判断的符合率能达到80%以上。对国内的凝析气藏进行检验时，发现大多数方法符合率较好，只有个别方法符合率偏低，原因是经验统计方法是根据一定具体实际资料得出的，与统计气田类型有关（前苏联已开发气田中绝大多数凝析气藏的凝析油含量都在100g/m^{3}以下）。

1. 储层凝析气C_{5+}值和C_1/C_{5+}值判别法

无油环　　$C_{5+}<1.75$mol%或$C_1/C_{5+}>52$。

带油环　　$C_{5+}>1.75$mol%或$C_1/C_{5+}<52$。

2. 等级分类判别法

该方法选用凝析气组分计算4项特征参数：

$$\begin{aligned}F_1&=C_1/C_{5+}\\F_2&=(C_2+C_3+C_4)/C_{5+}\\F_3&=C_2/C_3\\F_4&=C_{5+}\end{aligned}\tag{2-66}$$

具体判别时，用4项特征参数值求等级号R_i（表2–9），用等级号数之和ϕ进行判别。

$$\phi = \sum_{i=1}^{n} R_i \tag{2-67}$$

表2-9　特征参数等级标准表

等级号R_i	特征参数			
	C_1/C_{5+}	$(C_2+C_3+C_4)/C_{5+}$	C_2/C_3	C_{5+}
0	＞125	＞10	＞6	＞5.3
1	100～125	8～10	5～6	4.3～5.3
2	75～100	6～8	4～5	3.3～4.3
3	50～75	4～6	3～4	2.3～3.3
4	25～50	2～4	2～3	1.3～2.3
5	0～25	0～2	1～2	0.3～1.3

判别标准为：

带油环凝析气藏　　$\phi > 11$

无油环凝析气藏　　$\phi \leqslant 9$

混合带　　$9 < \phi \leqslant 11$

该方法根据102个油气藏检验，符合率为91%。

3. *Z*因子判别法

用Z_1、Z_2两参数判别（图2-27）：

$$F = \left(C_2 + C_3 + C_4\right)/C_{5+} \tag{2-68}$$

$$Z_1 = (0.88C_{5+} + 0.99\frac{C_1}{C_{5+}} + 0.97\frac{C_2}{C_3} + 0.99F)/3.71 \tag{2-69}$$

$$Z_2 = (0.79C_{5+} + 0.98\frac{C_1}{C_{5+}} + 0.95\frac{C_2}{C_3} + 0.99F)/3.71 \tag{2-70}$$

判别标准为：

带大油环凝析气藏（或油藏）　　$Z_1<17$，$Z_2<17$

带小油环凝析气藏　　$17<Z_1<21$，$17<Z_2<20.5$

无油环凝析气藏　　$Z_1>21$，$Z_2>20.5$

三、产出油类型判别方法

取地面油罐油样进行馏分及组分分析，可以用3种简便方法判别产出油是凝析油还是原油，进而确定对应产层是凝析气藏还是油藏。

1. *Π*准数判别法

$$\Pi = M^{1/4}/\rho_4^{20}$$

式中 M——油的相对分子质量；

ρ_4^{20}——油的相对密度。

测定油样不同沸点温度下馏分的相对密度（ρ_4^{20}），并测定油样相对分子质量（M），计算Π准数后，作Π准数与沸点温度的关系曲线，凝析油为凹型曲线，原油为直线型关系，如图2–28所示。

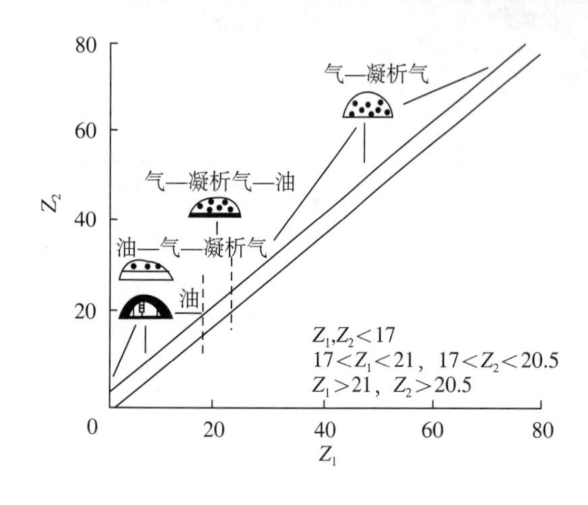

图2–27 Z因子与油气藏类型关系

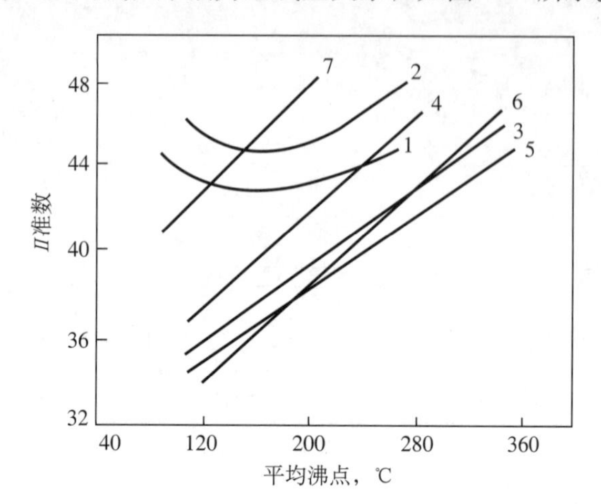

图2–28 Π准数判别法

1，2—凝析油；3，4，5，6，7—原油

2. 油罐油总烃组分判别法

表2–10为该方法的判别标准。

表2–10 油罐油总烃组分判别标准数据表

参数名	参数范围	
	凝析油	原油
$\frac{总烃}{胶质+沥青}$	>17	<17
$\frac{总烃(100\sim150℃)}{总烃(160\sim200℃)}$	>1.3	<1.3

3. C_{14}～C_{30}正构烷烃含量判别法

测定正构烷烃C_{14}～C_{30}百分含量，绘制含量与碳原子数关系曲线。凝析油是烃含量随碳原子增加而急剧下降的曲线，而原油曲线变化不大，如图2–29所示。

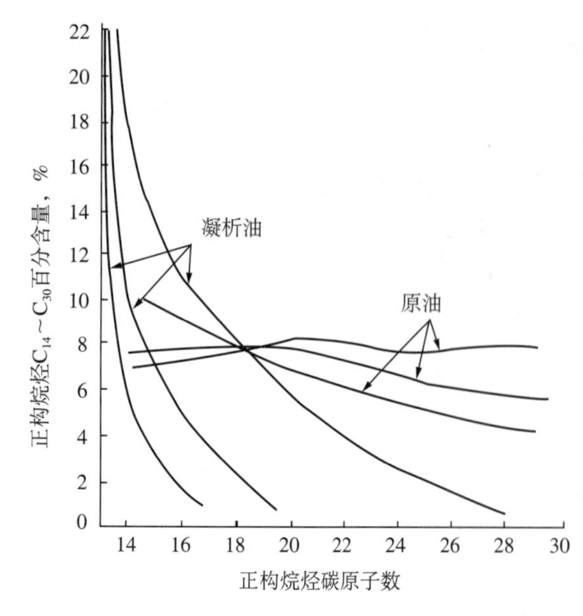

图2–29 C_{14}～C_{30}正构烷烃含量判别法

四、经验判别方法适用性检验

在上述油气藏相态类型判别方法中，相态研究判别方法的可靠性是世界公认的。但经验判别方法是否全部适用于中国油气藏流体相态类型的判别需要检验。为此，选择中国17个已知类型油气藏（表2–11），分别用11种经验判别法判别它们的类型，

与实际类型对比，来检验这些方法对判别中国油气藏类型的适用性。

检验判别结果：除牙哈23凝析气藏外，11种经验判别方法基本适用于判别中国油气藏的流体相态类型的判别。由于牙哈23凝析气藏的凝析油含量很高（大于600g/m³），接近于近临界态的凝析气藏，看来这些方法对此类气藏适用性较差。

表2–11中，油气藏实际类型和判别方法以符号表示如下：

表2–11 经验判别方法检验结果表

油气藏	实际类型	判别方法										
		1	2	3	4	5	6	7	8	9	10	11
塔中4（C_{II}）	A	√	√	√	√	√	√	√	√	√	√	√
塔中5（C_I）	B	√	√	√	√	√	√	√	√	√	√	√
柯克亚21井（X_{5-1}）	B	√	√	√	√	√	√	√	√	√	√	√
柯克亚351井（X_{5-2}）	A	√	√	√	√	√	√	√	√	√	√	√
板桥深21井（板2）	B	√	√	√	√	√	√	√	√	√	√	√
板桥52井（板2）	B	√	√	√	√	√	√	√	√	√	√	√
苏桥1-8井（O）	B	√	√	√	√	√	√	√	√	√	√	√
辽河双91井（Es）	B	√	√	√	√	√	√	√	√	√	√	√
辽河齐62井（Es）	B	√	√	√	√	√	√	√	√	√	√	√
锦州20-2-1井（Es）	B	√	√	√	√	√	√	√	√	√	√	√
中原濮气4井（Es_2）	A	√	√	×	√	√	√	√	√	√	√	√
P-H4井（7）	B	√	√	√	√	√	√	√	√	√	√	√
四川中坝（须二）	C	√	√	√	×	√	√	√	√	√	×	√
塔中1	B	√	√	√	√	√	√	√	√	√	√	√
提1	B	√	√	√	√	√	△	√	√	√	√	√
东河12	B	√	√	√	√	√	△	√	√	√	√	√
牙哈23	B	√	×	×	×	√	×	×	×	×	×	×

注：（1）符号说明：A—凝析气顶油藏；B—带油环凝析气藏；C—无油环凝析气藏。√—正确；×—错误；△—有两种可能。

（2）判别方法说明：1—方框图法；2—C_{2+} 含量法；3—ϕ_1 参数法；4—地层流体密度和平均相对分子质量法；5—储层流体三元组成三角相图法；6—气油比与单位储层流体产出油罐油量关系法；7—地面生产气油比与油罐油密度关系法；8—储层凝析气 C_{5+} 值法；9—储层凝析气 C_1/C_{5+} 比值法；10—等级分类法；11—Z 因子法。

总体来看：

（1）以上所述油气藏流体相态类型判别方法都必须有可靠的数据。

（2）相态研究方法是普遍采用的准确的油气藏流体类型判别方法。但这种方法所需数据的现场取样和实验工作量大，尤其对于凝析气藏、挥发性油藏、临界态和近临界态油气藏的流体相态类型判别，必须在初始状态下取得有代表性的储层流体样品，并做PVT实验。

（3）经验判别方法需要资料少，在现场取得少量有关分析数据后，就可初步判别油气藏流体类型，综合多种经验判别方法，辅助相态研究，使相态类型判别结论更可靠。但经验判别方法仅适用于常规凝析气藏和油气藏。对于凝析气藏与挥发性油藏之间的过渡区域（临界态和近临界态油气藏）的判别可能出现两种结果，不一定可靠。近临界态油气藏中油气之间物性区别甚微，临界态的油气更难区别，因此更没有判别临界态油气藏的经验方法，所以对于临界态和近临界态油气藏类型用PVT实验方法确定比较可靠。

第五节 凝析气田流体综合评价与计算

本节以牙哈凝析气田流体综合评价为例，说明流体相态评价方法及过程[19]。

一、储层流体取样概况和取样代表性分析

牙哈凝析气田储层埋深4900～5500m，油藏温度130～143℃，原始压力55～59MPa，属于深层、高温、高压的凝析气田。包括牙哈1、牙哈57、牙哈23、牙哈4、牙哈6五个构造高点，其中牙哈23为主力凝析气藏。其取样情况见汇总表2−12。通过以下几个方面对取样情况进行分析，进而筛选出有代表性的样品。

1. 取样时井底流压应尽量保持高于饱和压力

取样时生产压差过大的气井有4个井层（表2−13），油井有2个井层。其中有YH2井N_1j层4958～4963m井段，生产压差13.44MPa；YH2井K层5162～5165.5m井段，生产压差24.16MPa；YH3井K层5172～5175m井段，生产压差18.91MPa；YH301井K层5153～5162m井段，生产压差17.94MP；YH6井E层5160～5163m井段，生产压差16.88MPa。对于牙哈凝析气田凝析气井来说，饱和压力与地层压力相差较小，一般为3～5MPa，若生产压差过大，则在地层中必然出现反凝析现象，使重组分先凝析下来，吸附于岩石表面，因此，其井流物不能代表气藏原始流体的组成。

2. 取样时分离器温度应高于析蜡温度

取样时分离器温度低于15℃的有6个样品，其中有YH2井N_1j层，4985～4963m井段，取样时分离器温度−3℃；YH2井K层5162～5165.5m井段，分离器温度8℃；YH301井E层5109～5117m井段（1994年取的样品），分离器温度6℃；YH302井E层5171～5175m井段，分离器温度5℃。

取样时分离器温度不能太低的原因：一是实验室难以创造低温配样条件；再者牙哈凝析气田地面油罐油取样分析含蜡量很高（6%～15%），凝析油的析蜡点在9～24℃范围内。统计48个油样分析结果，平均析蜡温度在15℃左右。若分离器温度低于此温度，则会造成取出的油样不准。

3. 取样时应具有一定的稳定时间

有3口井取样时在同一工作制度下生产不足10h，见表2−14。

4. 取样时生产气油比须达到稳定

如YH302井E层，5171～5175m井段，取样时虽然在7.00mm油嘴下生产了12.5h，但是取样前生产气油比波动仍非常大。

表2-12　牙哈凝析气田储层流体PVT取样情况汇总

构造	层位	井号	取样日期	井段 m	油嘴 mm	生产时间 h	日产油 m^3	日产气 m^3	气油比 m^3/m^3	地层温度 ℃	地层压力 MPa	地层流压 MPa	饱和压力 MPa	生产压差 MPa	分离器温度 ℃	分离器压力 MPa	流体类型	取样个数 个
牙哈23	N_1j	YH2	1994.10.18	4958～4963	6	20	101.40	108364	1069	133.9	55.45	42.01	50.85	13.44	−3	1.2	凝析气	1
		YH2	1994.11.04	4980～4984	7	18	125.50	179150	1427	135.0	55.75	51.69	53.22	4.06	23.6	3.24	凝析气	1
		YH301	1995.06.21	4952～4954	7.94	18	155.81	193768	1244	132.8	55.79	48.68	51.06	7.11	34	2.3	凝析气	2
	E	YH3	1993.11.29	5160～5166	4.76	8	73.10	114384	1565	137.2	56.34	53.34	53.73	3.00	26.7	1.3	凝析气	1
		YH301	1994.11.27	5109～5117	6.36	10	146.85	211170	1434	133.5	56.50	54.01	52.73	2.49	6	1.6	凝析气	1
		YH301	1995.06.19	5109～5117	6.36	17	122.40	163971	1340	132.8	56.51	50.57	52.57	5.94	40	2.2	凝析气	2
		YH302	1994.10.18	5171～5175	7	12.5	160.51	148387	924.5	136.0	56.71	53.83	49.95	2.88	5	2.1	凝析气	1
	K	YH2	1994.10.06	5162～5165.5	6	7	79.50	79622	1002	138.9	56.30	32.14	47.67	24.16	8	1.6	凝析气	1
		YH3	1994.07.22	5172～5175	5	6	43.32	36768	848	137.0	57.16	38.25	44.13	18.91	18	1.48	凝析气	1
		YH301	1995.06.16	5153～5162	5.95	10	63.00	84342	1339	137.8	56.94	39.00	50.60	17.94	36.67	2.21	凝析气	2

注：YH301 N_1j 流压为4862.33m处流动压力。

表2-13 取样时生产压差太大的井层

井号	层位	井段，m	生产压差，MPa
YH2	N_1j	4958～4963	13.44
YH2	K	5162～5165.5	24.16
YH3	K	5172～5175	18.91
YH301	K	5153～5162	17.94

表2-14 取样时生产时间过短的井层

井号	层位	井段，m	取样时生产时间，h
YH3	E	5160～5166	8
YH2	K	5162～5166	7
YH3	K	5172～5175	6

通过以上综合分析判断，筛选出代表性比较好的凝析气样品两个，它们是：牙哈23构造高点，YH301井N_1j层4952～4954m井段的样品；YH301井E层5109～5117m井段1995年6月取的样品。

二、流体相态特征和PVT拟合计算

根据前面对取样条件的综合分析，考虑开发上的需要，选取有代表性的YH301井E层5109～5117m井段样品实验结果，对恒组分膨胀、等容衰竭等实验数据用Eclipse的PVT*i*软件进行了回归拟合处理。

在分离器压力3.0MPa，分离器温度25℃下，衰竭过程中分离器产品计算结果见表2-15。由此可知，在枯竭压力为10MPa时，衰竭开采凝析油采出程度为25.56%。在衰竭开采过程中，组分摩尔分数的变化见表2-16及图2-30。由图中可以看出，衰竭开采时C_1摩尔分数逐渐上升。在原始地层压力下，C_1含量为75.72%，当地层压力衰竭到15MPa时上升为81.05%，C_2、C_3含量基本没有多大变化，C_4以上组分含量则逐渐减少，越重的组分则递减速度越快，说明随压力的降低，重组分大多都损失在地层中，因此采用保持压力开采非常重要。

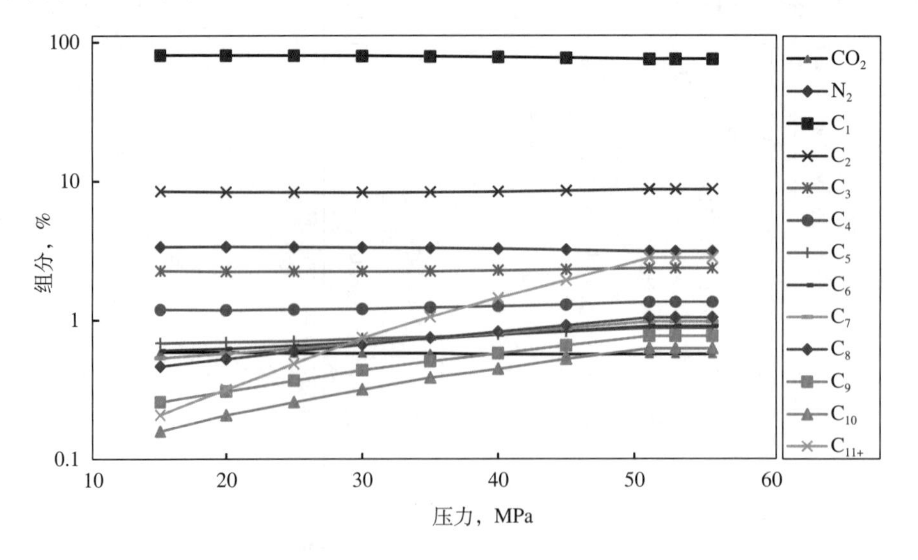

图2-30 衰竭过程中井流物组分的变化

表2–15　YH301井E层流体（5109～5117m）衰竭过程中累计采出量的计算

（常温分离条件：一级3MPa，25℃；油罐 0.10MPa，20℃）

每10^6m^3原始流体累计采出量		原始储量	分级压力，MPa								
			51.75	45	40	35	30	25	20	15	10
井流物，10^3m^3		100	0	69.12	129.76	200.45	282.8	377.51	483.78	599.4	720.54
常温分离	油罐油体积 m^3	713.22	0	37.47	64.85	91.07	115.38	136.88	155.02	169.9	182.34
	一级分离器气 10^3m^3	903.86	0	63.58	119.99	186.43	264.65	355.52	458.39	571	689.64
	油罐气 10^3m^3	24.38	0	1.42	2.54	3.67	4.79	5.84	6.8	7.63	8.4
一级分离器气重质含量 kg	乙烷	1077417	0	7507	14150	20957	31141	41825	53976	67420	81846
	丙烷	40962	0	2898	5479	8534	12152	16389	21245	26670	32592
	丁烷	24516	0	1817	3484	5518	8010	11033	14615	18739	23381
	戊烷以上	3990	0	310	605	977	1452	2055	2803	3693	3707
井流物重质含量 kg	乙烷	115618	0	7976	14979	23149	32687	43699	56143	69842	99785
	丙烷	50615	0	3455	6468	9959	14005	18643	23858	29599	42553
	丁烷	53327	0	3571	6647	10160	14162	18665	23632	29019	41571
	戊烷以上	537435	0	28095	48574	68153	86324	102457	116193	127625	147349

表2–16　衰竭开发过程中井流物组分的变化

压力 MPa	组分摩尔分数，%												
	CO_2	N_2	C_1	C_2	C_3	C_4	C_5	C_6	C_7	C_8	C_9	C_{10}	C_{11+}
55.69	0.57	3.14	75.72	8.78	2.38	1.36	0.88	0.91	0.98	1.05	0.77	0.63	2.83
53.00	0.57	3.14	75.72	8.78	2.38	1.36	0.88	0.91	0.98	1.05	0.77	0.63	2.83
51.10	0.57	3.14	75.72	8.78	2.38	1.36	0.88	0.91	0.98	1.05	0.77	0.63	2.83
51.09	0.57	3.14	75.72	8.78	2.38	1.36	0.88	0.91	0.98	1.05	0.77	0.63	2.82
45.00	0.57	3.23	77.39	8.57	2.33	1.30	0.83	0.84	0.88	0.92	0.66	0.53	1.95
40.00	0.57	3.29	78.40	8.46	2.30	1.27	0.79	0.79	0.81	0.83	0.58	0.45	1.46
35.00	0.58	3.33	79.24	8.38	2.27	1.24	0.76	0.74	0.75	0.75	0.51	0.39	1.06
30.00	0.58	3.36	79.73	8.35	2.26	1.21	0.74	0.70	0.69	0.67	0.44	0.32	0.75
25.00	0.58	3.39	80.49	8.36	2.26	1.20	0.71	0.66	0.63	0.60	0.37	0.26	0.49
20.00	0.59	3.40	80.87	8.41	2.26	1.19	0.70	0.63	0.58	0.53	0.31	0.21	0.32
15.00	0.59	3.40	81.05	8.53	2.29	1.20	0.69	0.61	0.54	0.47	0.26	0.16	0.21

YH301井E层5109～5117m井段样品拟合结果见表2-17，衰竭开采过程中凝析液量变化如图2-31所示，由图中可以看出，最大反凝析液量高达28%。

表2-17 牙哈301井E层（5109～5117m）地层流体等容衰竭计算结果对比

压力 MPa	累计产井流物 %		反凝析液体积，%		气体偏差系数		液相 相对密度 计算值	气相 相对密度 计算值	液相 黏度 计算值 mPa·s	气相 黏度 计算值 mPa·s
	实验值	计算值	实验值	计算值	实验值	计算值				
51.75	0	0	0	0	1.5000	1.1549	0.5251	1.1987	0.1333	0.0875
44.00	9.07	6.68	19.78	17.33	1.2160	1.0092	0.5291	1.1026	0.1332	0.0874
37.50	18.02	14.14	25.40	25.57	1.0740	0.9027	0.5430	0.9984	0.1448	0.0650
31.00	28.35	24.21	27.51	29.21	0.9850	0.8294	0.5660	0.893	0.1705	0.0493
24.50	40.17	37.37	28.00	29.59	0.9370	0.7989	0.5966	0.8172	0.2168	0.0370
18.00	53.50	52.95	27.65	28.02	0.9140	0.8100	0.6317	0.7654	0.2924	0.0275
11.50	68.10	69.35	26.18	25.70	0.9150	0.8550	0.6682	0.7415	0.4030	0.0166
5.00	83.29	85.01	23.50	23.17	0.9460	0.8256	0.7040	0.7530	0.5313	0.0146

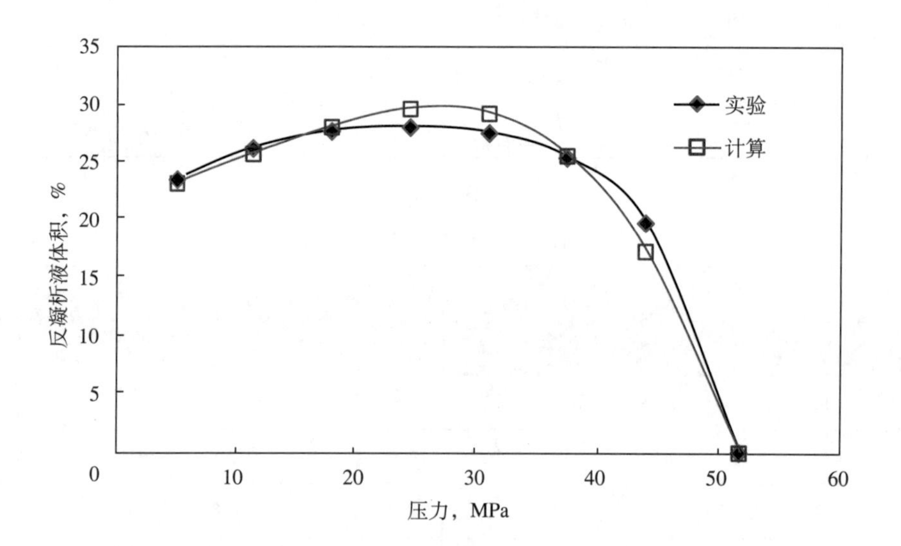

图2-31 YH301井E层流体等容衰竭过程反凝析液量的变化

三、牙哈凝析气田流体相态特征

1．流体组成特点

牙哈凝析气田凝析气组成的共同特点是：非烃成分CO_2含量低，CO_2含量摩尔分数约0.57%～1.09%；N_2含量偏高，约3%～6.07%。N_2+C_1含量为77.71%～81.95%，C_2～C_6+CO_2含量为11.81%～16.75%，C_{7+}含量5.48%～7.7%。牙哈凝析气田和塔里木盆地其他典型油气藏流体组成特征见图2-32。

2. 等容衰竭开采特征

由于牙哈凝析气藏露点压力高，一般在50MPa以上，与地层压力仅差2～3MPa，若采用衰竭式开发，地层压力低于露点压力后，储层流体反凝析损失严重。实验结果表明，等容衰竭开采最大反凝析液量在20%以上，最大反凝析压力在20～30MPa之间。若降压开采，压力降5MPa时反凝析液量较小，若压力降10MPa时，反凝析液量就非常大了，一般达到10%以上，见表2-18。

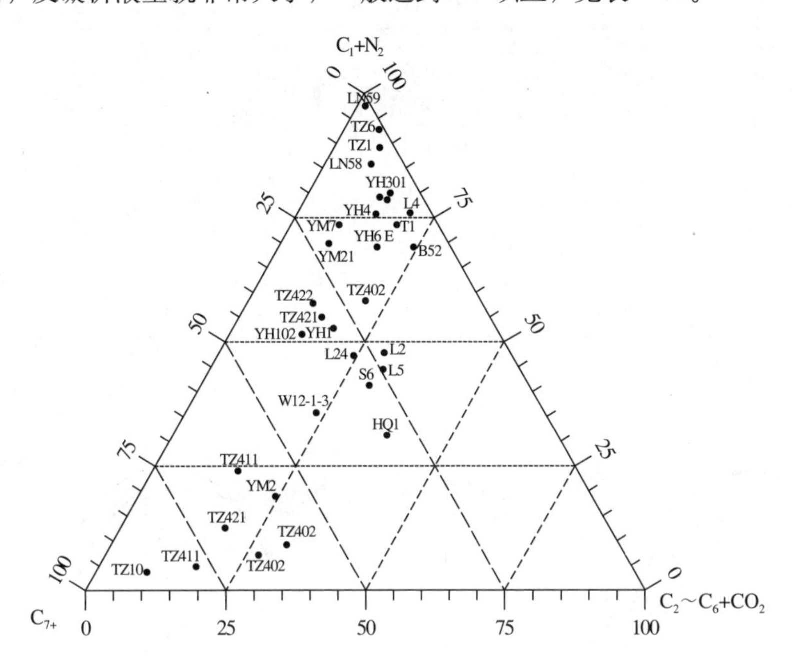

图2-32　典型油气组成三角相图

表2-18　等容衰竭开采特征

层位	反凝析液量，%			最大反凝析		凝析油采收率 %	地层压力 MPa	饱和压力 MPa
	5MPa	10MPa	35MPa	压力 MPa	液量 %			
N_1j	2	10	21	25	22.62	23.10	55.79	51.40
E	4	16	26.5	24.5	28.00	25.57	56.51	51.65

3. 相包络线特征

临界特征参数见表2-19，典型气样的相包络线如图2-33、图2-34所示，其*p*—*T*相图的共同特点是：

（1）相图表明为未饱和凝析气，地层压力与饱和压力相差3～5MPa。

（2）饱和压力接近最大凝析压力，衰竭开采时反凝析压降范围大，地层中反凝析现象比较严重，凝析油采收率低。

（3）临界压力和临界温度高，表明凝析气中凝析油含量高的特征。

从牙哈凝析气田的相包络线特征来看，有部分井层样品的临界点比较靠近地层温度线，说明这些样品具有近临界流体的特征。

4. 流体类型评价

1）凝析气藏类型

牙哈23构造N_1j层凝析油含量573g/m³，E层凝析油含量537.44g/m³。根据《凝析气藏相态特征确定技术要求》，按凝析油含量分类，牙哈凝析气田凝析气应属于特高凝析油含量的凝析气藏。

表2-19 临界特征参数

油田	井号	层位	地层压力p_f MPa	地层温度T_f ℃	饱和压力 MPa	气油比 m³/m³	临界压力p_c MPa	临界温度T_c ℃	最大凝析压力 MPa	最大凝析温度 ℃
牙哈	YH301	N_1j	55.79	132.8	51.06	1244	49.6	2.2	52	360
牙哈	YH301	E	56.51	132.8	51.65	1340	47.7	2.4	52	370
利比亚			35.6	132			34.6	125		
春秋拉			63.82	154		435	21.71	154		

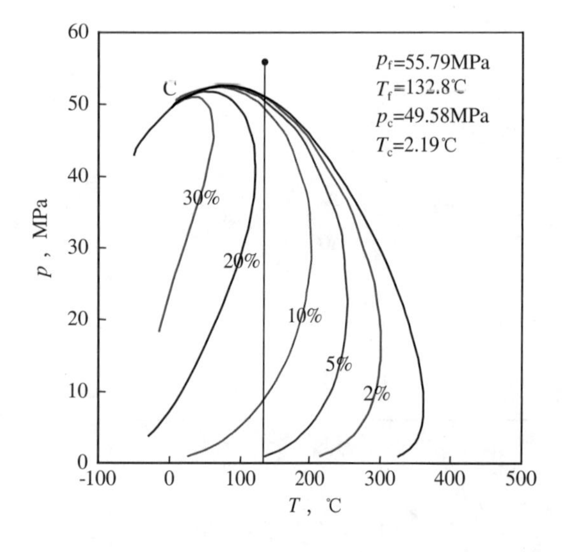

图2-33 YH301井N_1j层（4952～4954m）流体相图

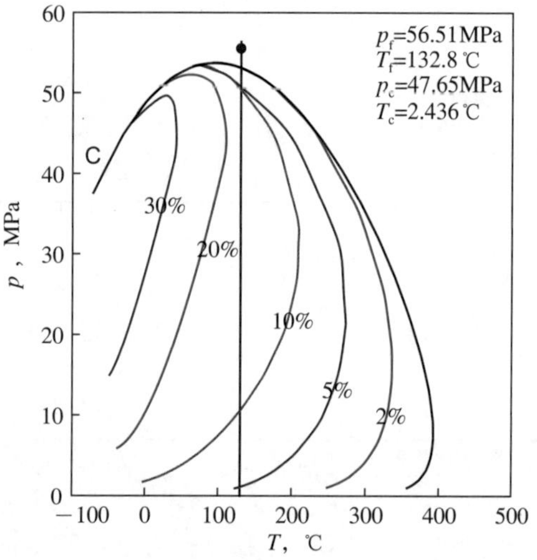

图2-34 YH301井E层（5109～5117m）流体相图

2）用相图判定气藏类型

在包络线特征分析中，对储层流体类型有了明确的结论：牙哈23构造高点流体属于高凝析油含量凝析气。

3）三元组成判别气藏类型

图2-32是油气藏流体三元组成类型判别图，根据统计资料，凝析气藏C_{7+}含量低于12.5%，C_{7+}含量大于32%的是黑油油藏。将牙哈凝析气田数据绘于图上，可以清楚地看出牙哈23构造的地层流体属于凝析气藏。

4）用无量纲收缩率与无量纲压力关系判别油气藏类型

图2-35是由大量实验资料得出的无量纲收缩率与无量纲压力关系的典型曲线。图中可以看出，该气藏也属于高含凝析油的凝析气藏。

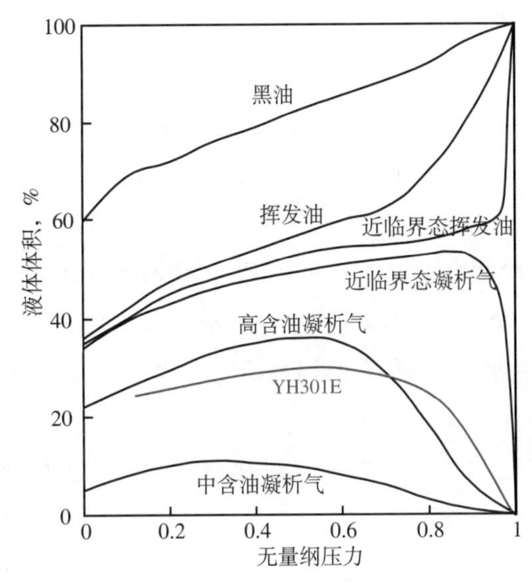

图2–35　无量纲收缩率与无量纲压力的关系

参考文献

[1] A.X.米尔扎赞扎杰，等.凝析气田开发［M］.杨培友，等译.北京：石油工业出版社，1983.

[2] 袁士义，叶继根，孙志道.凝析气藏高效开发理论与实践［M］.北京：石油工业出版社，2003.

[3] 钟太贤，袁士义，胡永乐，等.凝析气流体的复杂相态［J］.石油勘探与开发，2004，31（2）：125–127.

[4] 胡永乐，罗凯，郑希潭，等.高含蜡凝析气相态特征研究［J］.石油学报，2003，24（3）：61–67.

[5] 刘合年，罗凯，胡永乐，等.高含蜡凝析气流体的气—固相变特征［J］.石油勘探与开发，2003，30（2）：91–93.

[6] 沈平平，郑希潭，李实，等.富凝析气近临界特征的试验研究［J］.石油学报，2001，22（3）：47–51.

[7] 陈卫东，郭天民.近临界油气藏流体相行为研究的现状［J］.石油勘探与开发，1996，23（1）：76–79.

[8] 沈平平，郑希潭，李实，等.近临界流体异常的反凝析相变［J］.石油勘探与开发，2001，28（1）：72–74.

[9] Tarek Ahmed. Equations of State and PVT Analysis［M］.Houston：Gulf Publishing Company，2007.

[10] 杨宝善.凝析气藏开发工程［M］.北京：石油工业出版社，1993.

[11] 罗宁，张健，刘胜军.模块式地层动态测试器（MDT）在四川的应用［J］. 西南石油学院学报，2002，24（5）：18–21.

[12] 童敏，李相方，胡永乐，等.多孔介质对凝析气相态的影响［J］.石油大学学报（自然科学版），2004，28（5）：61–64.

[13] 李明军，杜建芬，卞小强.多孔介质中凝析油气相态研究进展 [J].断块油气田，2008，15 (1)：69–71.

[14] 李士伦，王鸣华，何江川，等.气田与凝析气田开发 [M].北京：石油工业出版社，2004.

[15] 杨金海，李士伦，郭平，等.孔隙介质中气体相变超声波测试方法研究 [J].西南石油学院学报，1999，21 (3)：22–24.

[16] Vargaftik N. B. Handbook of Physical Properties of Lipuids and Gases [M]. Washington：Hemisphere Publishing Corporation，1976：167–168.

[17] 杜建芬，李士伦，尹永飞.多孔介质对凝析气藏露点的影响机理研究 [J].西南石油学院学报，2006，28 (4)：26–28.

[18] 孙志道，胡永乐，李云娟，等.凝析气藏早期开发气藏工程研究 [M].北京：石油工业出版社，2003.

[19] 孙龙德.塔里木盆地凝析气田开发 [M].北京：石油工业出版社，2003.

第三章　试井及产能评价

在原始条件下，凝析气藏流体呈单相气态，储层中流体的渗流主要是气体渗流。随开采中地层压力的下降，当井底压力低于露点压力后，由于压降漏斗的存在，首先在井底附近一个很小的范围内出现一定程度的凝析油，并随着压力的降低逐渐向地层扩散。在地层压力低于露点压力后，整个地层将出现反凝析。当凝析油饱和度高于临界可动油饱和度时，凝析油开始流动，出现两相流。这时气井的产量应以油气总当量代替天然气产量，并通过测试分析确定储层条件、气井合理产能及合理工作制度。

第一节　试井方法概述

一、试井

试井通常包括两方面的内容。一方面是通过相关仪器测量井的生产动态，取得井的产量、压力及其变化资料；另一方面是应用渗流力学理论及方法，对测得的这些资料进行分析研究，从而计算出井和地层的特性参数。前者称为试井测试，后者称之为试井解释。现在，试井解释已完全脱离了手工操作，而广泛进入了现代试井解释（试井解释软件+计算机辅助）的时代。

试井可分为稳定试井和不稳定试井两大类。稳定试井是依次改变3次以上井的工作制度，测量各个工作制度下的稳定产量与稳定井底流动压力，从而确定测试井的产能。回压试井是典型的稳定试井，等时试井和改进的等时试井是稳定试井的变形，从工程意义上来看，也可归于稳定试井范畴。由于这几种试井其目的是确定井的产能，所以又叫产能试井。不稳定试井则是改变测试井的产量，测量由此引起的井底压力随时间的变化。这种压力变化同测试井本身及其射开地层的特性有关。因此，运用试井资料，即测试产量和井底压力数据，结合其他资料，可以测算测试井层的许多特性参数，包括计算测试井的井底污染情况、测试井的控制储量、地层参数、地层压力以及地层边界状况等。因此，不稳定试井成了油气田勘探开发过程中认识地层性质和油气井特性的不可缺少的重要手段。勘探开发中所能取得的各种资料，如岩心分析、电测解释等资料，均是在油气藏静态条件下测取的，只有试井资料是在油气藏的动态条件下取得的，由此得到的参数能够更好地表征油气藏的动态特征，反映测试井及其周围较大范围（探测半径范围）内的地层特性；而其他资料只能反映井眼或其附近（油气藏中的“一个点”）的地层特性[1]。

二、真实气体拟压力

气相流体的性质随压力的变化而变化，气体的黏度μ_g、压缩系数C_g和偏差系数Z都是压力的函数，其渗流方程式是非线性的。因此，在描述气体流动的微分方程中，要引入“拟压力”的概念，用数学方法处理以消除上述参数与压力的部分相关性，以便将油井的试井解释方法应用于气井的试井解释[2]。

真实气体的拟压力定义为：

$$\psi(p)=\int_{p_0}^{p}\frac{2p}{\mu Z}\mathrm{d}p \tag{3-1}$$

式中 $\psi(p)$——拟压力，$MPa^2/(mPa\cdot s)$；

p——压力，MPa；

p_0——参考压力点压力，MPa；

μ——气体黏度，mPa·s；

Z——真实气体偏差系数，无量纲。

当气体压力$p<13.0$MPa时，μZ几乎是一个常数，这时拟压力可写成：

$$\psi(p)=\frac{1}{(\mu Z)_i}p^2 \tag{3-2}$$

当$p>21$MPa时，$\frac{\mu Z}{p}$可近似为一个常数，拟压力可以写成：

$$\psi(p)=\left(\frac{2p}{\mu Z}\right)_i p \tag{3-3}$$

三、凝析气井试井分析时产量折算方法

由于凝析气流体的特殊相态，产出井流物为气、液两相，需要将凝析油产量折合为气产量，即凝析油的气体当量，再加上原来的气产量就得到产出井流物的产量。用井流物产量来进行试井分析[3，4]。

凝析油气体当量计算的基本依据是：凝析油气化后满足气体状态方程。因而根据状态方程可导出凝析油气体当量的计算公式如下：

$$q_{oge}=\frac{q_o\rho_w\gamma_o}{M_o}\cdot\frac{RT_{sc}}{p_{sc}} \tag{3-4}$$

式中 γ_o——凝析油相对密度；

M_o——凝析油平均相对分子质量；

q_o——凝析油产量，m^3/d；

q_{oge}——凝析油折算的气产量，m^3/d；

ρ_w——水的密度，$1000kg/m^3$；

R——气体常数，$0.008314MPa\cdot m^3/kmol$；

T_{sc}——标准温度，293.15K；

p_{sc}——标准压力，0.101325MPa。

代入各项参数后得：

$$q_{oge} = 24054\frac{q_o\gamma_o}{M_o} \tag{3-5}$$

当没有实验分析资料时，M_o可由如下的相关经验公式计算[4]：

$$M_o = \frac{44.29\gamma_o}{1.03-\gamma_o} \tag{3-6}$$

式中　γ_o——凝析油的相对密度。

四、凝析气井产能试井方法

凝析气藏产能试井与一般气藏类似，凝析气井产量为干气与凝析油折合的气体当量之和。

1. 回压试井法

回压试井法产生于1929年，并于1936年由Rawlines和Schellhardt加以完善。其具体做法是，依次用3个以上不同的工作制度生产，每个工作制度要求产量及井底流压达到稳定，并测量记录井的产量q和井底流压p_{wf}，以及稳定地层压力p_R[5-7]。其产量和流压对应关系如图3-1所示。

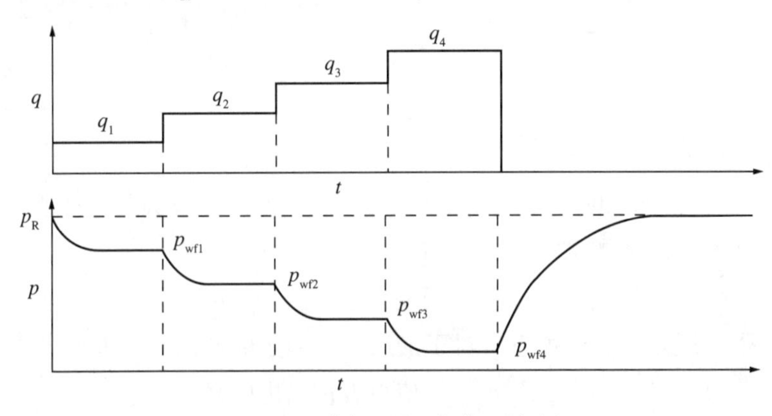

图3-1　常规回压试井示意图

在双对数产能曲线图3-2中，纵坐标为以压力平方表示的生产压差，$\Delta p_i^2 = p_R^2 - p_{wfi}^2$。其中$p_R$为地层压力，$p_{wfi}$为第$i$个气嘴的井底流动压力，$q_i$为第$i$个气嘴的产气量。正常情况下，4个测试点可以很好的回归成一条直线，从而求得产能方程系数及渗流指数，得到指数式产能方程。当取p_{wf}=0.101MPa时，相当于井底放空为大气压力（1atm）时的情况，此时产气量将达到极限值，称这时的气井产量为“无阻流量”，表示为q_{AOF}。一般来说，无阻流量q_{AOF}是不可能直接测量到的，因为井底压力不可能放空到大气压力。q_{AOF}只能通过产能公式加以推算。

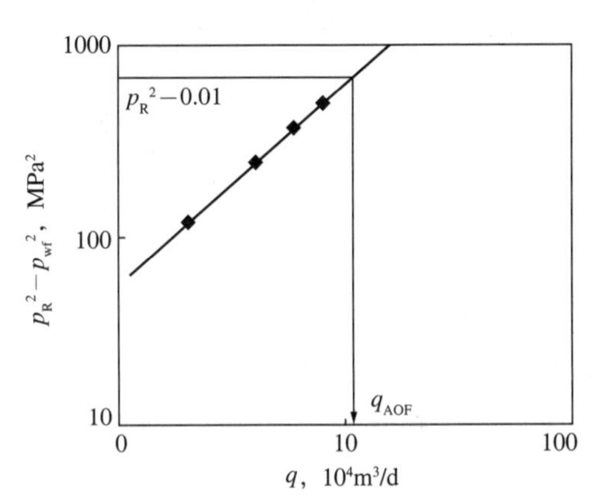

图3-2　回压试井产能曲线

回压试井要求在每个工作制度下生产时，产量和井底流动压力都要达到稳定，同时要求测试期间地层压力保持不变。这就需要花费很长的测试时间，特别是对于低渗透气藏更是如此。而长时间开井测试，对于某些井层，可能造成地层压力下降。基于上述原因限制了回压试井方法的广泛应用。

2. 等时试井法

如前所述，回压试井需要测试时间较长。因而到1955年，由Culleder等人提出了一种“等时试井方法”。等时试井是气井依次以几个（3个以上）不同产量进行生产和相应的关井。每次生产不要求流压达到稳定，只要求生产时间彼此相等。每次关井则要求达到稳定状态，以求得稳定的地层压力。待不稳定产量和流动压力测试完成后，再采用一个产量延续生产达到稳定。其产量和压力的对应关系如图3−3所示。

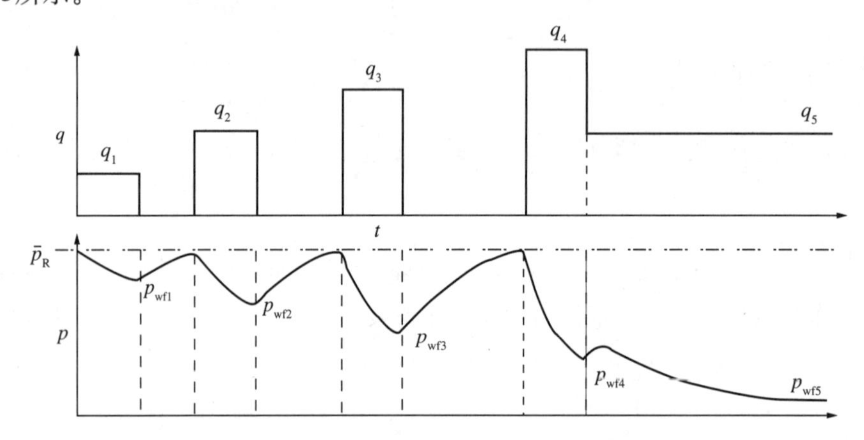

图3−3 等时试井产量与压力示意图

等时试井大大缩短了开井时间，使放空气量大为减少。但由于每次关井都要求恢复到地层压力稳定，因而并不能有效地减少总的测试时间。

对于每一个工作制度下的产气量q_{gi}，对应于生产压差$\Delta p_i^2=p_R^2-p_{wfi}^2$，得到产气量与生产压差的对应关系。对于最后一个稳定的产量点，产气量为q_{gw}，生产压差为$\Delta p_w^2=p_R^2-p_{wfw}^2$。值得着重指出的是，使用压力平方差$\Delta p_i^2=p_R^2-p_{wfi}^2$或压力差$\Delta p_i=p_R-p_{wfi}$都是有条件的、近似的；精确的方法是使用拟压力差$\Delta \Psi_i=\Psi_R-\Psi_{wfi}$。

图3−4是等时试井测得的产能曲线。图中从4个不稳定产能点，回归出一条直线，得到直线斜率*B*。为了得到稳定的产能方程，需通过延续生产的稳定产能点C，作不稳定方程的平行线，求得截距*A*，从而得到稳定的二项式产能方程。利用此产能方程可以推算出无阻流量。

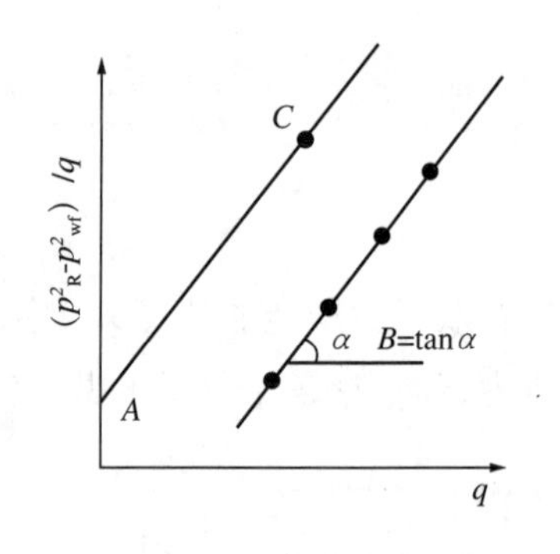

图3−4 等时试井二项式产能曲线

3. 修正等时试井法

Katz等人于1959年提出了修正等时试井方法。在等时试井中，各次关井时间要求足够长，以恢复到稳定的地层压力，对于低渗透储层，这将花费大量的关井时间。在修正等时试井中，不要求关井恢复到稳定的地层压力，只要求各次关井时间相同，从而大大地缩短了不稳定测试时间。其产量和压力对应关系见图3−5。

从图3−5中看到，修正等时试井不但大大减少了开井时间和放空气量，而且总的测试时间也大为减少。用测点数据作图时，q_{gi}生产压差的计算方法与等时试井相同，即：

$$q_{gi}，\ \Delta p_i^2 = p_{wsi}^2 - p_{wfi}^2，\ i=1，2，\ldots，5$$

应用上述的对应关系，可以做出修正等时试井的产能方程图，图的形式以及产能方程的求法与等时试井相同（参见图3−4）。同样可以推算出无阻流量q_{AOF}。

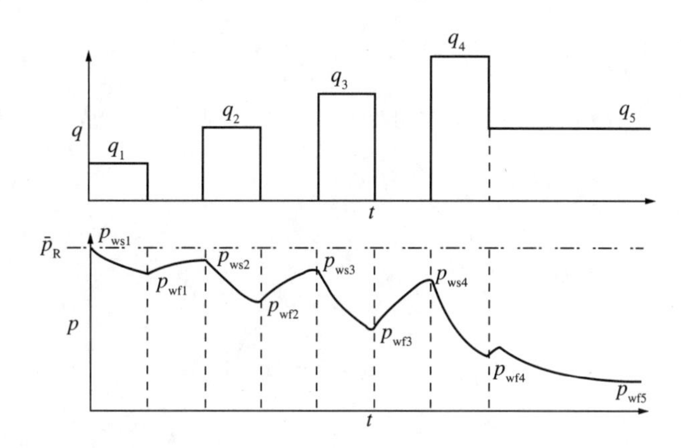

图3−5　修正等时试井产量和压力对应关系示意图

4. 一点法试井

当气田驱动方式不变，并且井也未进行任何增产措施时，那么该井的产能方程（具体指二项式产能方程的系数A和B值），从理论上讲，也不会发生变化。在这种情况下，即可采用一点法试井。即只要测试一个稳定的产能点，然后利用已有的产能方程式或相关经验公式算出无阻流量。一点法试井具有工艺简单、测试时间短、资源浪费少的优点，但其可靠性不如前述几种试井方法。现推荐以下3种一点法计算无阻流量的经验公式[8−10]：

$$q_{AOF} = \frac{6q_{mix}}{\sqrt{1+48p_D}-1} \tag{3-7}$$

$$q_{AOF} = \frac{q_{mix}}{1.0434p_D^{0.6594}} \tag{3-8}$$

$$q_{AOF} = \frac{q_{mix}}{1.8p_D - 0.8p_D^2} \tag{3-9}$$

其中

$$p_D = \frac{p_R^2 - p_{wf}^2}{p_R^2} \tag{3-10}$$

$$q_{mix} = q_g + q_{oge} = q_g + \frac{24054q_o\gamma_o}{M_o} \tag{3-11}$$

式中　q_{AOF}——无阻流量，m^3/d；

p_D——无量纲压力；

p_R——平均地层压力，MPa；

p_{wf}——井底流压，MPa；

q_{mix}——凝析气（气和凝析油）产量，m^3/d；

q_g——天然气产量，$10^4m^3/d$；

M_o——凝析油相对分子质量。

第二节 产能方程

一、指数式产能方程

Rawliues和Schellhardt于1936年经过大量的现场观察，根据经验提出了产量与压力平方差的关系式：

$$q_{\text{mix}} = c({p_{\text{R}}}^2 - {p_{\text{wf}}}^2)^n \tag{3-12}$$

两边取对数得：

$$\lg q_{\text{mix}} = n\lg({p_{\text{R}}}^2 - {p_{\text{wf}}}^2) + \lg c \tag{3-13}$$

式中 p_{R}——地层压力，MPa；

p_{wf}——井底流动压力，MPa；

c——产能方程系数，是气藏和气体性质的函数；

n——产能方程指数（渗流指数），是表征流动特性的常数。当只存在层流时，n=1；当只存在紊流时，n=0.5；当流动从层流向紊流过渡时，n=0.5～1.0。

1. 指数式产能方程建立

（1）整理数据，比如对回压试井需要计算出不同产量及其对应的压力平方差。

（2）绘制产能曲线：在双对数坐标系上画出产量与压力平方差的关系曲线，即气井的指数式产能曲线，如图3-6所示。

由式（3-13）可知，直线的斜率m就是渗流指数n的倒数$1/n$。已知n后，在直线上任取一点，读出该点的（$p_{\text{R}}^2-p_{\text{wf}}^2$）和$q$值，代入式（3-12），得到系数$c$：

$$c = \frac{q_{\text{mix}}}{({p_{\text{R}}}^2 - {p_{\text{wf}}}^2)^n} \tag{3-14}$$

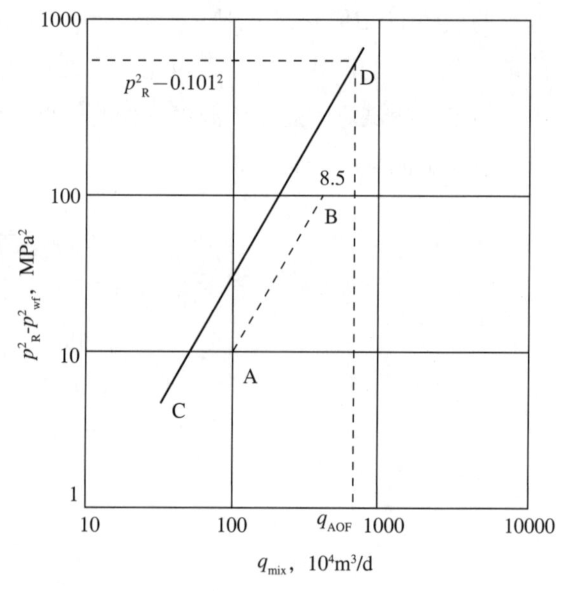

图3-6 气井的指数式产能曲线

也可用图解法求出n值，见图3-6：

（1）在双对数坐标纸上靠近产能曲线处选一个对数周期的起点（如图中的点A，其横坐标为100，纵坐标为10）；

（2）从这一点向右上方作产能曲线CD的平行线，纵坐标上只占一个对数周期，交纵坐标增加一个周期的横坐标线于一点B，其纵坐标为100；

（3）读出这一点的横坐标值，再算出这一值的常用对数值，即为所求的渗流指数n。

2. 指数式产能方程用途

（1）计算无阻流量，即井底流压为0.101MPa时的产量，用q_{AOF}表示：

$$q_{AOF}=c(p_R{}^2-0.101^2)^n \tag{3-15}$$

无阻流量也可以用图解法直接读出。

（2）预测井任一工作制度下的产量。

由给定的生产条件，可以确定井底流动压力。把它代入式（3−12），便可算出该生产条件下的产量。

3. 应用实例

图3−7为一典型的回压试井曲线。由压力恢复测试求得气层原始压力p_i=39.21MPa。其他数据见表3−1的前两列。要求建立该井的指数式产能方程和计算无阻流量，计算流压$p_{wf}=35$MPa时的产量。

分析步骤如下：

（1）整理数据，即计算$p_i^2-p_{wf}^2$，见表3−1的第3列。

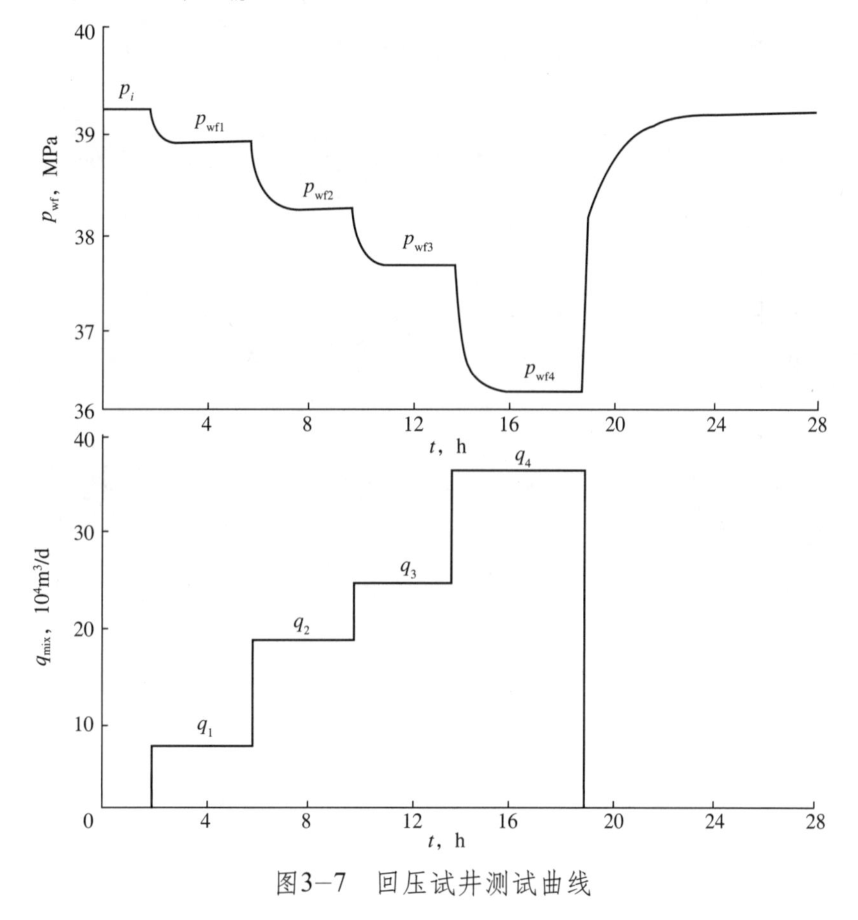

图3−7　回压试井测试曲线

表3−1　回压试井数据计算

q_{mix}，$10^4m^3/d$	p_{wf}，MPa	p_i^2-p_{wf}^2，MPa^2
7.77	38.93	21.88
20.35	38.25	74.36
27.45	37.73	113.87
42.05	36.39	213.19

（2）在双对数坐标纸上画出产能曲线图，图3-8。

（3）确定产能方程的渗流指数和系数。

计算法：在直线上任取两点，按下式可求得斜率n：

$$n=\frac{\lg q_1-\lg q_2}{\lg\Delta p_1{}^2-\lg\Delta p_2{}^2}=0.77$$

已知n，由下式可求得导数c：

$$c=\frac{q_1}{(\Delta p_1{}^2)^n}=0.7251$$

图解法：过点D（10，100）作产能曲线的平行线，在$p_i^2-p_{wf}^2=1000$上读出他们的交点在该对数周期横坐标值为5.83。由此得：

$$n=\lg 5.83=0.7657$$

在产能曲线上任取一点，如选A：$q_{mix}=100\times10^4m^3/d$，$p_i^2-p_{wf}^2=600MPa^2$，代入产能方程得：

$$100=c\times600^{0.7657}$$

$$c=0.7461$$

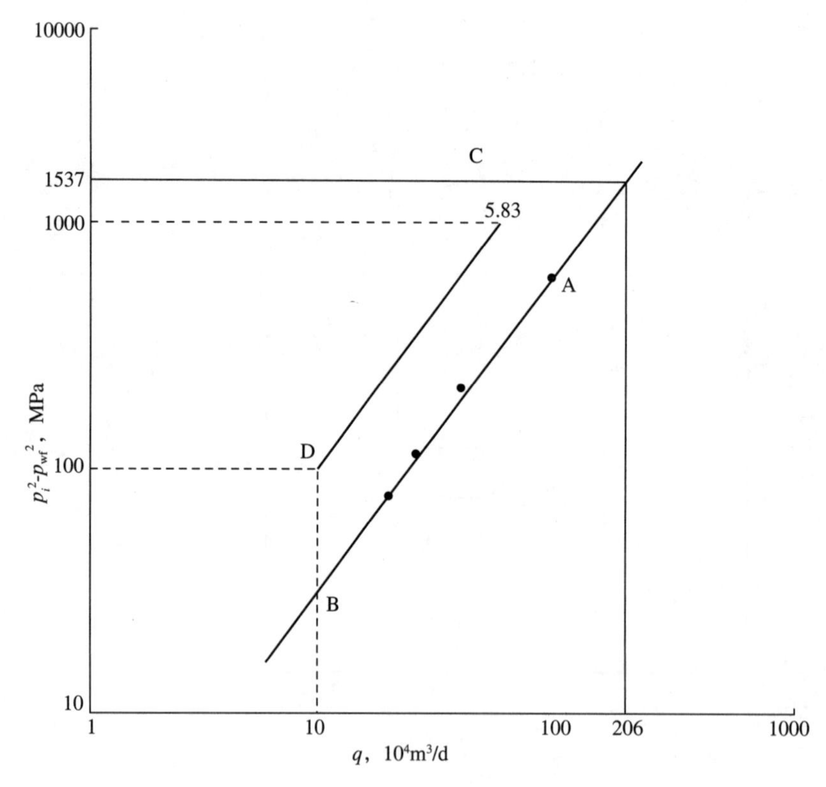

图3-8 指数式产能曲线

由回归得到的产能方程为：

$$q_{mix}=0.7251\times(39.21^2-p_{wf}{}^2)^{0.77}$$

由图解法得到的产能方程为：

$$q_{mix}=0.7461\times(39.21^2-p_{wf}{}^2)^{0.7657}$$

计算无阻流量：

$$q_{\mathrm{AOF}}=0.7251\times(39.21^2-0.101^2)^{0.77}=206.2\times10^4\mathrm{m}^3/\mathrm{d}$$

$$q_{\mathrm{AOF}}=0.7461\times(39.21^2-0.101^2)^{0.7657}=205.6\times10^4\mathrm{m}^3/\mathrm{d}$$

计算p_{wf}=35MPa时的产量：

$$q_{\mathrm{mix}}=0.7251\times(39.21^2-35^2)^{0.77}=60.4\times10^4\mathrm{m}^3/\mathrm{d}$$

$$q_{\mathrm{mix}}=0.7461\times(39.21^2-35^2)^{0.7657}=60.7\times10^4\mathrm{m}^3/\mathrm{d}$$

二、二项式产能方程

二项式产能方程分析又可称之为LIT分析，即“层流—惯性—湍流分析”（Laminar−inertial−turbulent Flow Analysis），它是由Forchheimer和HouPeurt根据流动方程的解提出来的[11]。

二项式产能方程拟压力表达式为：

$$\psi(p_{\mathrm{R}})-\psi(p_{\mathrm{wf}})=A_1q_{\mathrm{mix}}+B_1q_{\mathrm{mix}}{}^2 \tag{3-16}$$

当μZ为常数时，二项式产能方程可用压力平方形式为：

$$p_{\mathrm{R}}{}^2-p_{\mathrm{wf}}{}^2=Aq_{\mathrm{mix}}+Bq_{\mathrm{mix}}{}^2 \tag{3-17}$$

方程（3−16）和方程（3−17）中，A_1和A，B_1和B分别是描述达西流动和非达西流动的系数。目前矿场上多采用压力平方形式的二项式产能方程，用它进行解释的方法称为“压力平方法”。而用拟压力形式进行解释的方法称为“拟压力法”，拟压力方法要更准确一些。

1. 二项式产能方程建立

式（3−16）及式（3−17）两端同除以q_{mix}，得：

$$\frac{\Delta\psi}{q_{\mathrm{mix}}}=\frac{\psi(p_{\mathrm{R}})-\psi(p_{\mathrm{wf}})}{q_{\mathrm{mix}}}=A_1+B_1q_{\mathrm{mix}} \tag{3-18}$$

$$\frac{\Delta P^2}{q_{\mathrm{mix}}}=\frac{p_{\mathrm{R}}{}^2-p_{\mathrm{wf}}{}^2}{q_{\mathrm{mix}}}=A+Bq_{\mathrm{mix}} \tag{3-19}$$

在直角坐标图上，画出$\Delta\Psi/q_{\mathrm{mix}}$或$\Delta p^2/q_{\mathrm{mix}}$与$q_{\mathrm{mix}}$的关系曲线，将得到一条斜率为$B_1$或$B$，截距为$A_1$或$A$的直线，如图3−9所示。这条直线称为二项式产能曲线，计算出其斜率和截距便可得到二项式产能方程。

2. 二项式产能方程用途

1）计算无阻流量

$$q_{\mathrm{AOF}}=\frac{\sqrt{A_1{}^2+4B_1\left[\psi(p_{\mathrm{R}})-\psi(0.101)\right]}-A_1}{2B_1} \tag{3-20}$$

$$q_{\mathrm{AOF}}=\frac{\sqrt{A^2+4B(p_{\mathrm{R}}{}^2-0.101^2)}-A}{2B} \tag{3-21}$$

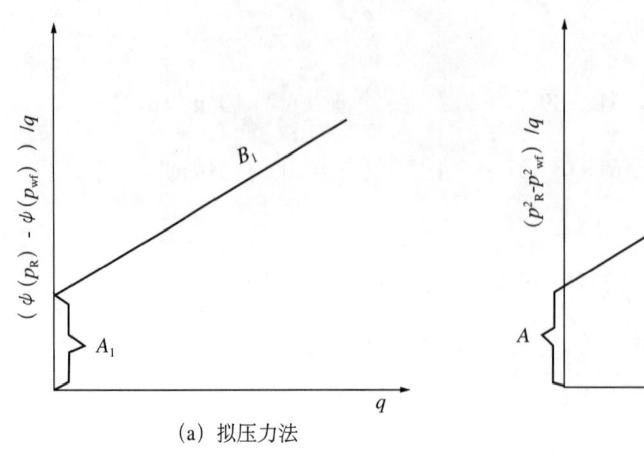

(a) 拟压力法

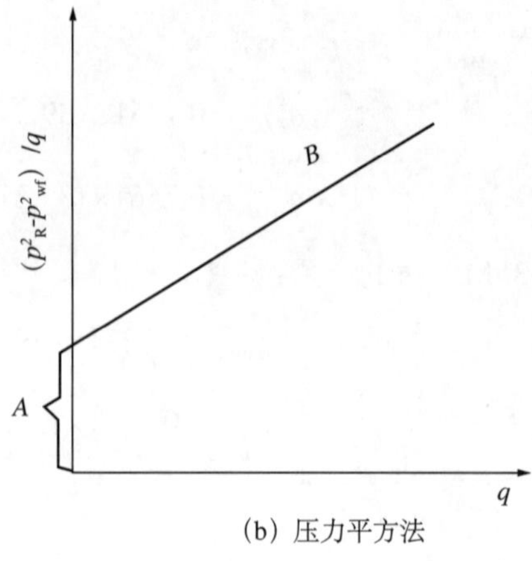

(b) 压力平方法

图3-9 二项式产能曲线

2）预测产量

当气藏压力p_R下降到p_{R1}、井底流压为p_{wf1}时，气井的产量约为：

$$q_{mix}=\frac{\sqrt{{A_1}^2+4B_1[\psi(p_{R1})-\psi(p_{wf1})]}-A_1}{2B_1} \tag{3-22}$$

$$q_{mix}=\frac{\sqrt{A^2+4B\left({p_{R1}}^2-{p_{wf1}}^2\right)}-A}{2B} \tag{3-23}$$

3）估算气层渗透率

气层渗透率应由压降曲线或压力恢复曲线求得，如果没有测得合格的压降曲线或压力恢复曲线，可用回压试井资料求得的产能方程，从其系数A中估算气层渗透率。这样估算的渗透率仅供参考。

二项式产能方程中的系数A应为：

$$A=\frac{1.228\times10^{-2}(\mu Z)_{\bar{p}}T_f\left[\ln(\frac{r_e}{r_w})+\frac{3}{4}+S\right]}{Kh} \tag{3-24}$$

由此得到计算渗透率的公式：

$$K=\frac{1.228\times10^{-2}(\mu Z)_{\bar{p}}T_f\left[\ln(\frac{r_e}{r_w})+\frac{3}{4}+S\right]}{Ah} \tag{3-25}$$

式中 T_f——地层温度，K；

$(\mu Z)_{\bar{p}}$——μZ在平均地层压力$\bar{p}$下的取值，mPa·s。

如果用二项式产能方程和指数式产能方程计算的无阻流量相差较大时，建议采用拟压力二项式产能方程计算的结果。

3. 应用实例

用表3-1中的数据，画出二项式产能曲线，计算无阻流量，并计算当气层保持原始压力、并以流压p_{wf}=35MPa进行生产时的产量。

1）压力平方法

（1）整理数据如表3-2。

表3–2　回压试井压力平方数据表

q_{mix} $10^4m^3/d$	p_{wf} MPa	p_{wf}^2 MPa^2	$p_i^2-p_{wf}^2$ MPa^2	$(p_i^2-p_{wf}^2)/q_{mix}$ $MPa^2/(10^4m^3/d)$
7.77	38.93	1515.5	21.88	2.841
20.35	38.25	1463.1	74.36	3.654
27.45	37.73	1423.6	113.87	4.148
42.05	36.39	1324.2	213.19	5.070

（2）绘制产能曲线，如图3–10所示。

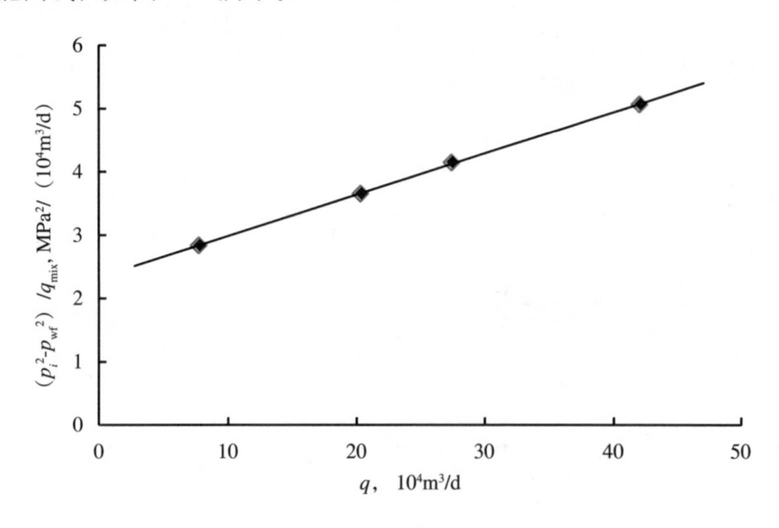

图3–10　压力平方法二项式产能曲线

（3）确定产能方程。

由表3–2的数据回归得到A=2.3414，B＝0.0651，于是得到产能方程：

$$39.21^2 - p_{wf}{}^2 = 2.3414q_{mix} + 0.0651q_{mix}^2$$

（4）求无阻流量。

$$q_{AOF} = \frac{\sqrt{A^2 + 4B(p_R{}^2 - 0.101^2)} - A}{2B}$$

$$= \frac{\sqrt{2.3414^2 + 4\times0.0651(39.21^2 - 0.101^2)} - 2.3414}{2\times0.0651}$$

$$= 136.7\times10^4 m^3/d$$

（5）计算流压p_{wf}=35MPa时的产量。

$$q_{AOF} = \frac{\sqrt{A^2 + 4B(p_R{}^2 - p_{wf}{}^2)} - A}{2B}$$

$$= \frac{\sqrt{2.3414^2 + 4\times0.0651(39.21^2 - 35^2)} - 2.3414}{2\times0.0651}$$

$$= 53.6\times10^4 m^3/d$$

2）拟压力方法

（1）整理数据表3–3。

表3–3 回压试井拟压力数据表

q_{mix} $10^4m^3/d$	p_{wf} MPa	$\psi(p_{wf})$ $MPa^2/(mPa\cdot s)$	$\psi(p_i)-\psi(p_{wf})$ $MPa^2/(mPa\cdot s)$	$[\psi(p_i)-\psi(p_{wf})]/q_{mix}$ $MPa^2/(mPa\cdot s)/(10^4m^3/d)$
7.77	38.93	60592.5	629.9	81.07
20.35	38.25	59062.5	2159.9	106.14
27.45	37.73	57892.5	3329.9	121.31
42.05	36.39	54877.5	6344.9	150.89

（2）画出产能曲线如图3–11所示。

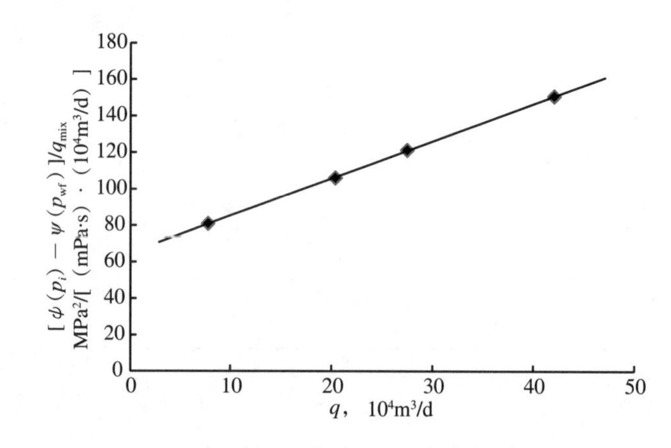

图3–11 拟压力法二项式产能曲线

（3）确定产能方程

产能曲线斜率为2.0412MPa²/［mPa·s·（10⁴m³/d）²］，截距为65.04MPa²/（mPa·s·10⁴m³/d），即A_1=65.04，B_1=2.0412，故产能方程为：

$$61222.4-\psi(p_{wf})=65.04q_{mix}+2.0412q_{mix}^{2}$$

（4）计算无阻流量，首先计算ψ（0.101）=114.9MPa²/（mPa·s），再代入上式求得无阻流量：

$$q_{AOF}=\frac{\sqrt{A_1^2+4B_1[\psi(p_R)-\psi(0.101)]}-A_1}{2B_1}$$

$$=\frac{\sqrt{65.04^2+4\times2.0412(61222.4-114.9)}-65.04}{2\times2.0412}$$

$$=157.8\times10^4m^3/d$$

（5）计算流压p_{wf}=35MPa时的产量，首先计算出ψ(35)=51750MPa²/（mPa·s），可求得：

$$q_{AOF}=\frac{\sqrt{A_1^2+4B_1[\psi(p_R)-\psi(p_{wf})]}-A_1}{2B_1}$$

$$=\frac{\sqrt{65.04^2+4\times2.0412(61222.4-51750)}-65.0}{2\times2.0412}$$

$$=54\times10^4\text{m}^3/\text{d}$$

三、考虑反凝析因素的产能方程

1. 考虑反凝析因素的产能计算式

根据多组分气液渗流方程建立凝析气两相两拟组分渗流方程，然后在此基础上建立凝析气两相两拟组分在封闭储层中的拟稳态流动二项式产能方程如下[12]：

$$\psi(p_R)-\psi(p_{wf})=\frac{q_{mix}}{2\pi Kh}\left[\ln\frac{r_e}{r_w}-\frac{3}{4}+S\right]+\frac{D}{2\pi K}q_{mix}^2 \tag{3-26}$$

$$D=\frac{K}{2\pi h}\int_{r_w}^{r_1}\left(\frac{K_{rg}}{\mu_g B_g}+\frac{K_{ro}}{\mu_o B_o}\right)\beta_g S_g f_g^{\ 2}\frac{dr}{r^2} \tag{3-27}$$

拟压力差定义为：

$$\psi(p_R)-\psi(p_{wf})=\int_{p_r}^{p}\left[\frac{K_{rg}}{\mu_g B_g}\left(1+r_v\frac{\alpha\rho_o}{M_o}\right)+\frac{K_{ro}}{\mu_o B_o}\left(\frac{\alpha\rho_o}{M_o}+R_s\right)\right]dp \tag{3-28}$$

式中 q_{mix}——井流物（包括凝析油和气）产量，m³/d，由方程（3–5）计算；

Kh——地层系数，mD·m；

r_e，r_w——供给半径和井筒半径，m；

S——表皮系数；

D——惯性湍流系数；

p_R，p_{wf}——地层压力和井底流压，MPa；

K_{rg}，K_{ro}——气和凝析油的相对渗透率；

μ_g，μ_o——气和凝析油黏度，mPa·s；

B_g，B_o——气和凝析油体积系数，m³/m³；

r_v——凝析气的油气比，m³/m³；

α——凝析油气体当量换算系数，α=24054；

ρ_o——凝析油密度，g/m³；

R_s——凝析油的溶解气油比，m³/m³；

f_g——气体分数；

β_g——气相惯性流系数；

S_g——气相饱和度。

凝析气藏渗流状态一般分三个区域（图3–12），拟压力积分相应地也按三个区域计算[13]：

$$\psi(p)-\psi(p_{wf})=\int_{p_{wf}}^{p_R}\left[\frac{K_{rg}}{\mu_g B_g}\left(1+r_v\frac{\alpha\rho_o}{M_o}\right)+\frac{K_{ro}}{\mu_o B_o}\left(\frac{\alpha\rho_o}{M_o}+R_s\right)\right]dp$$

一区：

$$=\int_{p_{wf}}^{p^*}\left[\frac{K_{rg}}{\mu_g B_g}\left(1+r_v\frac{\alpha\rho_o}{M_o}\right)+\frac{K_{ro}}{\mu_o B_o}\left(\frac{\alpha\rho_o}{M_o}+R_s\right)\right]dp \tag{3-29}$$

二区：

$$+\int_{p^*}^{p_d}\frac{K_{rg}}{\mu_g B_g}\left(1+r_v\frac{\alpha\rho_o}{M_o}\right)dp \tag{3-30}$$

三区：

$$+K_{rg}(S_{wi})\left(1+r_v\frac{\alpha\rho_o}{M_o}\right)\int_{p_d}^{p_R}\frac{1}{\mu_g B_g}dp \tag{3-31}$$

式中 p^*——区域 1 的外边界压力（凝析油饱和度为临界饱和度），MPa；

p_d——凝析气露点压力，MPa；

p_R——气藏平均压力，MPa。

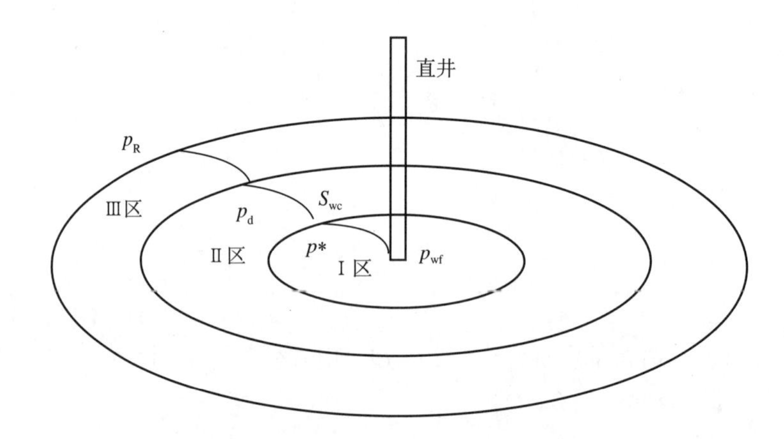

图3-12 凝析气藏的三个不同渗流区域

由方程（3-26）可得另一形式的产能方程：

$$\frac{\psi(p_R)-\psi(p_{wf})}{q_{mix}}=\frac{1}{2\pi Kh}\left(\ln\frac{r_e}{r_w}-\frac{3}{4}+S\right)+\frac{D}{2\pi K}q_{mix}=a+bq_{mix} \tag{3-32}$$

产能计算步骤：

（1）根据状态方程计算凝析油气的物理参数。

（2）输入储层物性参数。

（3）输入凝析气井的生产测试数据。

（4）根据储层渗透率等参数，计算凝析油临界流动饱和度（CCS）。

（5）根据井底压力、地层平均压力、CCS和凝析气露点压力，划分储层中凝析油气的渗流区域。

（6）根据所划分的渗流区域计算两相拟压力。

（7）在直角坐标系上绘制 $[\psi(p_R)-\psi(p_{wf})]/q_{mix}$ 与q_{mix}的关系曲线，求得式（3-32）的回归方程，然后据此方程计算无阻流量或预测不同流压下的产量。

2. 考虑反凝析因素产能实例计算

以牙哈凝析气田YH2井的数据为例，计算了考虑反凝析液影响的产能方程。

1）生产测试数据

表3-4为YH2井N_1j层4953.5～4963.0m井段的测试数据（测试日期：1996年4月4—13日）。

表3-4　YH2井N_1j层测试数据

日产气量 m^3	日产油量 m^3	总日产量 m^3	地层压力 MPa	井底流压 MPa	拟压力 MPa^2/（mPa·s）
70815	43.32	76618.29	55.37	54.05	7506.52
78507	63.24	86978.84	55.37	53.87	8535.37
111735	68.82	120954.35	55.37	52.89	14158.56
142147	93.79	154711.41	55.37	51.86	20114.81
184410	114.17	199704.58	55.37	50.23	29632.35

2）井流物组分组成

表3-5为YH2井井流物各组分的摩尔分数。

表3-5　YH2井的井流物组分摩尔分数　　单位：%

CO_2	N_2	CH_4	C_2H_6	C_3H_8	nC_4H_{10}	iC_4H_{10}	nC_5H_{12}	iC_5H_{12}	nC_6H_{14}	C_{7+}
0.86	3.34	78.86	8.73	2.05	0.48	0.68	0.29	0.30	0.52	5.89

3）凝析油气物性参数

图3-13为牙哈2井凝析气等质膨胀（CCE）和等容衰竭（CVD）的反凝析液量体积分数，其中等质膨胀的凝析油体积分数为液相体积与相应压力下的总体积之比，等容衰竭的凝析油体积分数为液相体积与露点压力时体积之比；等容衰竭时最大反凝析液量为15.4%。

图3-14为平衡凝析油气的地层体积系数，其中凝析油体积系数的单位为m^3/m^3，凝析气体积系数的单位为$m^3/(10^3m^3)$。

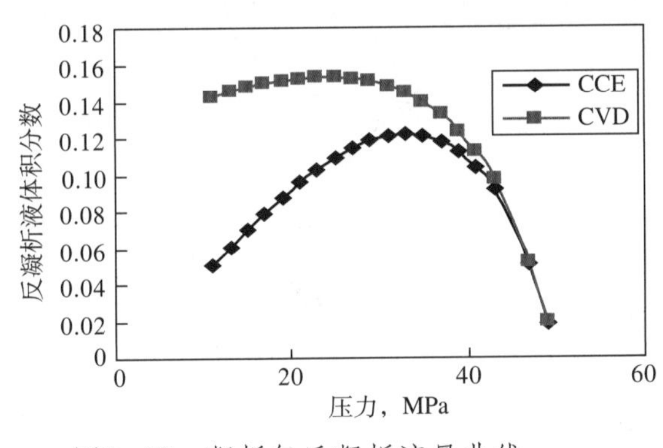

图3-13　凝析气反凝析液量曲线

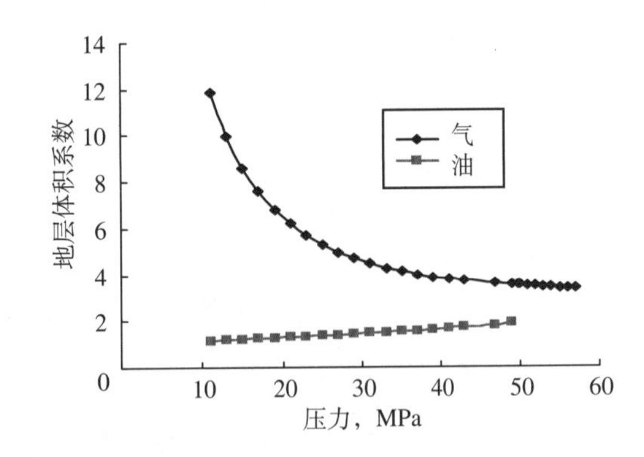

图3-14　凝析油气体积系数随压力变化

图3-15表示凝析油气黏度随压力的变化，凝析油黏度明显大于凝析气黏度。

图3-16为凝析油的溶解气油比（R_s）和凝析气中油气比（r_v）随压力的变化，其中R_s的数值为$10^3m^3/m^3$，而r_v的数值为$m^3/10^3m^3$；当压力高于露点压力时，R_s为定值，当压力低于露点压力时，随压力降低而减小。

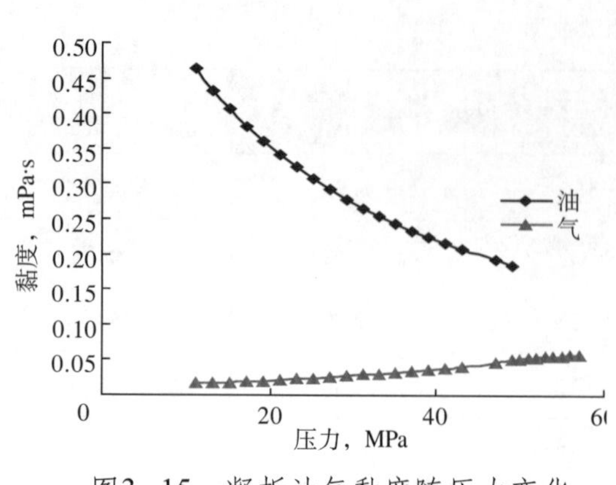

图3-15 凝析油气黏度随压力变化

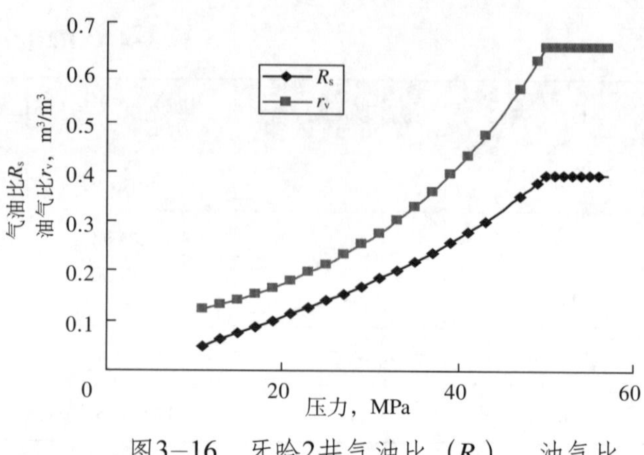

图3-16 牙哈2井气油比（R_s）、油气比（r_v）随压力的变化

4）产能计算

YH2井测试数据按拟压力方法进行处理，回归的方程为：

$$\Delta\psi(p)=42.537q_{mix}^{2}+639.52q_{mix} \tag{3-33}$$

YH2井测试数据按常规二项式方法处理，回归的方程为：

$$\Delta p^2=0.7078q_{mix}^{2}+13.233q_{mix} \tag{3-34}$$

其中q_{mix}单位为$10^4m^3/d$；$\Delta p^2=p_R^2-p_{wf}^2$，单位为$MPa^2$，$p_R$为地层压力，$p_{wf}$为井底流压，单位为MPa；$\Delta\psi(p)=\psi(p_R)-\psi(p_{wf})$，单位为$MPa^2/(mPa\cdot s)$。

根据式(3-33)和式(3-34)可计算在不同井底压力下井的产量变化，并表示为图3-17的YH2井流入动态曲线(IPR)。从图3-17可知，应用本文的拟压力方法（考虑反凝析因素影响）计算得到的产能比常规干气二项式计算的产能低，如拟压力法得到的无阻流量约为常规干气二项式计算的73%。

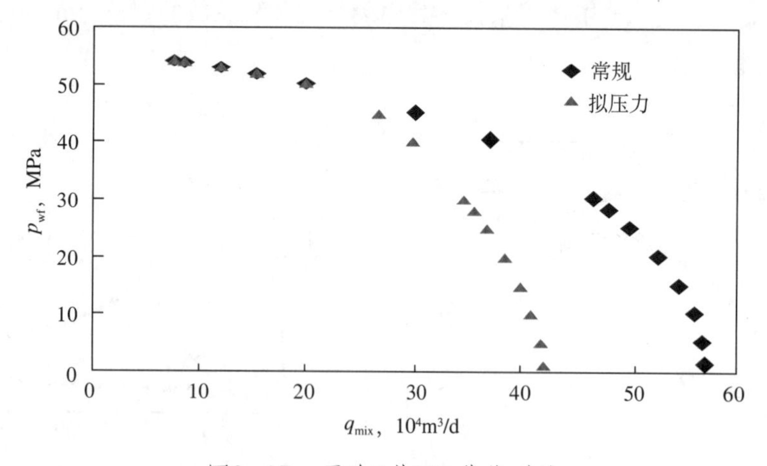

图3-17 牙哈2井IPR曲线对比

3. 反凝析对单井产能的影响

井底压力低于露点压力之后，凝析油即将析出，这一现象不但使产出流体特性发生变化，而且还使井底附近气的渗透能力发生改变。聚积初期，析出的凝析油不流动，堵塞了部分有效孔隙，降低了地层渗透率，从而使井的生产能力下降[14]。

产能的下降从无阻流量的变化也可以看出。表3-6列出了4口井用二项式推测的无阻流量值。从表中发现，大部分井投产初期试井得到的无阻流量都比较大，随后（地层压力低于露点压力）迅速下降（图3–18）。例如K15井，1979年9月试井得到的无阻流量2093×$10^4m^3/d$，而到1981年6月，不到两年的时间，再次试井得到的无阻流量降为697.5×$10^4m^3/d$，仅为初期的33.3%。进一步分析又发现产能并不是持续下降，当气藏衰竭到一定阶段，可以看到无阻流量有所增加。分析认为，产生以上现象主要与地层反凝析程度及地层堵塞程度密切相关，地层凝析油饱和度是影响产能的重要因素。而井底附近凝析油的聚积速度最快，所以影响也最大。

通过组分模拟得到K15井井底附近（r=1.52m）凝析油饱和度的变化数据与压力的关系，如图3–19所示。K15井地层压力与露点压力接近，地层压力略有下降，凝析油即开始析出。当地层压力下降为原始地层压力的90%左右，井底附近凝析油饱和度突增到51%。根据油气相对渗透率曲线可知，此时气相的相对渗透率将由0.91减小到0.2左右，仅为原来的22%。此时产能也下降到较低点，无阻流量仅为原始无阻流量的40%左右；随后凝析油饱和度略有降低，并基本保持稳定趋势。当压力进一步下降时，凝析油变成正常蒸发过程，这使地层渗透性又有所改善，从而使产能有一定程度增加。此时产能增加除与凝析油饱和度变小有关外，还与凝析气组分变轻、凝析油含量减少等有关。当凝析油饱和度基本稳定后，无阻流量的继续下降则主要与地层压力下降有关。以上分析可知，在地层压力降到露点压力以下时，井底附近凝析油饱和度不断增加，会使单井产能迅速下降。在制定单井产能指标和安排外输供气时，必须考虑这一影响因素，否则将影响计划的完成。

地层凝析油饱和度的增加以井底附近最为严重，对于距井距离较远的地层，凝析油饱和度增加较慢一些，这和压降漏斗有关。

提高凝析气井产能的方法有多种，如在短时间内把一些化学反应剂注入井中，能把井底周围区域积聚的液体转变成泡沫，然后让气体把它带到地面。此外，向井中短时间地注入未饱和的干气，也被认为是一种有效的方法。然而提高单井产能，特别是提高凝析油采收率的根本办法是改变开采方式，即采取早期注气保持压力开采是非常有益的。

表3–6　H5气藏单井无阻流量随地层压力变化数据表

井号	日期	井段，m	产层	静压，MPa	无阻流量，$10^4m^3/d$	p/p_i	q_{ab}/q_{ab}'
K15	1979.9.10	4628～4610	H5	50.4	2093.0	1.0000	1.0000
	1980.5.2			44.1	1462.6	0.8752	0.6988
	1981.6.16			42.8	697.5	0.8488	0.3332
	1981.10.2			42.7	945.0	0.8465	0.4515
	1984.6.22			35.8	765.6	0.7092	0.3658
17	1979.10.1	4685～4700	H5	50.6	2090.8	1.0000	1.0000
	1982.3.25			46.4	320.3	0.9174	0.1532
	1983.4.27			47.0	851.6	0.9290	0.4073
26	1982.11.18	4656～4668	H5	45.7	1813.0	1.0000	1.0000
	1984.1.24			45.3	801.5	0.9904	0.4421
	1986.5.27			37.9	731.5	0.8287	0.4035
78	1984.1.25	4627～4638	H5	45.1	1183.9	1.0000	1.0000
	1986.5.28			37.3	573.6	0.8267	0.4843
	1957.12.20			39.1	542.3	0.8678	0.4581
	1988.10.25			37.8	632.1	0.8374	0.5339

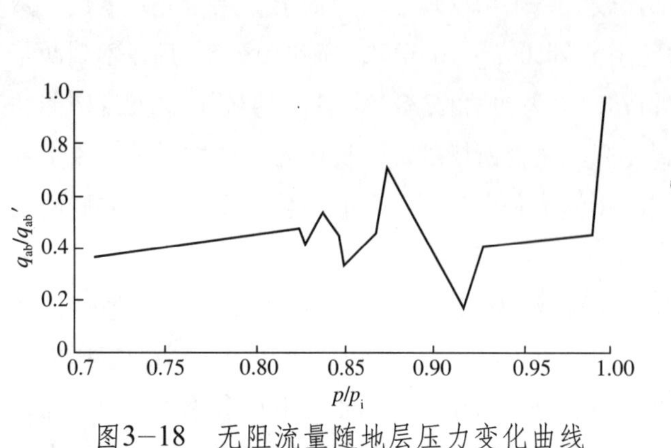

图3-18 无阻流量随地层压力变化曲线

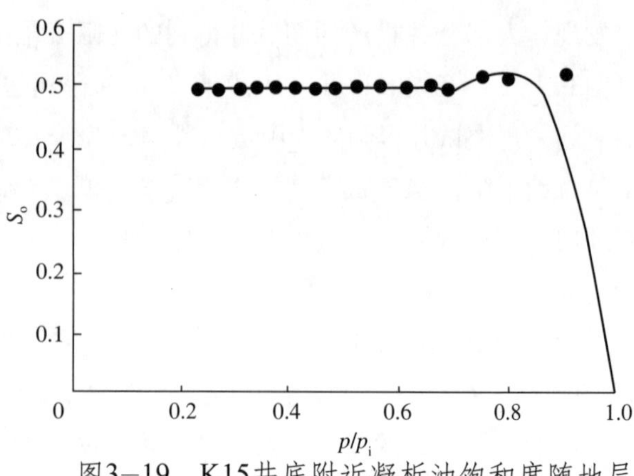

图3-19 K15井底附近凝析油饱和度随地层压力变化曲线(r=1.52m)

表3-7、图3-20为牙哈凝析气田YH301井实测产能变化。YH301井开采层位为新近系吉迪克组（N_1j）。该井2004年7月进行压力恢复试井和修正等时试井，2005年5月与2006年7月又进行过压力恢复试井和稳定试井，产能测试所计算的无阻流量，要比以2004年7月产能测试数据回归的二项式方程预测的无阻流量低很多。主要原因是2005年后，地层压力已低于露点压力，井底附近产生了更加严重的反凝析，使近井地带的渗透率大幅度下降。

表3-7 二项式产能方程计算结果表

井号	测试日期	无阻流量 $10^4m^3/d$	外推压力 MPa	二项式系数 A	二项式系数 B	试井解释 S
YH301	2004.7	77.36	54.18	19.268	0.2494	1.6
	2005.5	55.26	53.18	24.127	0.1655	33.4
	2006.7	36.24	51.86	24.544	0.482	39.6

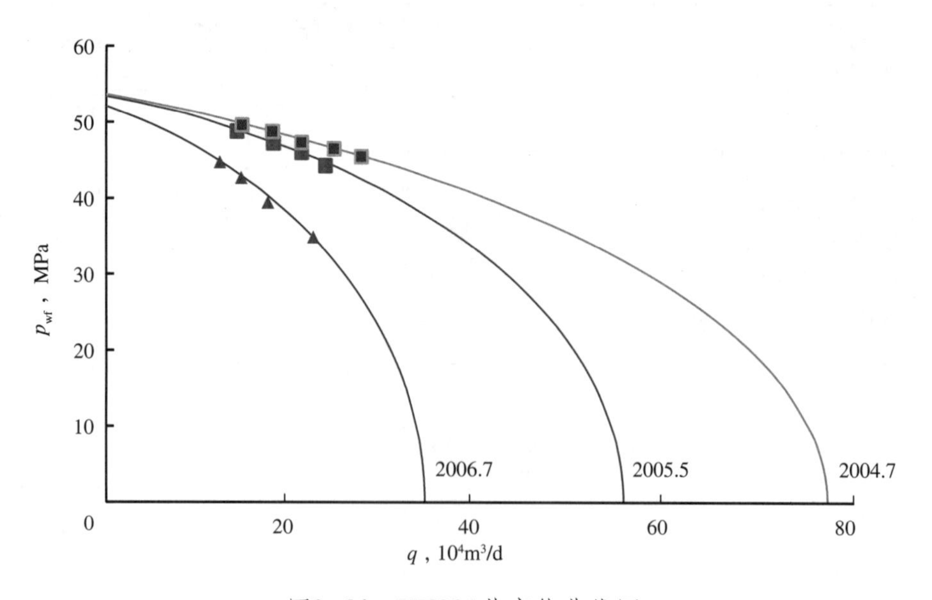

图3-20 YH301井产能曲线图

第三节　凝析气井试井曲线特征解释

一、流动阶段的识别

在双对数曲线lg Δp—lg$t$上，不同类型的气藏，不同流动阶段各有不相同的曲线特征。因此，可以通过双对数曲线来识别各个不同的流动阶段。双对数曲线也被称作“诊断曲线”(Loglog Diagnosis)[15-17]。

每一个不同的情形或不同的流动阶段，都有其独特的特性，具有独特的曲线图。这种在某一情形或某一流动阶段在某种坐标系（半对数坐标系或直角坐标系）下的独特曲线，称为“特征识别曲线图”（Specialized Plot）。靠诊断曲线和特征识别曲线，可以比较准确地识别不同的情形和不同的流动阶段。

1. 早期阶段

这里所说的早期阶段，包括了图3−21中所标示的第Ⅰ、第Ⅱ阶段。

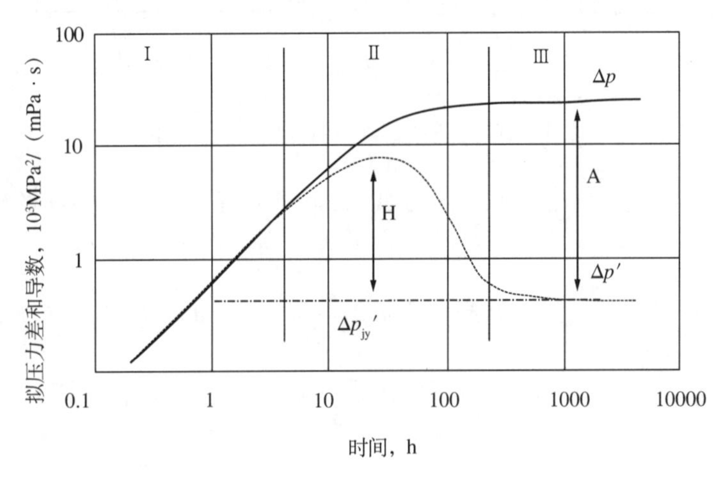

图3−21　双对数曲线及流动阶段示意图

在纯井筒储集阶段，由于：

$$\Delta p=\frac{q_{\mathrm{mix}}B_{\mathrm{g}}}{24C}t \tag{3-35}$$

取对数得：

$$\lg\Delta p=\lg t+\lg\frac{q_{\mathrm{mix}}B_{\mathrm{g}}}{24C} \tag{3-36}$$

式中　Δp——压差，MPa；

B_{g}——气的体积系数，m³/m³；

t——开井生产时间，h；

C——井筒储集系数，m³/MPa。

由此可见，$\lg\Delta p$和$\lg t$成线性关系，且斜率为1。因此，在纯井筒储集阶段，双对数曲线呈斜率为1的直线，或与横坐标轴的夹角成45°的直线，因此，常称之为45°线。早期斜率为1的双对数曲线，即45°线，就是井筒储集的“诊断曲线”(图3−22)。

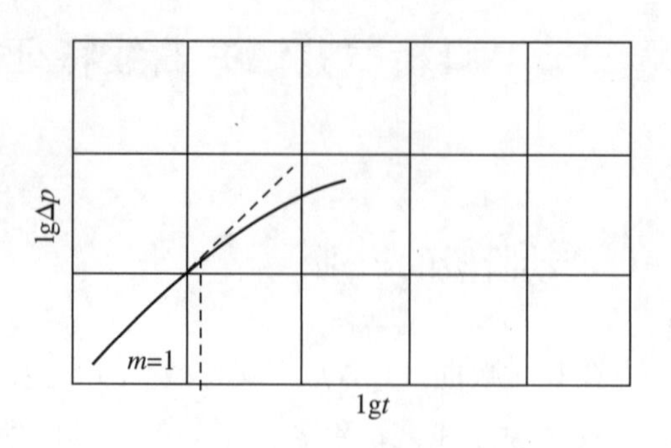

图3−22 纯井筒储集的诊断曲线

如果井筒储集系数发生变化，双对数曲线将出现如图3−23所示的情况。但在所有的解释图版中，都假定井筒储集系数C是一个常数。

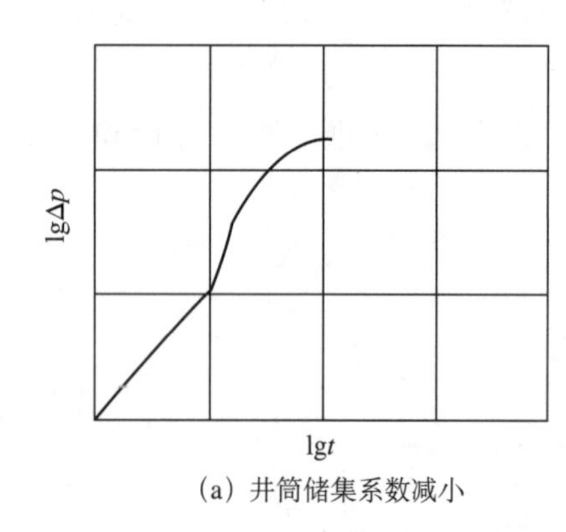

(a) 井筒储集系数减小

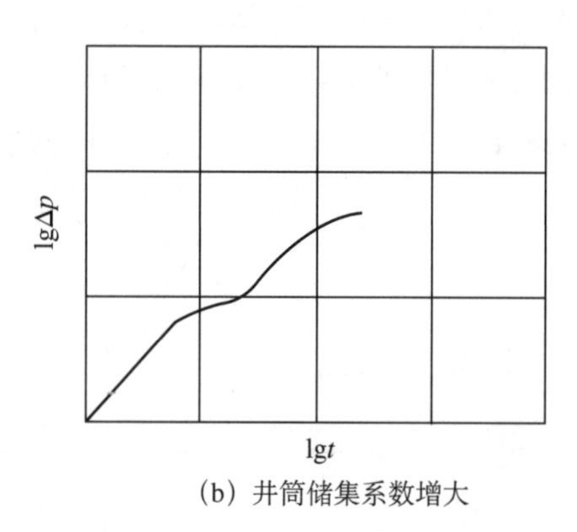

(b) 井筒储集系数增大

图3−23 井筒储集系数变化特征曲线

由式（3−36）可知，在纯井筒储集阶段，Δp与t成正比。所以在直角坐标系中，Δp与t呈一条过原点的直线，其斜率为$m=\dfrac{q_{\text{mix}}B_{\text{g}}}{24C}$（图3−24）。这就是井筒储集阶段的特征识别曲线。由它的斜率m可容易算出井筒储集系数C：

$$C=\frac{q_{\text{mix}}B_{\text{g}}}{24m} \tag{3-37}$$

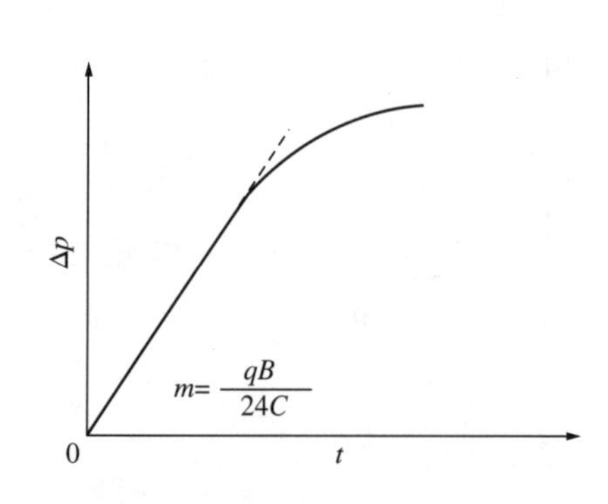

图3−24 井筒储集的特征识别曲线

井筒储集系数的物理意义是：在井筒充满天然气或其他流体的情况下，靠弹性压缩所增加的存储流体的能力，或靠压降膨胀所排出流体的能力。

2. 无限径向流阶段

无限作用径向流阶段是图3−21中的第Ⅲ阶段，也就是所熟悉的半对数曲线（MDH曲线或Horner曲线）呈直线的阶段。压降试井中，在这一阶段，“压降漏斗”径向地向外扩大，边界的影响还非常小，可以忽略，流动状态与无限大地层的径向流相同，所以称为“无限作用径向流阶段”，一般简称“径向流阶段”。这一阶段，如果气藏是均质的，双对数曲线呈现如图3−25的形状；如果气藏是非均质的，则呈现如图3−26的形状。

图3−25显示早期阶段由于井筒储存和表皮效应的影响，曲线有时会偏离直线而出现弯曲，但是在径向流阶段，又出现直线段。

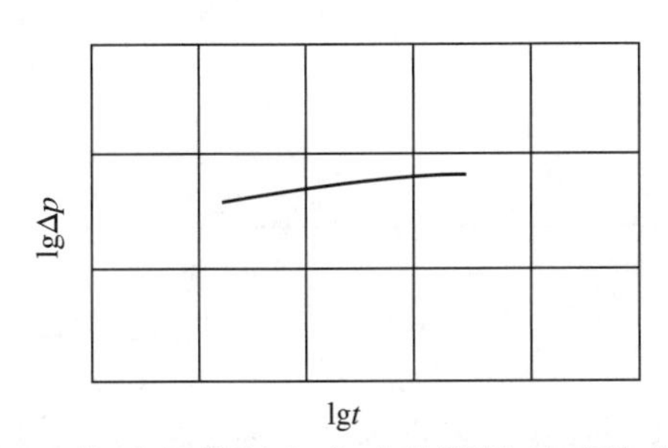

图3-25 均质气藏径向流动阶段的双对数曲线

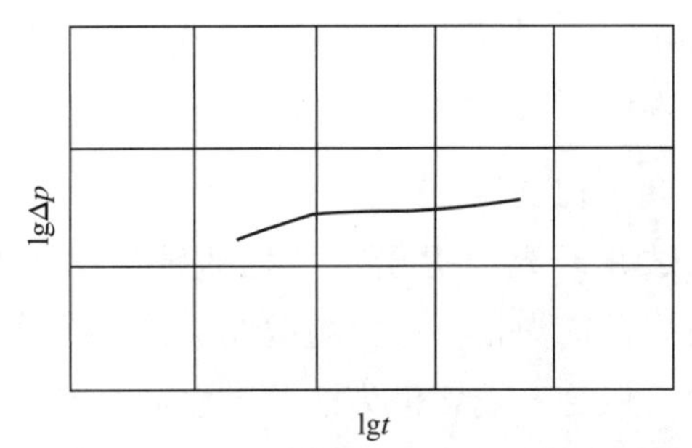

图3-26 非均质气藏径向流动阶段的双对数曲线

在压力导数曲线上，径向流动阶段具有十分明显的特征。因而压力导数曲线已经成为最主要的诊断工具，这点在后文中详细介绍。

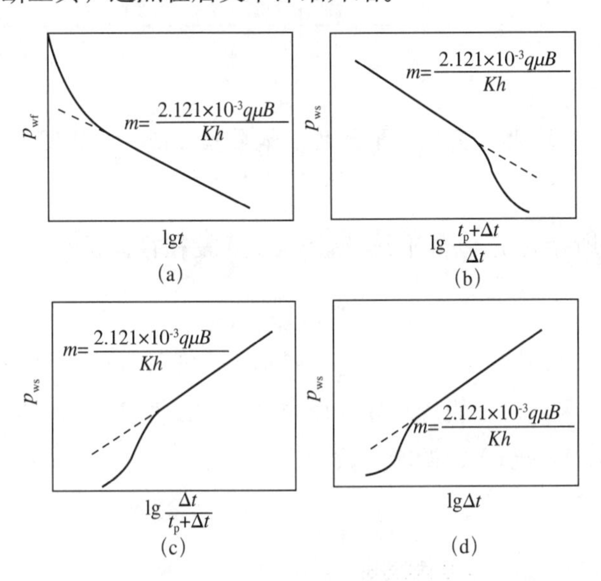

图3-27 径向流动阶段的特征识别曲线

径向流动阶段的特征识别曲线就是井底流压p_{wf}（t）与生产时间t的半对数曲线（压降情形），或井底关井压力p_{ws}（Δt）与生产时间Δt或其函数$\frac{t_p+\Delta t}{\Delta t}$的半对数曲线（压力恢复情形）。这就是通常所说的压降曲线和压力恢复曲线（图3-27）。它们的直线段斜率为

$$m=\frac{2.121\times10^{-3}q_{mix}\mu B}{Kh}$$。

3. 外边界反映阶段

边界影响段在径向流段之后，反映了边界特征，尤其是断层封闭性、岩性边界、气水边界。这一边界反映阶段需要足够长的测试时间。

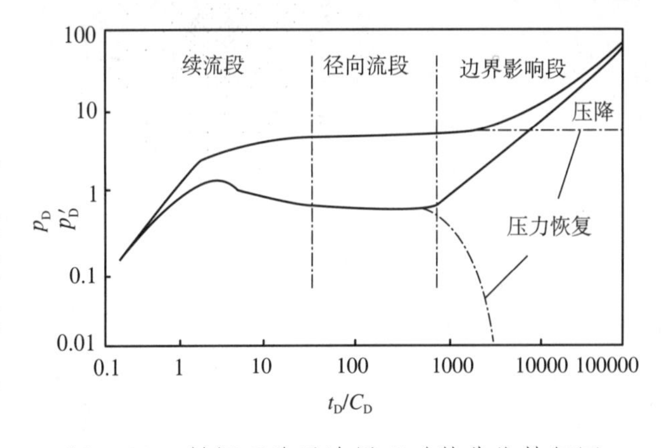

图3-28 封闭不渗透边界双对数曲线特征图

如图3-28为典型的具有封闭不渗透边界的双对数曲线特征图。关井压力恢复时，当各个方向的边界反映都返回到井底时，压力导数迅速跌落。其原因是对于封闭的区块，一旦关井后，区块内压力很快趋于平衡，压降漏斗消失，达到区块的平均压力$\overline{p}$，导数值接近0。而开井压降曲线压力导数呈斜率为1（45°）的直线。

二、不稳定试井的典型模型

不稳定试井解释模型，无论对油藏或气藏，都没有什么区别。只要二者的孔隙介质类型相同，就可以使用同样的试井解释模型。对气藏来说只需要将压力变成拟压力，就可以应用油藏不稳定试井的有关解释图版（典型曲线）。

众所周知，地层储集类型千差万别，流动形态也变化较大，总的来看经常使用的不稳定试井典型模型有以下几种。

1. 均质储层

在试井研究中提出了“均质地层”的概念。而到目前为止，有关均质地层并没有严格的定义，但这一概念仍为油藏工程师普遍接受和应用。

如果要对“均质地层”加以描述的话，凡是属于单一介质系统的地层都可称为“均质地层”，而不管其孔渗分布是均质的还是非均质的。例如，砂岩储层是单一孔隙型的，因而称为“均质地层”，而碳酸盐岩储层是双重孔隙型（孔隙系统和裂缝系统）的，因而称为“非均质地层”。

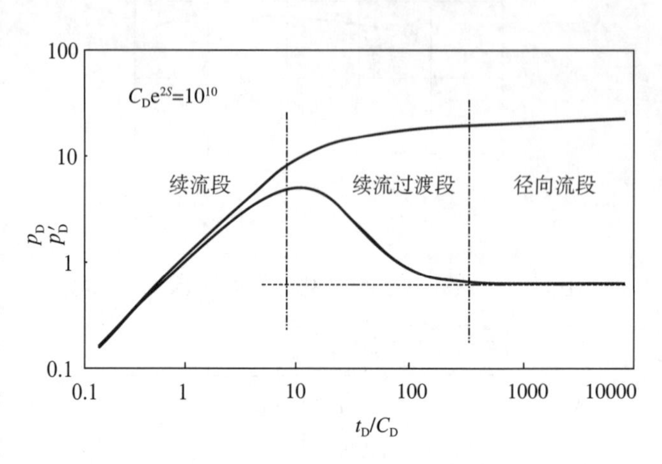

图3-29 完整录取的均质地层压力恢复曲线图

“均质地层”的典型压力恢复曲线如图3-29所示。它包含了续流段，过渡段和径向流段。

2. 复合地层

复合地层是由两个“均质地层”合成的，因此，复合地层可以定义为截然不同的两种介质，每种介质有各自的孔隙度和渗透率，并位于储层中不同的区域，一般可以分为径向复合与线性复合。所谓径向复合地层是指井附近区域为内区，其流动系数为 $(Kh/\mu)_i$，储能参数为 $(\Phi hC_t)_i$，距井r_M以外为外区，流动系数为 $(Kh/\mu)_o$，储能系数为 $(\Phi hC_t)_o$。

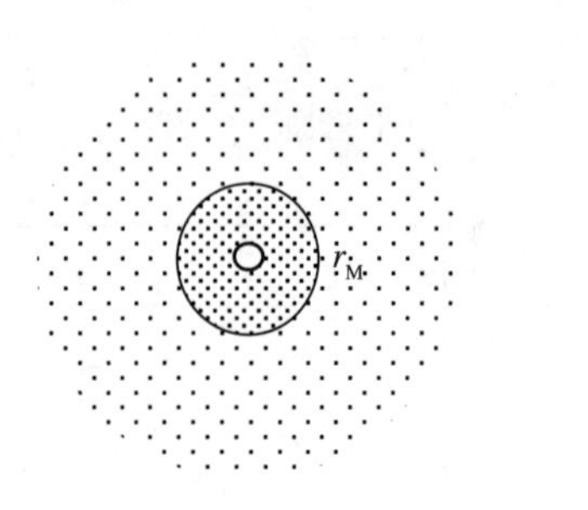

(a) 内好外差的复合地层

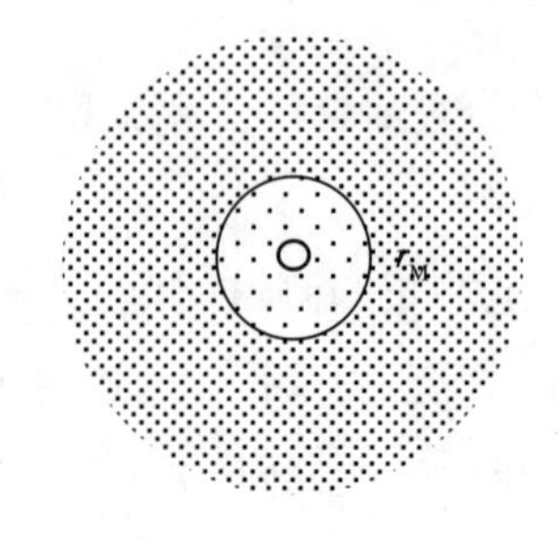

(b) 内差外好的复合地层

图3-30 复合地层储层平面分布示意图

如图3-30所示，在情况 (a) 条件下，内好外差，$(Kh/\mu)_i > (Kh/\mu)_o$；在情况 (b) 条件下，内差外好，$(Kh/\mu)_i < (Kh/\mu)_o$。这里定义两个参数，流动系数比M_C和储能参数比ω_c，它们的表达式为：

$$M_C = \frac{\left(\frac{Kh}{\mu}\right)_i}{\left(\frac{Kh}{\mu}\right)_o} \tag{3-38}$$

$$\omega_C = \frac{(\phi hC_t)_i}{(\phi hC_t)_o} \tag{3-39}$$

那么在图3–30的情况（a）时，$M_C>1$；情况（b）时，$M_C<1$。

在复合地层中测试的不稳定试井曲线，其典型特征如图3–31、图3–32所示。

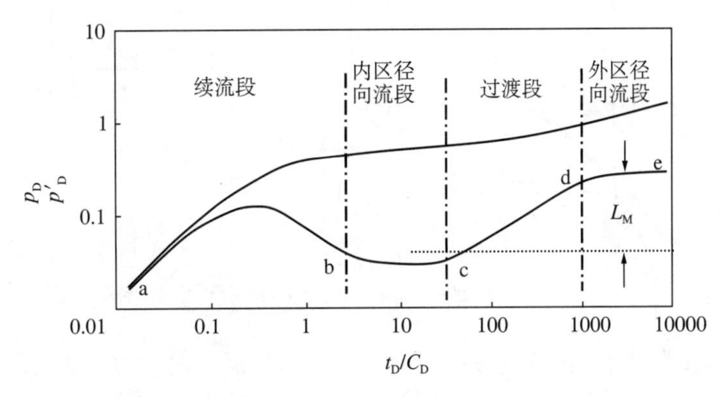

图3–31　圆形复合地层（内好外差）压力恢复曲线模式图

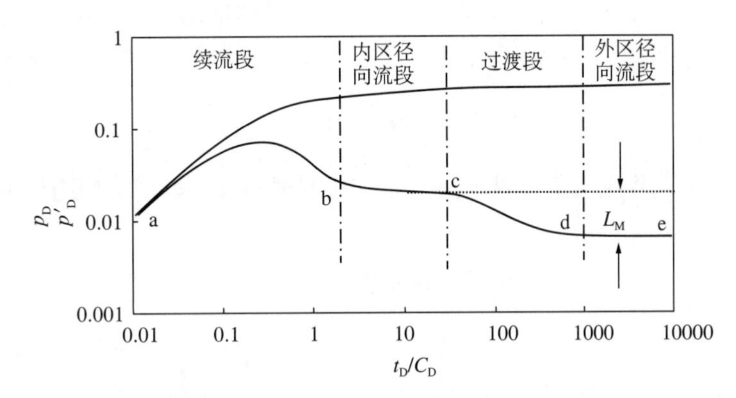

图3–32　圆形复合地层（内差外好）压力恢复曲线模式图

从图中看到，流动分成4段：续流段、内区径向流段、过渡段、外区径向流段。

3. 带有不渗透边界地层

对于直线型的不渗透边界，沿边界的垂直方向流速为0。此时可以假定，在边界的对称一方存在着另一口“镜像井”，以相同的产量生产，并在相同的时刻开关井。其流线如图3–33所示。

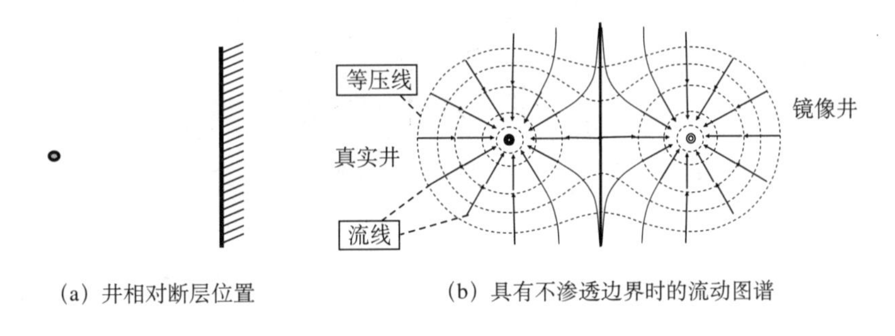

图3–33　不渗透边界影响流动图谱示意图

对于存在多条边界的情况，大体也可以用相同的原则，以多个镜像井加以模拟。例如，对于处于条带形地层中的生产井，可以用一个无穷多口井组成的“井排”来加以模拟。对处于夹角断层中的井可以用镜像井圈来模拟等。

当井处在夹角断层中间时，其不稳定试井的模式如图3–34所示。

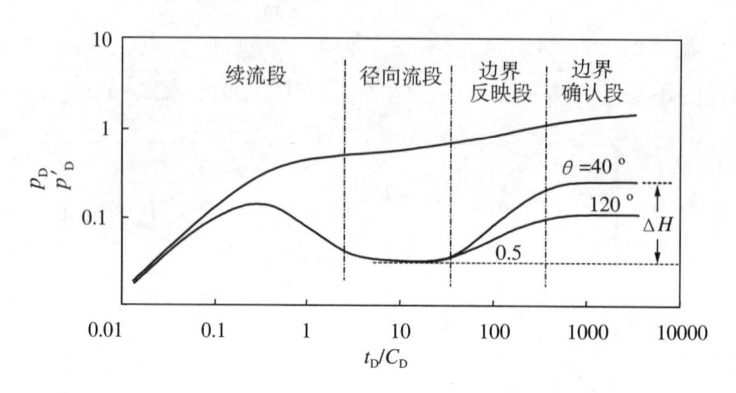

图3-34 井处在夹角断层间的流动模式图

从图中看到，模式图分成4段：续流段、径向流段、边界反映段、边界确认段。边界确认段的压力导数再一次表现为水平线。第二水平线的高度，或者说第二水平线与第一水平线的高差，用符号ΔH表示。把ΔH用纵坐标刻度L_C（L_C为双对数坐标中纵坐标对数周期长，mm）除，得到无量纲的高差ΔH_D=ΔH/L_C。这样，断层夹角θ可以表示为：

$$\theta = 360^\circ \times 10^{-\Delta H_D} \tag{3-40}$$

这就意味着，如果测试井在夹角边界中间，而且从测试曲线上取得了如图3-14所示的特征曲线，那么根据两个导数水平段的高差，立即可以估算出边界的夹角。

当然，包括边界夹角θ在内的确切的地层参数值，还是应该通过试井软件的分析来得到。

4. 水平井模型

从储层中间位置穿过的水平井，开井后其流动图谱可大致分成3个主要阶段：垂直地层平面的径向流，垂直于井筒、平行于储层顶底界的线性流和拟径向流。其流线示意图如图3-35所示。

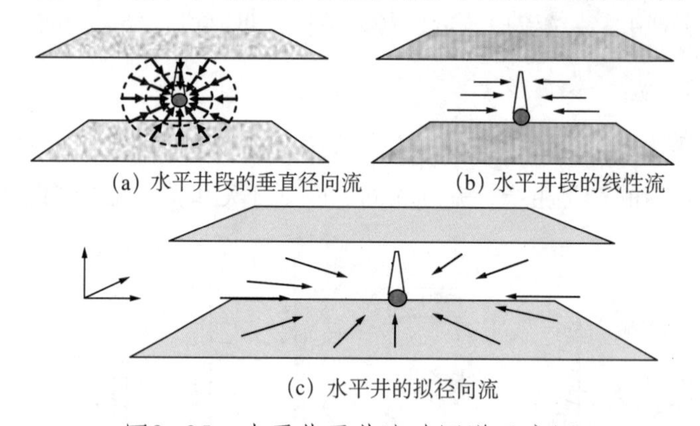

图3-35 水平井开井流动图谱示意图

水平井的典型压力恢复双对数曲线如图3-36所示。从图3-36可看到有如下特征段：

（1）续流段。

（2）垂向径向流段。对于较厚的地层，当水平井穿过其中时，会产生垂向径向流。但当地层较薄时，或井的续流影响较大时，这一流动段将消失或被淹没。

（3）水平井线性流段。这是水平井试井曲线的重要特征线段。对于具有较长水平段的井来说，这一流动段将更为明显，其导数表现为1/2斜率的上升直线。

（4）拟径向流段。压力导数在这一段为水平直线。只有分布面积较大的地层，才能出现这一流动段。

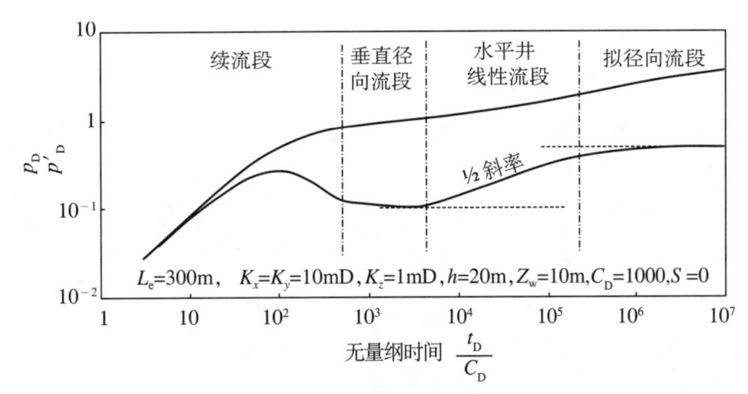

图3-36　水平井压力恢复曲线典型流动特征图

5. 双重孔隙度模型

双重孔隙度模型又简称为“双重介质”模型。一般认为，双重介质地层多存在于裂缝性碳酸盐岩储层。

双重介质储层的单元体构成，如图3-37所示。在双重介质储层中，只有裂缝系统与井筒相连通，而且具有较高的渗透性；基质岩块的渗透率是非常低的，储层流体只有通过裂缝系统才能流入井内。

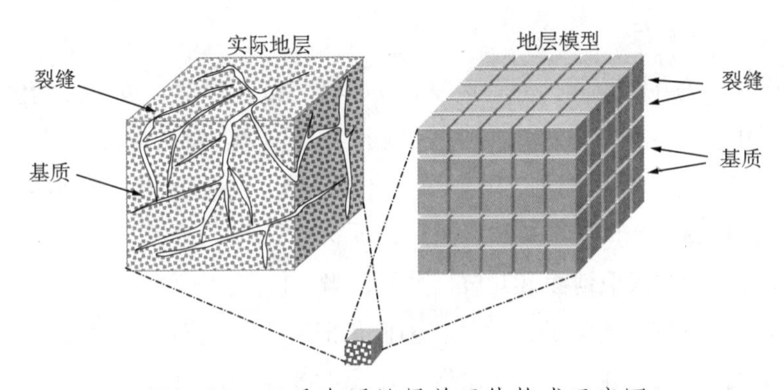

图3-37　双重介质地层单元体构成示意图

典型的双重介质地层的双对数特征图如图3-38所示。裂缝径向流之后，由于基质岩块开始向裂缝供给油气流，平抑了裂缝中压力的下降，使压力导数向下凹，表现为过渡流段。这一压力导数的过渡段是双重介质地层模式图形的最重要特征。

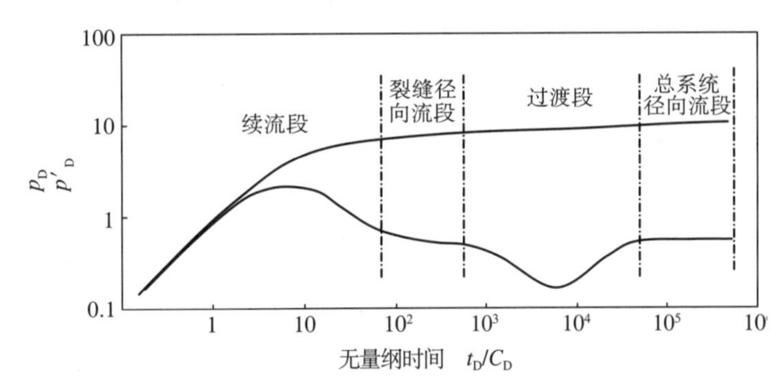

图3-38　具有裂缝和总系统径向流的双重介质地层模式图

影响双重介质流动特征的两个特征参数是弹性储能比ω、窜流系数λ。ω定义为：

$$\omega = \frac{(V\phi C_t)_f}{(V\phi C_t)_f + (V\phi C_t)_m} \tag{3-41}$$

式中 $(V\phi C_t)_f$——裂缝的弹性储能系数；

$(V\phi C_t)_m$——基质的弹性储能系数。

ω用于分析地层储量的分布，当ω值较小时，表示裂缝内储量较小，过渡曲线的下凹深度较深。

窜流系数λ表达式为：

$$\lambda = \alpha r_w^2 \frac{K_m}{K_f} \tag{3-42}$$

式中 α——基质岩块的形状因子，无量纲；

r_w——井的半径，m；

K_m——基质渗透率，mD；

K_f——裂缝系统渗透率，mD。

λ值反映了基质岩块向裂缝系统供给油气的能力。λ值越大，过渡流动段出现的越早。

三、反凝析现象在试井曲线上的典型反映

1. 井筒储集系数多为变数

当油气井刚刚开井或关井的瞬间，井口产量并不等于井底的产量。以气井为例，开井前井筒中充满压缩的天然气，开井瞬间，是靠井筒中天然气的膨胀作用流出井口，使产量达到q_g。此时井底（储层表面）产量仍为0。随着产出量的增加，井底压力开始下降，与地层压力之间产生了压差，从而使井底流量逐渐增加，最终达到与井口流量一致（图3–39）。

关井过程刚好相反。如果采取地面（井口）关井，当井口阀门关闭之后，地面产量立即降为0。但是由于井筒中还会通过压缩容纳更多的天然气，因而仍旧有天然气不断从地层流入井筒中，直到井底压力与地层压力平衡为止，此时井底的产量才降为0，如图3–40所示[15]。

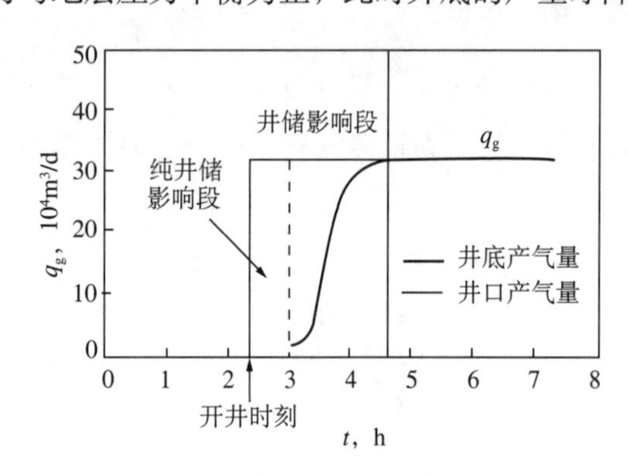

图3–39 开井过程井储效应示意图

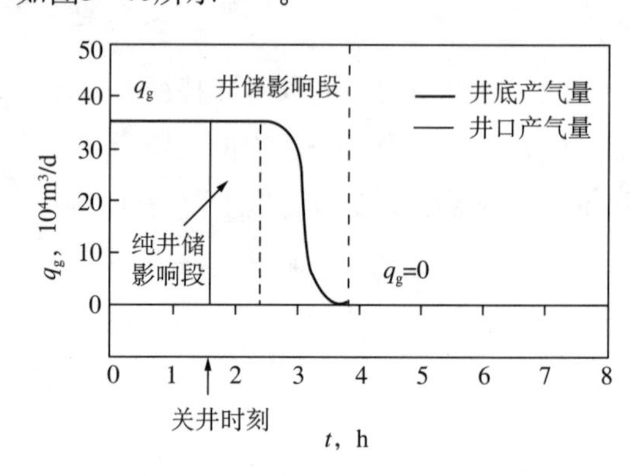

图3–40 关井过程井储效应示意图

井筒储集效应的强弱程度用井筒储集系数C来表示。对于一般干气气藏来说，井筒储集系数为一常数。但是由于凝析气井关井过程中井底产生反凝析现象，井储系数有可能不是一个常数，产生了所谓变井储效应，此时C值由大变小。也就是说，在井筒储集阶段压力恢复双对数曲线上出现了双斜率线，且$m_1 < m_2$，即斜率由小变大。

牙哈23凝析气藏试井解释结果表明，7口生产井的34次压力恢复试井测试中，有5口井20次测试的井筒储集系数发生了变化（即变井储），且都是变小，表3–8为YH23–1–14井的井筒储集系数变化。图3–41为YH23–1–14井2003年6月压力恢复试井双对数曲线图。

表3-8　牙哈凝析气田YH23-1-14井压力恢复试井解释井筒储集系数表

测试层段 m	时间	解释模型	井筒储集系数1 m^3/MPa	井筒储集系数2 m^3/MPa
5133.0～5146.0 5149.5～5165.0	2002.6	变井储+径向复合	0.112	0.048
	2003.6	变井储+径向复合	0.0694	0.018
	2003.11	变井储+径向复合	0.0763	0.005
	2004.5	变井储+径向复合	0.121	0.072
	2004.11	变井储+径向复合	0.117	0.068
	2007.6	变井储+径向复合	0.262	0.109
	2008.7	变井储+径向复合	0.279	0.05
	2005.5	变井储+径向复合	0.166	0.138
	2006.7	变井储+径向复合	0.0786	0.044

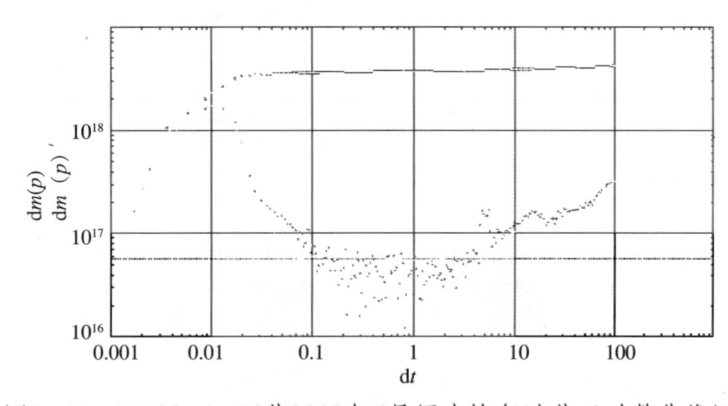

图3-41　YH23-1-14井2003年6月压力恢复试井双对数曲线图

2. 近井地带出现复合地层的反映

对于凝析气井，当地层压力高于露点压力时，地层流体为单相气态，而当地层压力低于露点压力时，将会有凝析油析出。对于大多数凝析气田来说，析出的凝析油仅有很少部分能够重新气化，绝大部分将残留于储层中。反凝析现象与地层压力下降密切相关。在原始条件下进行短期的地层测试，其压力降主要发生在井底附近，因此，反凝析现象以井底附近最为严重。由于压降漏斗的关系，地层中凝析油饱和度的增加以井底附近最为严重，这样就降低了井底附近气相的渗透率。这种近井筒地带凝析油饱和度增加的现象在压力恢复曲线上表现出复合气藏模型（内差外好）的特征。具体地说，就是在双对数压力导数曲线上出现一个“台阶”。

牙哈23气藏于2008年6月进行静压测试，地层压力为48.92MPa，低于露点压力（52.65MPa）3.73MPa。从表3-9可以看出，YH23-1-6井测试的地层压力、井底流压都呈下降趋势，且生产压差逐渐变大。当井底流压低于露点压力后，其双对数压力导数曲线上出现了先高后低的台阶（图3-42）。

从渗透性解释结果来看，由于受到反凝析的影响，该井的渗透率、地层系数、流动系数都出现了不同程度的下降，而表皮系数在增大，这说明井底污染越来越严重（表3-10）。

气田地层压力大致在2005年后低于露点压力，在地层中发生了反凝析，YH23—1—6井试井解释的渗透率呈下降趋势，表皮系数呈增加趋势，表明井底附近的凝析油污染存在加重趋势。

表3-9 牙哈凝析气田YH23—1—6井压力恢复试井解释数据表

时间	解释模型	地层压力 MPa	流压 MPa	生产压差 MPa
2005.3	定井储+均质+交错断层	54.56	53.26	1.3
2005.7	定井储+径向复合	53.24	52.55	0.69
2005.10	定井储+径向复合	53.72	52.32	1.4
2007.7	变井储+径向复合	50.87	41.9	8.97

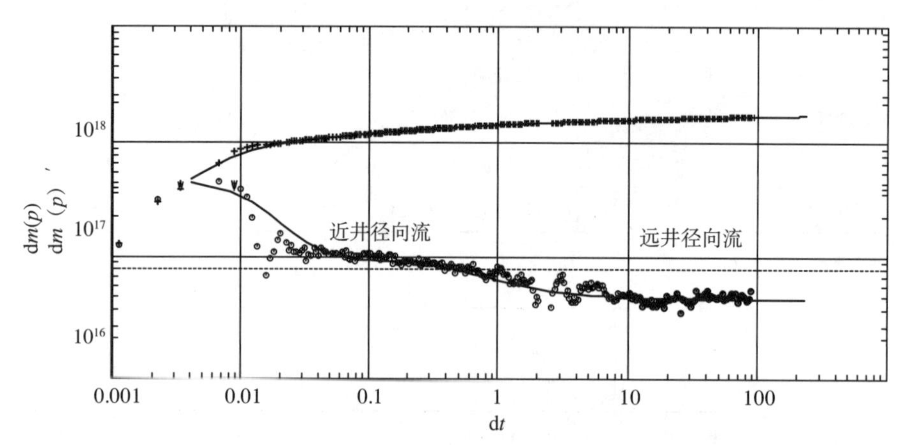

图3-42 YH23-1-6井2005年7月压力恢复测试双对数曲线

表3-10 牙哈凝析气田YH23-1-6井压力恢复试井解释渗透性参数表

时间	K_1 mD	K_2 mD	μ mPa•s	Kh mD•m	Kh/μ mD•m/（mPa•s）	S	h m	ϕ %
2005.7	64.39	123.7	0.037	998.045	26974.19	1.33	15.5	11.5
2005.10	54.54	90.1		845.37	22847.84	6.14		
2007.7	48.5	60		751.75	20317.57	143		

3. 关井期间相态变化引起的驼峰现象

凝析气藏中，在压力恢复试井的早期阶段，压力恢复曲线除了续流效应引起曲线变形（变井储）外，有些井还显示了另一种特殊现象，即“驼峰”现象，如图3-43所示。从图中可以看出，关井前井底流压为38.146MPa，关井后约经0.28h，井底压力急剧上升到最大值39.008MPa，然后经约2.36h，又从最大值逐渐下降到38.353MPa。此后，压力便出现正常的恢复过程。

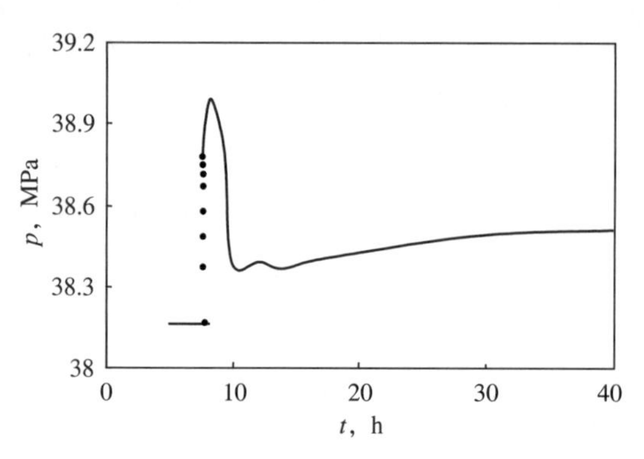

图3-43 BS-8井关井过程压力出现驼峰现象曲线图[15]

凝析气井压力恢复曲线早期段出现“驼峰”，主要是由于双重相变造成的，即由于井筒中凝析油气混合物的双重相变（气体反凝析、液体再蒸发）使得井口气量急剧增加，井口压力大幅度升高（井筒容积固定，气体膨胀受限，因而压力升高），此一高压很快传至井底，并达到最大值（高于地层压力）。此后，由于井底流体逐渐回流地层，使得井底高压逐渐下降，直至与地层压力达到平衡，回流终止。

在其他条件相同的情况下具有以下特点的凝析气井，通常更易于出现“驼峰”现象[18]，即：

（1）地层压力低于露点压力，地层中形成了油气两相流动，生产气油比高于原始气油比。

（2）地层渗透率中等，且井底具有很大的表皮效应。

（3）油、套环形空间下有封隔器。

这种“驼峰”现象在渗透率（或油气综合流度）较低的地层中将不会发生，因为这种井生产压差较大，地层压力高、井底流压低，在地面关井压力恢复过程中，井底压力上升很慢，地层压力始终比井筒相变产生的压力高；同样，如果井的表皮系数很小，井的完善程度很高，那么流体就能够很容易地返回地层，因而地层压力与井底压力始终是平衡的，不会产生“驼峰”现象；如果环形空间没有封隔器，那么油管中的气体膨胀会把流体推入环形空间，而不会把流体压回地层，因而也不会出现一个泄压的过程。

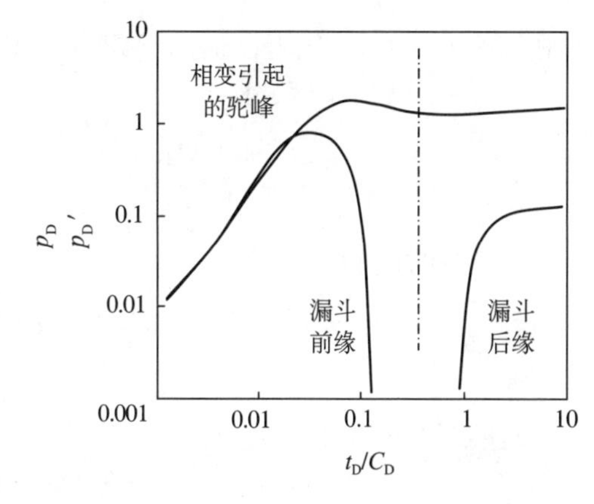

图3−44　“驼峰”状压力恢复曲线双对数图[15]

图3−44为“驼峰”状的压力恢复双对数曲线，图中看出，压力曲线的驼峰显示是明显的，压力导数曲线呈断开的漏斗状。

出现“驼峰”的井，其关井测试时间一般需要足够长，以便录取到径向流段的压力数据，否则将无法进行试井解释。图3−45是板桥凝析气田板深74−1井的压力恢复曲线，其测试渡过了“驼峰”的影响，获得了径向流动和边界反映的数据，但关井时间延续了将近1000h，显然，这在生产上是难以接受的。至于那些因“驼峰”延续而掩盖径向流动段信息的井，其压力恢复曲线就难以进行正确解释。因此，对于那些可能出现“驼峰”且关井时间又要很长的井，在压力恢复测试时，可选择井下关井的方式测试。

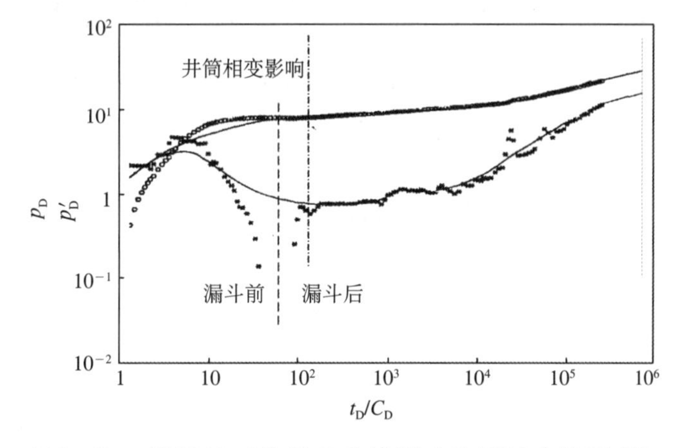

图3−45　板深74−1井显示驼峰影响的测试曲线图[15]

四、现代试井解释方法

现代试井解释方法的重要手段是压力和压力导数的双对数典型曲线图版的拟合。通过图版拟合，可以得到关于凝析气藏和气井的多方面信息：有效渗透率K、表皮系数S、井筒储集系数C以及边界特征等参数。这里只对均质气藏的压力图版和导数图版的拟合分析作一简要的说明[19]。

1. 压力图版拟合分析

对于气井，无量纲压力定义为：

$$p_D = \frac{2.7143\times10^{-5}Kh}{q_{mix}}\frac{T_{sc}}{T_f p_{sc}}\Delta\psi(p) = 0.07849\frac{Kh}{q_{mix}T_f}\Delta\psi(p) \tag{3-43}$$

式中 $\Delta\psi(p)$——拟压力差，$MPa^2/(mPa\cdot s)$；

T_f——气层温度，K；

K——气层渗透率，mD；

h——气层厚度，m。

无量纲时间为：

$$t_D = \frac{3.6\times10^{-3}K}{\phi\mu C_t r_w^2}t = \frac{3.6\times10^{-3}\eta}{r_w^2}t \tag{3-44}$$

无量纲井筒储集系数为：

$$C_D = \frac{C}{2\pi\phi C_t h r_w^2} \tag{3-45}$$

对于气井产量，必须说明是在何种标准条件下（温度、压力）的产量。中国法定的计量单位规定的标准状态是p_{sc}=0.101325MPa，T_{sc}=293.15K。

用压力图版进行拟合解释时，首先把气井的实测压力p换算成拟压力$\psi(p)$，并计算出拟压力差$\Delta\psi(p)$。然后在与解释图版坐标尺寸完全相同的透明双对数纸上，画出拟压力差$\Delta\psi(p)$与开井时间t（压降情形）或关井时间Δt（压力恢复情形）的关系曲线，称为“实测拟压力曲线”。把它与压力图版相拟合，读出拟合值，这一拟合过程也可以通过计算机应用试井软件自助完成。计算各项参数：

$$Kh = \frac{q_{mix}T_f}{0.07849}\left[\frac{p_D}{\Delta\psi(p)}\right]_M \tag{3-46}$$

$$K = \frac{q_{mix}T_f}{0.07849h}\left[\frac{p_D}{\Delta\psi(p)}\right]_M \tag{3-47}$$

$$C = 0.0072\pi\frac{Kh}{\mu}\frac{1}{\left(\frac{t_D/C_D}{t}\right)_M} \quad （压降情形） \tag{3-48}$$

$$C = 0.0072\pi\frac{Kh}{\mu}\frac{1}{\left(\frac{t_D/C_D}{\Delta t}\right)_M} \quad （压恢情形） \tag{3-49}$$

$$C_D = \frac{C}{2\pi\phi C_t h {r_w}^2} \tag{3-50}$$

$$S_a = \frac{1}{2}\ln\frac{(C_D e^{2S})_M}{C_D} \tag{3-51}$$

这里求得的S_a称为表皮系数，它是反映井壁附近污染情况的真表皮系数S和井壁附近非达西流动所造成的无量纲压力降Dq_{mix}的总和：

$$S_a = S + Dq_{mix} \tag{3-52}$$

式中　D——惯性—湍流系数，也叫“非达西流动系数”，$(10^4m^3/d)^{-1}$。

可以看出：S_a和q_{mix}成线性关系；q_{mix}=0所对应的S_a值就是真表皮系数S的值。因此，要求出真表皮系数S，可连续以不同产量进行若干次（至少3次）压降测试或压力恢复测试，把由各次测试资料所算出的S_a值和对应的产量q_{mix}值，在直角坐标系中画出直线图，直线的纵截距就是真表皮系数S（图3−46）。

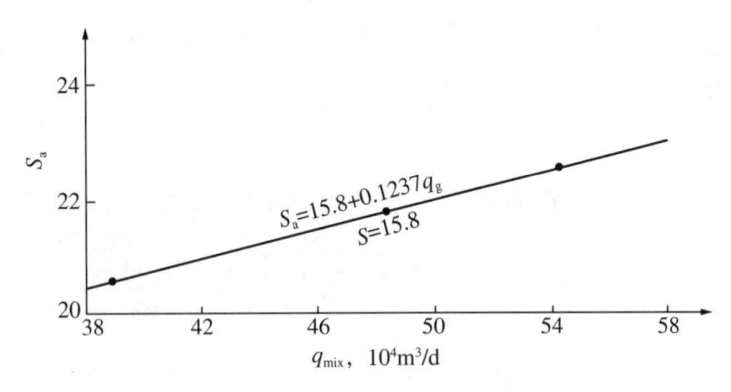

图3−46　某井的S_a−q_{mix}关系曲线

2. 压力导数图版拟合分析

在用压力导数解释图版进行气井试井解释时，要首先在尺寸与该图版完全相同的透明双对数纸上画出实测压力导数曲线，即$\frac{d\psi[p(t)]}{d\ln t}$与$t$的关系曲线（压降情形）或$\frac{d\psi[p(t)]}{d\ln\frac{t_p\Delta t}{t_p+\Delta t}}$与$\Delta t$的关系曲线（压恢情形），然后将它与压力导数解释图版相拟合。由所得的压力拟合值可以计算：

$$Kh = \frac{q_{mix}T_f}{0.07849}\left[\frac{p'_D}{\frac{d\Delta\psi[p(t)]}{d\ln t}}\right]_M \quad \text{（压降情形）} \tag{3-53}$$

$$Kh = \frac{q_{mix}T_f}{0.07849}\left[\frac{p'_D}{\frac{d\Delta\psi[p(t)]}{d\ln\frac{t_p\Delta t}{t_p+\Delta t}}}\right]_M \quad \text{（压恢情形）} \tag{3-54}$$

或：

$$K=\frac{q_{\text{mix}}T_{\text{f}}}{0.07849h}\left[\frac{p'_{\text{D}}}{\dfrac{\mathrm{d}\Delta\psi[p(t)]}{\mathrm{d}\ln t}}\right]_M \quad \text{(压降情形)} \tag{3-55}$$

$$K=\frac{q_{\text{mix}}T_{\text{f}}}{0.07849h}\left[\frac{p'_{\text{D}}}{\dfrac{\mathrm{d}\Delta\psi[p(t)]}{\mathrm{d}\ln\dfrac{t_{\text{p}}\Delta t}{t_{\text{p}}+\Delta t}}}\right]_M \quad \text{(压恢情形)} \tag{3-56}$$

计算C、C_{D}和S_{a}的公式与压力图版拟合分析情形相同。

3. 试井解释步骤

凝析气井试井解释通常使用复合图版，拟合分析过程一般包括以下几个步骤：

第一步：初拟合，主要任务是划分流动阶段。

第二步：特征曲线分析。

根据曲线形态分析储层类型及井的性质，确定典型模型。对中期段的特征曲线，压降情形是ψ（p_{wf}）与$\lg t$的关系曲线，压恢情形是ψ（p_{ws}）与$\lg\dfrac{t_{\text{p}}+\Delta t}{\Delta t}$的关系曲线（Horner曲线）或$\psi$（$p_{\text{ws}}$）与$\lg\Delta t$的关系曲线（MDH曲线）。

气井的压降方程为：

$$\psi[p_{\text{wf}}(t)]=\psi(p_i)-42420\frac{p_{\text{sc}}q_{\text{mix}}T_{\text{f}}}{T_{\text{sc}}Kh}\left(\lg\frac{Kt}{\phi\mu C_{\text{t}}r_{\text{w}}^2}-2.0923+0.8686S_{\text{a}}\right) \tag{3-57}$$

压力恢复的Horner方程为：

$$\psi[p_{\text{ws}}(\Delta t)]=\psi(p_i)-42420\frac{p_{\text{sc}}q_{\text{mix}}T_{\text{f}}}{T_{\text{sc}}Kh}\lg\frac{t_{\text{p}}+\Delta t}{\Delta t} \tag{3-58}$$

MDH方程为：

$$\psi[p_{\text{ws}}(\Delta t)]=\psi[p_{\text{ws}}(0)]+42420\frac{p_{\text{sc}}q_{\text{mix}}T_{\text{f}}}{T_{\text{sc}}Kh}\left(\lg\frac{K\Delta t}{\phi\mu C_{\text{t}}r_{\text{w}}^2}-2.0923+0.8686S_{\text{a}}\right) \tag{3-59}$$

直线斜率的绝对值记为m：

$$m=42420\frac{p_{\text{sc}}q_{\text{mix}}T_{\text{f}}}{T_{\text{sc}}Kh} \tag{3-60}$$

由m可算出：

$$Kh=42420\frac{p_{\text{sc}}q_{\text{mix}}T_{\text{f}}}{T_{\text{sc}}m}=\frac{14.67q_{\text{mix}}T_{\text{f}}}{m} \tag{3-61}$$

或：

$$K=42420\frac{p_{\text{sc}}q_{\text{mix}}T_{\text{f}}}{T_{\text{sc}}mh}=\frac{14.67q_{\text{mix}}T_{\text{f}}}{mh} \tag{3-62}$$

以及：

$$S_a = 1.151\left\{\frac{\psi(p_i)-\psi[p_{wf}(1h)]}{m} - \lg\frac{K}{\phi\mu C_t r_w^2} + 2.0923\right\}\text{（压降情形）} \tag{3-63}$$

$$S_a = 1.151\left\{\frac{\psi[p_{ws}(1h)]-\psi[p_{ws}(0)]}{m} - \lg\frac{K}{\phi\mu C_t r_w^2} + 2.0923\right\}\text{（压恢情形）} \tag{3-64}$$

第三步：终拟合。

由中期段特征曲线直线段的斜率m，计算压力拟合值：

$$\left(\frac{p_D}{\Delta\psi(p)}\right)_M = \frac{1.151}{m} \tag{3-65}$$

再用它对初拟合进行修正，并计算各项参数。

同样，由图版拟合（双对数分析）和由各种特征曲线分析所得到的各项参数，应当彼此大致相符；如果不相符，则解释过程中出现了错误，必须重新检查。

如果用计算机进行解释，则还包括下列步骤：

（1）调整参数，产生样板曲线，与实测曲线（包括拟压力差曲线及其导数曲线）相拟合。

（2）绘制无量纲Horner曲线，进行解释结果的检验（有的解释软件进行的是有量纲半对数曲线检验，其目的是相同的）。

（3）进行压力史拟合，进一步检验解释结果的正确性和可靠性。

例如，牙哈凝析气田中一口直井YH23-1-6，气层厚度h=15.5m，孔隙度ϕ=11.5%，关井测试前产气量q_g=27.4×10⁴m³/d，产凝析油q_o=169t/d，折算后总产气量q_{mix}=29.56×10⁴m³/d。

气井相关的参数如表3-11所示。图3-47为它的Horner曲线图，根据直线段斜率可求出K、S、C_D等参数。图3-48为压力历史拟合图，图中看出拟合结果良好，说明解释结果是可靠的。

表3-11　YH23-1-6井压力恢复解释结果

气体体积系数B_g	气体黏度 μ_g mPa·s	气体偏差系数Z	气体压缩系数C_g MPa^{-1}	综合压缩系数C_t MPa^{-1}	凝析油相对密度γ_o	气相对密度γ_g	凝析油气体当量 m³/m³
0.00339	0.037	1.2624	7.15×10^{-3}	6.655×10^{-3}	0.795	0.65	127.5

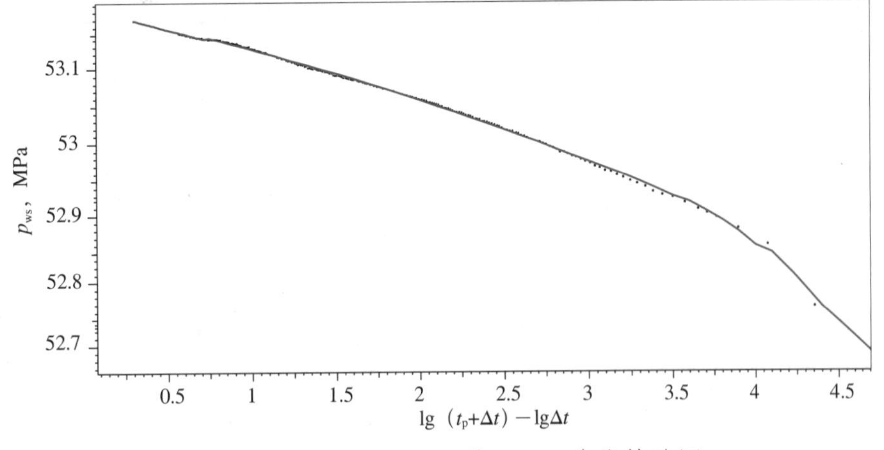

图3-47　YH23-1-6井Horner曲线检验图

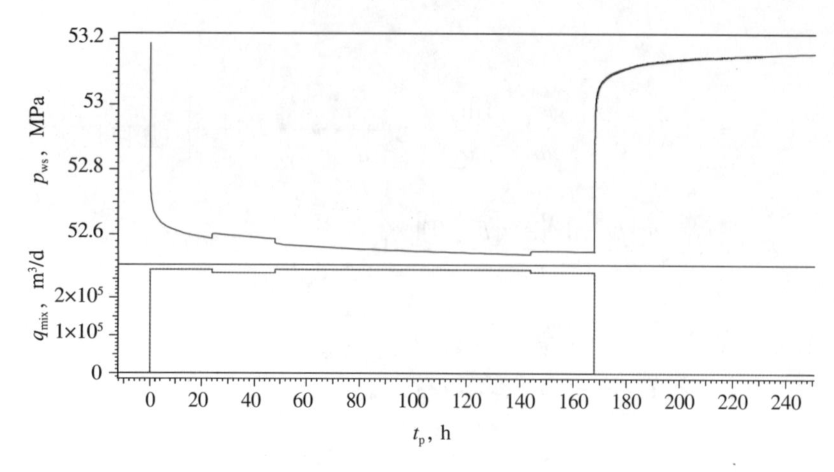

图3–48 YH23–1–6井压力史拟合检验图

图3–49为拟压力恢复双对数曲线，测试采用井底关井，因此井筒储集阶段非常短。曲线出现第一个径向流阶段后，下降一个台阶，接着出现第二个水平直线段。分析其原因是该井凝析油含量较高，生产过程中井底流压低于露点压力，近井区域出现反凝析，从而导致地层内部渗透率的差异。解释结果见表3–12。

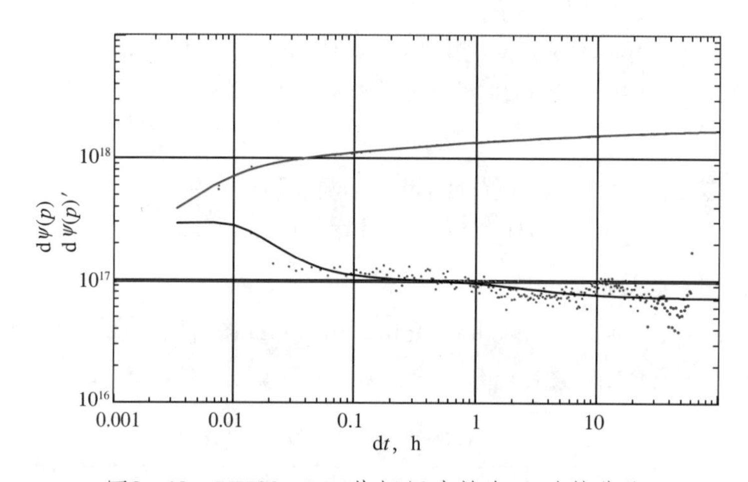

图3–49 YH23–1–6井拟压力恢复双对数曲线

表3–12 YH23–1–6井压力恢复解释结果

解释模型	井储系数C m^3/MPa	表皮系数S	地层系数Kh mD·m	近井渗透率K_i mD	远井渗透率K_o mD	径向复合距离R_i m	地层压力p_i MPa
径向复合	0.576	-0.1	752	48.5	35.79	81	53.19

参考文献

[1] 袁士义，叶继根，孙志道.凝析气藏高效开发理论与实践［M］. 北京：石油工业出版社，2003.

[2] R.Al–Hussainy，H.J.Ramey，P.B.Crawford.The Flow of Real Gases Through Porous Media［J］.Journal of Petroleum Technology，1966，18（5）：624–636.

[3] 王新海，夏位荣，等.凝析气井不稳定试井解释［J］. 石油与天然气地质，1995，16

(3)：294−297.

[4] B.C.Craft, M.F.Hawkins.APPlied Petroleum Reservoir Engineering [M] .Englewood Cliffs：Prentice−Hall Inc.，1991.

[5] 李虞庚，等.试井手册 [M] . 北京：石油工业出版社，1992.

[6] L.约翰·罗伯特，A.沃特恩伯格.气藏工程 [M] . 王玉普，郭万奎，庞彦明，等译. 北京：石油工业出版社，2007.

[7] 黄炳光，李晓平. 气藏工程动态分析方法 [M] . 北京：石油工业出版社，2004.

[8] 陈元千. 油气藏工程计算方法（续编）[M] . 北京：石油工业出版社，1991.

[9] 陈元千. 确定气井绝对无阻流量的简单方法 [J] .天然气工业，1987，7(1)：15−19.

[10] 谢兴礼，朱玉新，冀光，等. 气藏产能评价方法及其应用 [J] .天然气地球科学，2004，15 (3)：276−279.

[11] 陈元千.油气藏工程计算方法 [M] . 北京：石油工业出版社，1990.

[12] 谢兴礼，罗凯，宋文杰.凝析气新的产能方程研究 [J] . 石油学报，2001，22(3)：36−42.

[13] Sarfraz A，Jokhio，Djebbar Tiab. Establishing Inflow Performance RelationshiP (IPR) for Gas Condensate Wells [C] .SPE 75503，2002.

[14] 胡永乐，罗凯，刘合年，等. 复杂气藏开发基础理论及应用 [M] . 北京：石油工业出版社，2006.

[15] 庄惠农.气藏动态描述和试井 [M] . 北京：石油工业出版社，2004.

[16] Dominique Bourder.现代试井解释模型及应用 [M] . 张义堂，李贵恩，高朝阳，等译. 北京：石油工业出版社，2007.

[17] 阿曼纳特 U.乔德瑞.气井试井手册 [M] . 刘海浪，等译. 北京：石油工业出版社，2008.

[18] C.S.马修斯，D.G.拉塞尔.油层压力恢复和油气井测试 [M] . 北京：石油工业出版社，1983.

[19] 刘能强.实用现代试井解释方法 [M] . 北京：石油工业出版社，2008.

第四章　凝析气藏开发方法

凝析气藏的开发需要综合考虑凝析油和天然气的采收率，其凝析油、气采收率以及总体开发经济效益受气藏地质特征、流体相态特征、井网井距、开发方式等因素的影响。因此，需要通过合理划分和组合开发层系、部署开发井网、确定合理的开发方式和开发规模，才能经济、高效和科学地开发该类气藏。对于带油环的凝析气藏，当原油储量具有工业开采价值时，还需考虑油环的开发时机和开发方式等。

俄罗斯、美国和加拿大等国凝析气储量比较丰富，并且具有丰富的开发经验。早在20世纪30年代，美国已经开始回注干气保持压力开采凝析气藏，80年代又发展了注氮气技术。前苏联主要采用衰竭式开发方式，采用各种屏障注水方式开发凝析气顶油藏。在北海地区，也有冲破“禁区”探索注水开发凝析气藏的试验[1, 2]。总体来看，凝析气藏的开发方式主要为衰竭式开采、保持压力开采和部分保持压力开采等方式。对于凝析油含量低的或者规模小的凝析气藏多采用天然能量开采，即衰竭式开采；对具有一定储量规模、凝析油含量高的凝析气藏和带油环凝析气藏则多采用保持压力开采，如中国塔里木盆地的牙哈凝析气田、柯克亚凝析气田，以及大港的大张坨凝析气田[3]。

中国凝析气藏的储量也占相当大的比例，认识和掌握这类气藏的地质、开发特征是开发好该类气藏的前提，确定合理的开发层系、井网井距和开发方式是开发好这类气藏的基础。

第一节　开发层系划分及井网确定

一个凝析气田可能由多个气藏构成，而同一个气藏又可能由几套含气层组成。因此，有必要将特征相近的气层组合在一起，用单独一套井网进行开发，从而在开发过程中避免或减少层间矛盾。在开发层系合理划分和组合的基础上，进行合理井网的部署。井网部署应在尽可能少钻井的条件下，最大程度的动用气藏的储量以获得较高的油、气采收率。

一、凝析气藏开发层系划分

开发层系是控制产层中油、气、水运动的地质系统，它直接影响到开发效果和经济效益。层系划分主要是针对纵向上具有多套产层而言的，它取决于地质结构、储层特征、流体性质、气藏压力、含气井段长短以及选择的开采方式等因素[4]。

合理开发层系的划分基本遵循以下原则：

（1）同一套开发层系应具备一定的有效厚度、凝析气储量和生产能力，经济效益好。

（2）同一套开发层系，各层组的凝析气性质应大体一致，不能有太大的差别，例如凝析油含量、酸性气体（H_2S、CO_2）含量不能差别太大，否则要分别设计开发层系。

（3）同一开发层系，各层组的储层性质、生产能力、压力系统等应基本接近，避免有过大的差异，以减少层间干扰。

（4）同一开发层系，射孔井段不宜过长，使顶、底产层的生产压差保持在合理的范围内，以保证各产层基本实现均衡开采。

（5）不同开发层系之间应具有良好的隔层，保证能彼此分开，避免层间窜通。

二、凝析气藏井网部署

合理的井网井距是油气田实现长期高产稳产的基础，对于提高油气田的最终采收率具有重要的意义。井网井距的确定受多种因素的影响，例如构造形态、含气面积、储层物性、连通程度、流体分布、合理采气速度、单井产能、经济效益与成本分析等。井网部署要确保单井不亏本，井网密度要满足经济极限值。只有在满足这两条的基础上才有可能取得较好的经济效益。

井网密度与采收率及经济效益是密切相关的：井多，采气速度可以提高，气藏采收率可以提高，但同时投资增大，经济效益不一定高；反之，井少，投资少，储量利用率低，采收率低，开发期拖的长，采气成本增高，最终的经济效益也不一定高。如何寻找这三者之间的最佳关系，达到使用相对最少的井最大限度提高采收率并获取最佳的经济效益。图4−1为国内外不同凝析气藏井距与采收率的统计关系。由图4−1可以看出，凝析气藏井距多集中在800～1500m，随着井网加密，凝析气采收率逐渐提高。个别强水驱的凝析气藏，因为高渗层快速水淹等影响，尽管井网密集，但凝析气采收率仍然很低。

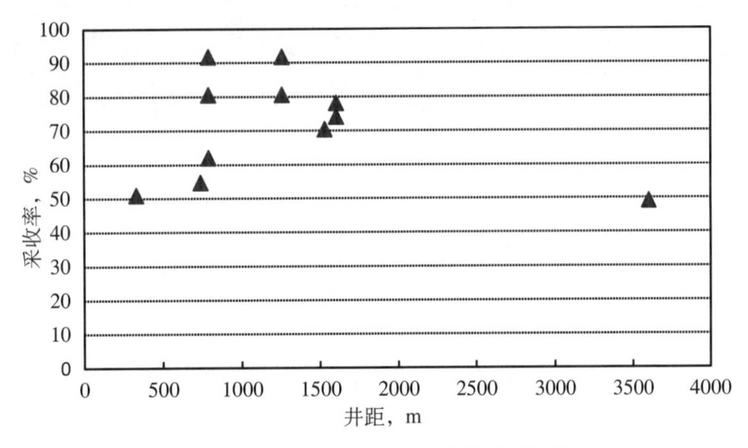

图4−1 井距对天然气采收率的影响

另外，对凝析气藏来说，还应注意以下几个方面：

（1）断块、岩性、裂缝性气藏以采用不规则井网为宜，重点在构造高点和储层发育处布井。凝析气藏开发中，由于探井、评价井都要转为生产井，因此，最好在详探阶段就整体部署，将探井、评价井、开发井一次部署完毕，分段实施、及时调整，或者在部署评价井时就考虑或预留开发井的位置，不然会在布开发井时出现“布则密、不布则疏”的情况。

（2）衰竭式开采低含凝析油的凝析气藏时要考虑单井控制储量不能低于合理的经济界限。

（3）保持压力开采凝析气藏的注采井网要最大限度地控制凝析油地质储量。

（4）带油环的凝析气藏和凝析气顶油藏的开采井网，应做到油气兼顾，并有利于后期调整。

1. 井网类型及其适应性

气藏井网与油藏类似，只是井距不同。井网类型可分为均匀井网和不均匀井网两大类，根据经验，均匀井网适用于相对均质的储层，而不均匀井网则适用于非均质储层或连通性较差以及地面条件不允许（如城市、水域、沼泽地带）的储层。

均匀井网是指井的分布、排列有特定的几何形态和规则的井网。例如行列式注采井网，四点、五点、七点、九点和反九点等面积注采井网。

不均匀井网是指井的分布、排列无特定几何形态和规则的井网。例如丛式井、点状注采系统、不规则面积注采系统等都属于不均匀井网。

井网类型的选择决定于气藏类型、构造形态、储层性质，以及开发方式等综合因素。

从气藏类型来说，干气气藏无疑都选择衰竭式开采。凝析油含量低或储量小的凝析气藏一般也选择衰竭式开采，此时其井网设置与干气气藏基本一致。采用衰竭式开采的凝析气藏，其井网部署原则一般为：

（1）生产井应尽可能多的布置在构造高部位，形成顶密边疏的井网格局，从而远离边水，延长无水开采期。

（2）生产井应尽可能多的布置在储层性质较好和产能高的区域，以提高单井产能。

在上述布井原则下，衰竭式开采井网，可能大都是不均匀井网，或者说，对于局部区域来说可能是均匀井网，但对于全气藏来说可能就是不均匀井网。

中国四川碳酸盐岩裂缝性气藏的布井经验是在构造高点、长轴、扭曲带和靠近小断层部位布井。因为这些部位一般是裂缝发育的高产部位[5]。

采用注气（或循环注气）保持压力开采的凝析气藏，其井网设置，原则上与注水保持压力的油藏相同，但又必须考虑到凝析气藏流体高流度的特点，采用更大的井排距，以延长注入气突破的时间，提高波及效率[6]。

凝析气藏注气保持压力开采时，一般都采用均匀井网。至于采用何种均匀井网，可视气藏的地质特征及开发技术政策而定。例如，可采用顶部一排井注气，翼部两排井采气的行列式注采井网；对于含气面积大、地层倾角小，并且大片连通的储层可以采用行列式切割注采井网，即两排注气井中间夹一排或多排（奇数排）生产井；如果储层连通性不宜用行列式注气，则可选用面积注气井网，例如五点井网系统或者其他适宜的井网系统；如果气藏为穹窿状构造，则可采用环状注采井网，顶部环形井排注气腰部环形井排生产。

2. 就地注气保持压力开采的井网设置

在一个气田上，如果同时存在下部深层高压干气气藏和上部凝析气藏，则可以利用下部干气气藏的高压气转注到上面的凝析气藏中进行保持压力开采，以提高凝析油采收率。这种注气方式称为就地注气[7]。就地注气可有两种类型的布井方式。

1）两套井网开采

一套井网开采下部干气气藏，另一套注、采井网开发上部凝析气藏。此时，采出的高压气在地面经过高压分离器处理后通过注气井注入凝析气藏保持其压力，而凝析气藏的生产井采出凝析气。

2）一套井网开采

凝析气藏的注气井同时又是下部干气气藏的生产井，即从下部干气气藏采出的高压气不经地面而直接由井内转注到上部凝析气藏，保持其压力开采。这种注气方式又称为自流注气。

第二种注采系统适用于下部高压干气气藏不会出现复杂开采情况，如产水、出砂等；第一种注采系统适用于下部高压气中含一定量的凝析油或含有需要处理的气体，如酸性气、惰性气，或有底水等，开采中会出现复杂情况，必须经过地面处理后才能进行注入。

这两种井网系统，特别是第二种井网系统其优点是：充分利用高压能量，不需要投资高压注气设备，可以减少钻井及地面辅助设施，因而投资少、成本低、建设期短，经济效益比较高。目前国外乌克兰的别列卓夫凝析气田，就设计了这类开发层系和井网。中国塔里木盆地有一些凝析气田也具备这样的开发条件。例如塔西南的柯克亚凝析气田、塔北的吉拉克凝析气田等都具备深部为特高压、上部为常压凝析气藏的条件。这种开发思路不仅可应用于一个气田内，也可以应用于相互邻近的高压气藏和另一个高含凝析油的常压凝析气藏，建立组合保持压力开发系统。

第二节 凝析气藏的开发方式

凝析气藏的开发方式通常有衰竭式开采和保持压力开采。衰竭式开采的优点是投资相对较少，采气工艺技术相对简单，初期可以获得较高的天然气产量，但凝析油采收率低。注气保持压力开采是通过注气使地层压力保持在露点之上，避免反凝析现象的产生，从而可以最大程度地提高凝析油的采收率，但投资大，注采工艺技术复杂。

一、衰竭式开采

凝析气藏采用衰竭式降压开采是一种简单而低耗的开发方式，产出的天然气和凝析油可直接销售，对开发工程设计及储层条件要求低，容易实施。其主要缺点是凝析油采出程度低，尤其是高含凝析油的饱和凝析气藏，衰竭式开采导致地层压力很快低于露点压力，使地层中很快就发生反凝析现象。反凝析首先在井底附近出现，随着开采时间的延续、地层压力的进一步下降，反凝析的区域逐步由井底附近向外扩大，最终整个凝析气藏都出现反凝析现象。对于地层中任一指定的位置，反凝析程度主要取决于该点的压力。井底附近压力最低，反凝析最为严重，亦即该区域的凝析油饱和度最高。另一方面，也与外部凝析气从地层远处流入井底附近有关，外部流经井底附近的凝析气由于压力下降而不断地析出凝析油[8]。

反凝析液的出现会堵塞储层的孔隙空间，降低气相的相对渗透率，增加凝析气向井筒的渗流阻力，影响天然气和凝析油的产能，降低凝析油的采收率。一般具有以下条件的凝析气藏可以考虑采用衰竭式开采：

（1）原始地层压力大大高于初始露点压力。此时，可以充分利用天然能量，先衰竭式开采一段时间，直至地层压力接近露点压力。柯克亚深部卡拉塔尔碳酸盐岩凝析气藏是异常高压凝析气藏，压力系数2.0，原始地层压力130MPa，露点压力65MPa，2001年5月柯深101井投产以来，在不受井筒结蜡堵塞的正常生产阶段，井口油压一直维持在70MPa以上，日产天然气在$15 \times 10^4 m^3$左右，日产凝析油$80 \sim 100m^3$。

（2）气藏面积小、储量小、生产规模有限，保持压力开采无经济效益。

（3）凝析油含量低。对于凝析油含量低于$100g/m^3$的凝析气藏，采用衰竭式开采地层中的反凝析程度不严重，可以取得相对较高的凝析油采收率。从进一步提高这类凝析气藏开发的经济效益考虑，应注意研究凝析油的组成随压力下降的变化特点，以便优化地面轻烃回收流程，提高地面凝析油、液化石油气等的回收率。

（4）地质条件差。对于一些地质条件差的凝析气藏，如渗透率低、产能低、吸气指数低、储层非均质严重、横向连通性差、裂缝发育等，通常采用衰竭式开采。有些凝析气藏受岩性和断层控制，被分割为互不连通的小断块，井间连通性差，单井控制范围和储量有限，这类凝析气藏即使凝析油含量高，也通常采用衰竭式开采。

（5）边底水活跃。边底水的侵入可使地层压力的下降速度大大减慢，不必采用人工注气保持地层压力。但是，必须在开发设计时考虑使井网和单井产量分配合理，有效防止边水指进、底水锥进，避免气井过早水淹。

（6）异常高压凝析气藏。如果地层压力较高，地面注气设备不能满足注气条件时，可先采用衰竭式开采，待气藏压力降到一定水平后再改用注气保持压力开采。

二、保持压力开采

1. 保持压力开采的基本原理及其可行性

保持压力开发方式是提高凝析气藏凝析油采收率的主要方法，其基本原理是[9]：

（1）弥补因采气造成的地下亏空，保持了地层压力，使地层中的烃类始终保持在单相气态下渗流，采气井能在较长的时间内保持高产稳产。

（2）由于注入气的驱替作用，将原始凝析气驱向生产井，使更多的高含凝析油的凝析气得以采出。

（3）注入气与析出的凝析油发生一次或多次接触混相，从而降低凝析油饱和度，提高凝析油的采收率[10, 11]。

保持压力开发方式的可行性取决于气藏中的凝析油含量（凝析油含量大于$100g/m^3$）、天然气和凝析油的总储量、储层性质及其连通性以及凝析油的加工利用程度等。尤其是凝析油含量较高的凝析气藏，不保持压力开采，凝析油的损失一般为原始储量的30%～70%，甚至达到60%～80%[12]。

凝析气藏开发方式的选择还与下游天然气市场有关，对于凝析油含量比较高、适合保持压力开采的凝析气藏，在早期天然气没有销路或地面输气管线建成之前，采用循环注气的方法开采不仅可以使凝析气藏资源得以及时开发利用，提高凝析油采收率，还可尽快收回前期的投资。另外，部分保持压力是在自产气不能满足注气需求而补充气源又不落实（或购买又不合算）的情况下采取的开采方式，此时，采出大于注入。这种方式可使压力下降速度减慢，凝析油损失减少。牙哈凝析气田早期的循环注气就是这种注气方式的一个成功的典型实例。

保持压力开发方式也有其不利的一面：

（1）新钻注气井，购置高压注气设备，需要大量投资。

（2）在循环注气阶段，所采出的天然气要回注地下，延迟了天然气的销售收入。

（3）对于自产气量少、回注气量不能满足需求的凝析气藏，需要从附近的气田购买天然气，从而增加了开发成本。

因此，凝析气藏保持压力开发方式要从气田的实际情况出发，开展可行性研究与评价，从技术和经济上进行综合论证。

2. 保持压力开采方式

保持压力开采方式以注气开采为主。近年来国内外对凝析气藏保持压力及其他开发方式也进行了大量研究，如注水、水气交替、段塞驱等。研究表明，注水、水气交替原则上均会明显提高凝析油的采收率。

1）注气开采

（1）循环注气。向地层回注干气，保持或部分保持压力，能够提高凝析油的采收率。塔里木盆地牙哈凝析气田采用的就是循环注气开采。牙哈凝析气田已连续多年保持高产、稳产，凝析油采收率可提高30%左右，最终凝析油采收率可达60%左右。

（2）自流注气。当两个气藏有部分面积重叠时，利用深部高压气藏作为气源，通过井筒使下部天然气自流注入上部凝析气藏，可以在同一体系中同步开发两个气藏，节约地面注气设施，提高凝析油的采收率。

2）注水和水气交替注入开采

（1）注水开采。注水开采可以看成是替代凝析气藏衰竭式开采和注干气开采的另一种经济方法。从技术角度看，凝析气藏注水开采模式适用于深层注水，注入水黏度大因而水驱波及系数比注气和注溶剂大。

（2）水气交替注入开采。水气交替注入既能明显地改善驱油效率，提高凝析油的采收率，也能降低生产成本，提高开采的经济效益；凝析气藏的水气交替注入开采，可使天然气和凝析油的采收率大幅度提高。

但是对于生产井而言，气井见水后会导致井筒积液，影响正常生产；地层中有水后，出现气水两相流动，会使气相渗流能力大幅度降低。因此，注水及水气交替这些开发方式一般应在凝析气藏开发的中后期考虑，目前还处于探索阶段。

3）注二氧化碳开采

凝析气藏注入二氧化碳不仅能保持地层压力，而且能降低露点压力，延缓反凝析，从而提高烃类的总采收率。采出的凝析油气经地面设备分离后，二氧化碳再回注到储层。这既可节约凝析气藏开采的成本，又可使大气环境得到保护。

4）注氮气或氮气与天然气的混合物

实验证明，注氮气可以使烃类液体蒸发，与天然气形成混相驱，并能使气藏以较高的速度生产。但注氮气将导致气藏露点压力升高，从而引起地层中液体的析出。

第三节　带油环凝析气藏的开发方式

一、带油环凝析气藏概述

带油环凝析气藏在中国乃至世界都有着广泛分布，国外部分带油环凝析气藏见表4−1，此外，还有西塞门特（美）、奥伦堡凝析气田（前苏联）等，国内如板桥板中II油组、苏1潜山、柯克亚X5油组、大张坨、吉拉克、牙哈7和英买7−19等都为带油环凝析气藏。

表4−1　国外带油环凝析气藏统计

所在国家	凝析气田名称	层位	类型	地层压力 MPa	凝析油含量 g/m^3	开发方式
前苏联	卡拉达格	上新统Ⅶ层	带油环凝析气藏	36.1	180	衰竭方式，先开发凝析气区后开发油环区
加拿大	列杜克	泥盆系白云化焦炭岩D-3油气藏	带油环凝析气油藏			先采油封存气区开发
前苏联	巴哈尔	Ⅲ层油气藏	带油环凝析气藏	45.6	210	油气界面布井油气同采
美国	黑湖	白垩纪斯里哥礁灰岩	凝析气—油藏	27.72	560	早期循环注气保持地层压力
美国	派英特尔	侏罗—三叠系纳吉特砂岩	凝析气顶油藏	28.41	425	气顶注氮，水域注水混相开发
美国	春楚拉	Smackover白云岩	近临界态的、低饱和的凝析气—挥发性油藏	63.82	约1630	用注氮混相驱开发
美国	FORDOCHE	古近系	凝析气—油田	65.1～69.8	463～770	循环注气完全保持地层压力
利比亚	A1LP3C	礁灰岩、基岩裂缝体系	近临界态凝析气藏	35.6		衰竭方式
美国	Cal Canal	新近系致密砂岩	特低渗透性凝析气藏	50.63	24.07	衰竭方式

通过多年的实践，开发带油环凝析气藏的主要做法有：只采气不采油、先采气后采油（或先采气，后同时采气采油）、先采油后采气以及油气同时开采4种方式。

对国外多个带油环凝析气田的开发方式调研结果见表4−2。由统计结果可以看出，带油环凝析气藏的驱动能量主要是气顶气的膨胀能，其次是天然水驱，再次为油环溶解气驱，如图4−2所示。在提高油环采收率的方法中，循环回注干气是最常用的二次采油方法。

不同凝析气藏采用不同开发程序的开发效果差别较大。分别统计了衰竭式开采及保持压力开采的油、气采收率，结果如图4−3所示。对比可以看出，通过保持地层能量，使凝析油的采收率得到大幅度提高，提高幅度在20%～40%，两种开发方式下天然气的采收率差别不大。另外，由于强水驱作用，部分凝析气田的凝析油、天然气采收率比较低。

表4–2 带油环凝析气藏开发方式统计结果表

油气田	开发方式	开采顺序	天然驱动能量	二次采油方法	三次采油方法	增产措施
MAUI	衰竭式	同时开采油环和气顶	强水驱			水平井
SZEGHALOM	衰竭式	同时开采油环和气顶	气驱			
TYRA SE	衰竭式	同时开采油环和气顶	气驱			水平井
BONGKOT	衰竭式	先采气顶，后采油环	气驱			复杂结构井
VERKHNEVILYUY	衰竭式	先采气顶，后采油环	气驱			酸化
BADAK	衰竭式	先采油环，后采气顶	水驱/气驱			水平井/ 压裂
MARKOVO	衰竭式	只采气顶，未采油环	水驱/气驱			
BLACK LAKE	保压式	同时开采油环和气顶	气驱	循环注气		酸化
BRAE NORTH	保压式	同时开采油环和气顶	水驱	循环注气		水平井
SMORBUKK	保压式	同时开采油环和气顶	气驱	注气		压裂/多分支井
HASSI RMEL	保压式	先采气顶，后采油环	气驱/强水驱	循环注气		水平井/酸化
CHAIVO-MORE	保压式	先采油环，后采气顶	气驱	循环注气		水平井
HARMATTAN EAST	保压式	先采油环，后采气顶	溶解气驱	循环注气 油环注水	注CO_2 混相	水平井/酸化
GANNET B	保压式	只采气顶，未采油环	水驱	循环注气		
VUKTYL	保压式	只采气顶，未采油环	气驱	循环注气	注混相烃气体	酸化

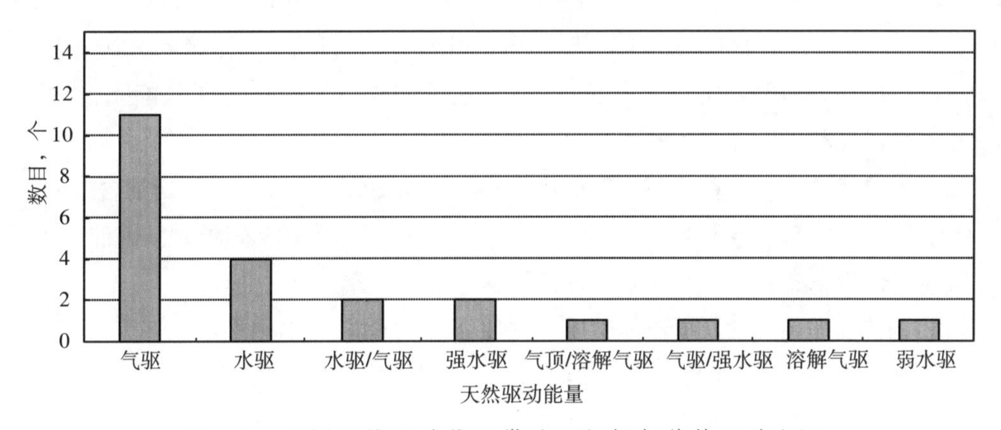

图4–2 不同天然驱动能量带油环凝析气藏数目对比图

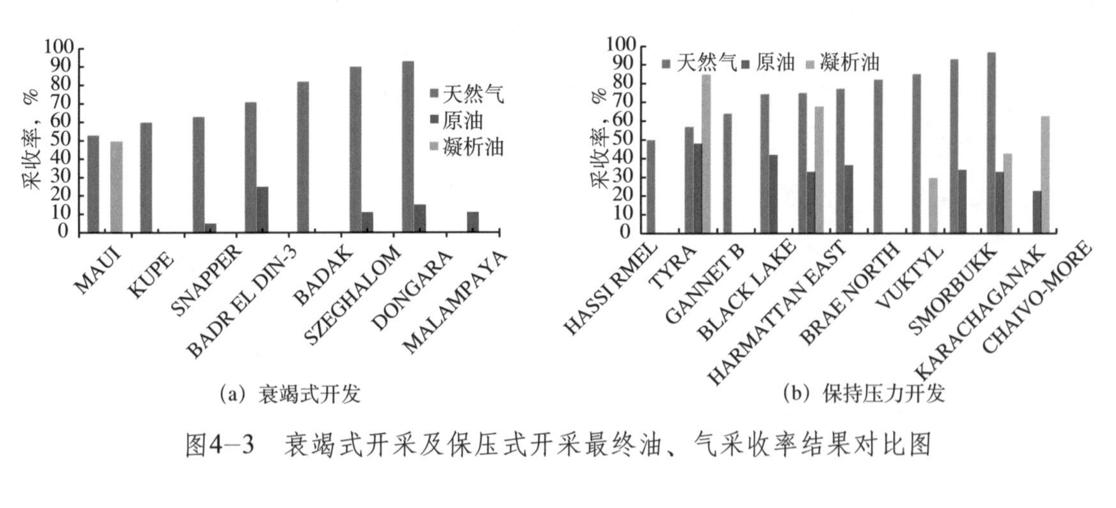

图4–3 衰竭式开采及保压式开采最终油、气采收率结果对比图

二、带油环凝析气藏开发方式

带油环凝析气藏的开发，不但要考虑天然气和凝析油的采收率，而且还要考虑原油的采收率。带油环凝析气藏开发方式的选择，通常要考虑以下因素：

（1）油环和气藏（凝析气）的大小。

（2）地层的构造特点。

（3）市场对天然气、凝析油和原油的需求。

（4）技术装备水平及国家现行的技术经济政策等。

从世界各国的实践来看，有以下做法：只采气不采油；先采气后采油（或先采气，后同时采气采油）；先采油后采气；同时采油采气。在每一种方式中，又可分为衰竭开采和保持压力开采两种情况。不论采取哪一种方式，天然气的采收率差别不大，但原油和凝析油损失的差别却是比较大的。

1. 只采气不采油

只采气不采油这种开发方式多半出于经济考虑。原油基本上全部损失，开发中的问题与纯凝析气田开发相同。

北海的弗里格油气藏和中国的渤海锦州202凝析气藏是只采气不采油的典型实例，都出于经济考虑，放弃了开发底油或油环。

（1）弗里格油气藏。产层为未固结的块状砂岩，储层顶部海拔深度是−1970m，平均油—气界面海拔深度−2175m，平均油—水界面海拔深度−2183m，油水界面内含油面积113km^2，最高气柱高度160m，孔隙度29%，渗透率1～3mD，原始压力19.8MPa，天然气地质储量2690×10^{8}m^3，凝析油含量4.1g/m^3，原油储量1.35×10^{8}t。为了开发底油，需要补充投资67亿挪威克朗，由于许多问题待解决，优化作业费用太高而无利可图，因而放弃了开发底油。

（2）锦州202凝析气藏。气藏面积3.75km^2，产层中部深度2127.25m，凝析油含量384g/m^3，地层原始压力34.4MPa，厚度54m，天然气储量50.9×10^{8}m^3，原油储量203×10^{4}m^3。因油气不能同输，若开发油环，需补充铺设一条管线，增加了投资，无利可图，放弃了开发油环。

（3）羊塔1构造白垩系气藏。据流体性质及试油分析，羊塔1构造白垩系上部为凝析气，下部为正常原油，厚度2.5m，属于带油环的块状底水凝析气藏。含气面积15.2km^2，平均有效厚度30m，天然气地质储量226×10^{8}m^3，生产气油比11282m^3/m^3。含油面积15.8km^2，原油地质储量156×10^{4}t，溶解气油比684m^3/t。因油环较薄，且气藏属强水体，而只在气层部分部署开发井网。

底油的存在对气层开采过程中的底水锥进起一定的遮挡作用，有利于提高天然气的采出程度。主要原因是由于油环油的溶解气油比较低，原油黏度较大，油环油象一个夹层一样阻止了底水的锥进。如图4−4所示为底油对水气比的影响分析。

2. 先采气后采油

先采气后采油（或者先采气，然后同时采油采气）的实例很多，主要是先发现气后发现油，或者当时急需用气。在以后的采油过程中，有的采取了注水或注气的方法。先采气后采油或者先采气然后同时采气采油，将引起原油储量重新分布。据估计，在采出天然气储量20%左右时，原油将损失于水淹区和含气带，实质上这相当于只采气不采油。这是因为在采气过程中，原油储量虽不变，但它经历了一个重新分布的过程。这里有以下两种情况。

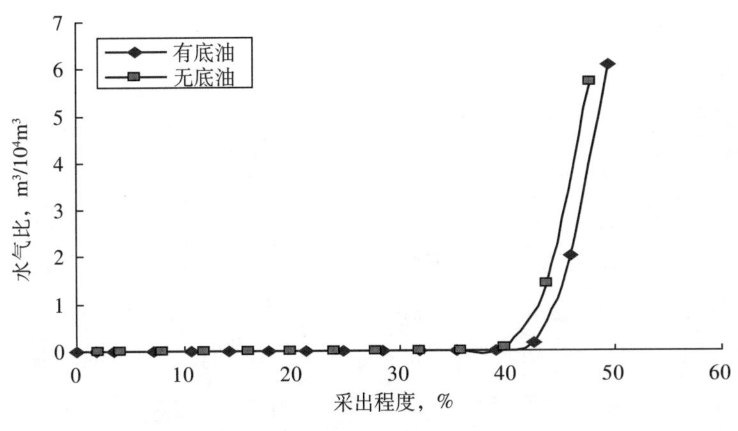

图4–4　底油对水气比影响分析

1）活跃水驱条件下原油储量的重新分布

先采气后采油时，虽然在采气过程中原油储量保持不变，但原油储量的分布却经历了很大的变化。当地层压力下降时，边水开始侵入油藏，油水和油气界面开始移动。原油储量分布在以下3个区域：水淹区、含油带和气顶区。在油水界面到达原始气顶边界时原始含油带消失，全部原油储量分布在水淹区和气顶中。在目前的采油工艺水平下，滞留于水淹区的原油很难采出。而侵入气顶中的原油也只有达到残余油饱和度以上的可动油才能被采出。

2）定容条件下（水驱不活跃）先采气时原油储量的分布

在封闭的油气藏中，主要的天然能量是原油中的溶解气和气藏中的游离气。在采气（不采油）时，整个油气藏的地层压力不断下降，含油带中的压力基本上等于含气带中的压力。随着天然气的开采，溶解气从原油中分离出来，含油饱和度下降。随着地层压力下降，原油体积膨胀，并侵入含气带。对于封闭的油气藏，侵入气顶的油量不多（与具有活跃边水的油气藏相比侵入含气带的油量少得多）。虽然侵入气顶的油量不多，但是由于地层压力下降显著，油井开采条件严重变差。

国内外带油环凝析气藏有多个先采气后采油的例子。如前苏联卡拉达格带油环凝析气田[7]，该气田共有6个砂岩产气层，埋藏深度在2600～4100m。其中Ⅶ和Ⅷ有油环，构造倾角达45°～50°，边水不活跃。气顶储量$210\times10^8m^3$，油环原油储量是1000×10^4t，平均凝析油含量$179g/m^3$。1955年发现天然气后即投入开发，1958年发现油环，这时气藏压力已下降了4MPa，原油侵入含气带，造成大量原油损失。发现油环以后，开始油气同采（衰竭方式）。后来曾准备利用油气界面附近的井进行注水试验，但注水方案一直未实施，自始至终采用衰竭方式开采。到开发结束时，天然气的采收率为95%，凝析油42%，而油环油仅10%。

另外，美国西塞门特油气田是一个构造倾角较大的油气田，储层为中等粒度的含砾砂岩。1936年发现气时，作为纯气藏开发。到1943年发现油环，开始同时采油采气，这时气藏压力已下降2.9MPa，大量原油侵入气顶。到1949年，衰竭式开采的天然气采收率为70%，原油采收率13.4%。为改善油环开发效果，1949年后开始注水、注气保持压力开采。最终天然气采收率72%，原油采收率22%。

3. 先采油后采气

先采油后采气，应用于含油体积大于含气体积的凝析气藏。在这种情况下，开发的原则是：

（1）含油带的开发应优先于含气带的开发。

（2）在开发含油带时，应保证水（边水、底水）驱油，而不是气顶驱油。

（3）在采油的同时，应考虑采气的措施。

含油带和含气带的开发次序和开采速度显著地影响原油最终的采收率，但对天然气采收率几乎没有什么影响；无论是先开采油藏，还是先开采气顶均能获得较高的天然气采收率。

先采油后采气可分为衰竭式开采和保持压力开采两种方式。

1）衰竭式开采

（1）在无活跃边、底水时，可以利用气体膨胀能量先采油。在此开发过程中，由于油区地层压力下降，形成气区到油区的一定压力差，造成气驱油作用，因而油区压力下降变缓，油井能较长期的自喷生产。气进入含油区后，凝析油析出，使原油黏度下降，有利于提高原油采收率。

这种开发方式的缺点是：由于凝析气区压力随油区的开采而下降，气区中出现反凝析现象，一部分凝析油在气区未开采之前就损失在地层中。这种反凝析损失取决于油区和气区孔隙体积之比、凝析油含量、反凝析特征等。

（2）当具有活跃的边底水时，驱油的主要动力是边底水和气顶的弹性膨胀能量。在这种情况下，开发含油带应尽可能发挥弹性水压驱动的作用。弹性水压驱动作用的大小与气区和油区的体积比、地层压力、边底水大小及其地层性质等因素有关[9]。

①含气区越大，边底水驱油的作用越小。从表4–3中可看出气顶大小对不同驱动方式采出油量的影响。表4–3中不同方案数值模拟的参数见表4–4。

表4–3　不同含气带与含油带体积比对不同驱动方式采出油量的影响

方案	含气带与含油带的体积比	总采油量占储量的百分数，%		当采出90%工业储量时生产井排上的地层压力，MPa
		借助水的侵入	借助含气区的气膨胀	
1	1:3	74.3	15.5	14.06
2	1:1	67.9	22.0	15.86
3	3:1	51.2	38.5	16.72
4	7:1	33.5	56.5	17.16

表4–4　影响原油储量重新分布的因素

方案	原油所占的孔隙体积V_o 10^6m^3	天然气所占的孔隙体积V_g 10^6m^3	V_g/V_o	渗透率 mD	原始地层压力 MPa	地下原油黏度 mPa•s	采油量（地下） m^3/d
1	30	10	1:3	500	18	1.0	5000
2	30	30	1:1	500	18	1.0	5000
3	30	90	3:1	500	18	1.0	5000
4	30	210	7:1	500	18	1.0	5000
5	30	90	3:1	500	10	1.0	5000
6	30	90	3:1	500	5	1.0	5000
7	30	90	3:1	200	18	1.0	5000
8	30	90	3:1	500	18	5.0	5000
9	30	90	3:1	500	18	1.0	5000

②地层压力大小也是影响天然水驱作用的重要因素。随着地层压力的下降，天然水驱作用相对减

小，气驱作用相对增大，见表4–5。

表4–5中的数据说明，随着原始地层压力的下降，气顶的作用增大，即气顶的膨胀能量远远大于水的膨胀能量。

表4–5 不同地层压力下不同驱动方式对采出油量的影响

方案	原始地层压力 MPa	总采油量占储量的百分数，%		当采出90%工业储量时生产井排上的地层压力 MPa
		借助水的侵入	借助气顶膨胀	
3	18	51.2	38.5	9.30
5	10	35.2	50.2	9.08
6	5	22.0	62.8	4.36

③边外地区的地层性质差将减弱水驱作用。

表4–6的数据说明，当水区的地层性质变差时，借助天然水驱作用采出的油量减小。

表4–6 不同地层性质时驱动方式对采出油量的影响

方案	渗透率 mD	导压系数 cm^2/s	总采油量占储量的百分数，%		当采出90%工业储量时生产井排上的地层压力 MPa
			借助水的侵入	借助气顶膨胀	
3	500	50000	51.2	38.5	16.72
7	200	20000	35.8	54.2	16.23

2）保持压力开采

在先开发油环时，为提高油的采收率，最重要的是要尽可能保持油气界面稳定，既要避免油侵入含气区而造成储量损失，又要避免气侵入含油区而形成油气两相流动。在凝析油含量较高的情况下，还要尽量减少凝析油的损失。尤其是在油环原油储量比较大的情况下，可以采取各种不同的方法先开发油环，如边缘或底部注水、顶部注气与底部注水相结合、边外注水和屏障注水相结合以及面积注水等。国外有些带凝析气顶油藏的原油采收率达到60%～70%。当油层较薄时，要在先采油后采气的条件下获得较高的原油采收率难度较大，可供选择的方法是：（1）打水平井；（2）在油环的一侧注气或注水，或者两种方法同时采用；（3）钻丛式井，借助边水驱动采油。

4. 同时采油采气

同时采油采气具有以下特点：

（1）生产井完井时，射开含气段下部和含油段上部，实现一井按比例同时采油和采气，避免专门钻油、气井，因而节约了投资。

（2）为了提高烃类的最终采收率，可以采用注气保持压力的方法开发油环。

（3）地面油气集输系统应考虑凝析气和原油的合采。

同时采油采气又可分为衰竭式开采和保持压力开采两种方式。

1）衰竭式开采

应注意调控开采速度，使压力由含气部分向含油部分降低，防止原油进入气层，同时凝析气中析出的凝析油又可降低原油的黏度。这样，原油和凝析油的采收率都得到了提高。

前苏联里海南部港湾的巴哈尔凝析气田是同时采油采气的典型。该气田于1969年初发现，位于里海南部港湾阿普歇伦半岛以南25km，分布在一背斜带的东南倾斜部分。考虑到油气藏的特点，对巴哈尔薄油环提出了一种“界面开采”法，即沿油气界面布一排生产井，一井同时开采凝析气和油环油，其余部分不钻井，原油和凝析气从油气界面区域采出。

这种方法的优点是：保证井有最长的生产期（包括自喷方式）、能取得单井最大原油累计产量、油气界面不移动，其开发投资也最少。

2）保持压力开采

保持压力开采的方法很多。可以沿油气界面注水将含油部分和含气部分分隔开，分别采油采气；也可以顶部注气，同时采油采气。

（1）美国黑湖带油环凝析气田。

美国黑湖带油环凝析气田是顶部注气保持压力同时采油采气的典型，也是所收集的最薄的油环之一，只有7.6～7.9m。

黑湖油气田是一个早期循环注气保持压力开采的成功例子。黑湖油气田位于路易斯安那州，纳起套契镇东北32km，区域构造位于砂滨地垒东南端，东临北路易斯安那地堑，油气产自下白垩统斯里哥灰岩（Pettit灰岩礁），产层埋藏深度2423m，黑湖油气田构造含油面积南北约12.72km，东西8.95km。

黑湖油气田发现于1964年7月，当时操作者普莱塞特石油公司，钻探普莱塞特2−A爱丁堡井时，于2435.35～2438.43m井段射孔获工业油气流，6.35mm油嘴产气$7.5\times10^4m^3/d$，凝析油$73m^3/d$（相对密度为0.7981），气油比$1029.4m^3/m^3$，油压16.61MPa。普莱塞特5爱丁堡井，于2451.2～2454.3m井段，5.6mm油嘴产油$129.7m^3/d$（相对密度0.8184），气$23.22\times10^4m^3/d$。

黑湖油气田具有很大的凝析气顶，多数井测得的原始流体露点压力高于地层压力，因此，只要气藏压力一下降就会析出凝析油。其生产特征、储层和流体性质以及开发方式研究等分述如下：

①生产特征。

1966年1月，黑湖油气田正式投入生产，循环注气开发，总生产井数103口，其中油井72口，气井20口，注气井7口。日产天然气$382.32\times10^4m^3$，日产原油$1303.7m^3$。1967年后，所有气体加工厂回收轻烃和凝析油，产出气和外购干气又经压缩机增压至28.9MPa后注入地层。全油田每天注气（424.8～509.76）$\times10^4m^3$，单井注入量（34～56.6）$\times10^4m^3/d$。

1975年因天然气气价太高，停止外购气，改为回注干气部分保持压力开采，1980年停止回注干气，进行降压开采，天然气外销。1981—1984年，平均日产气（410.64～538.08）$\times10^4m^3$。

在降压开采过程中，由于大量采气，压降大，因而水进入油气藏，干扰了油气生产。

②储层性质。

黑湖油气田的产层是下白垩统下部的斯里哥礁灰岩层，下白垩统与其上面的白垩统之间以及古近−新近系顶部存在不整合面。斯里哥礁灰岩厚15.24～54.864m，平均45.72m，平均气层厚度30.5m，油层厚度7.6～7.9m。石灰岩分布广泛，斯里哥礁灰岩的沉积属碳酸盐浅海为浅水沉积到三角州沉积，主要是一套灰色泥质、鲕状、假鲕状灰岩，基本上属于碎屑生物灰岩。由于次生溶蚀作用，次生孔隙、孔洞发育，但局部地区渗透层不连续。孔隙度约为15.64%～16.6%，含气部分较含油部分高0.6%。地层倾角平缓，倾角为7°～8°。

油气界面−2389.6m，油水界面−2398.8m，含油气面积$63.6km^2$，天然气储量$283.2\times10^8m^3$，凝析油$2146.34\times10^4m^3$，原油$1812.46\times10^4m^3$。储层性质见表4−7。

③流体性质。

流体性质见表4−7，凝析油含量478g/m³，原始地层压力27.71MPa，露点压力 29.16MPa，露点压力高于原始地层压力，生产降压时凝析油将在地层中析出，因此必须保持压力开采，才有较高的凝析油采收率。

表4−7　黑湖油气田储层、流体性质

参数	数值
孔隙度，%	15.64～16.6
渗透率，mD	108～6100
气层平均厚度，m	30.5
油层平均厚度，m	7.6
含油气面积，km^2	63.66
油气界面，m	-2389.6
油水界面，m	-2398.8
原油密度，g/cm^3	0.8155
凝析油密度，g/cm^3	0.7389
凝析油含量，g/m^3	478
原始地层压力，MPa	27.71
露点压力，MPa	29.16

④开发方式研究。

由于地层流体露点压力高，因此采用早期循环注气会获得较高采收率和较好的经济效益。开发初期，曾研究了不同开发方式对采收率的影响。结果表明，若采用衰竭式开采，则采出天然气 $184.06\times10^8m^3$，凝析油 $1144.7\times10^4m^3$，原油 $461.67\times10^4m^3$，而采用循环注气开采，则可采出天然气 $175.58\times10^8m^3$，凝析油 $1542.2\times10^4m^3$，原油 $1144.7\times10^4m^3$。因此，循环注气开采凝析油采收率由53%提高到71.8%，原油采收率由25.4%提高到63.2%。

⑤地面油气集输、加工流程。

黑湖油气田有一套完整的采气、回收、注气流程，由生产井进入5个集气站，每个集气站集输10～13口井，且都装有生产和测试分离器，其压力范围5.86～6.55MPa，每口井都是单独测试，分离成油、气、水并被计量，水进入污水处理系统，油气进入加工厂。

8口凝析气井日产天然气 $38.23\times10^4m^3$，进站后都有单独的分离器，经高压分离器分离后的气进入加工厂，分离出的凝析油与原油混合出售。

所有气体处理厂处理后的干气与买进的气体一起注入地层，注气井7口，注入压力28.95MPa。

（2）俄罗斯Vuktyl凝析气田。

气田发现于1964年，于1969年投产。该凝析气田部分有油环，有弱的边底水。该凝析气田的生产周期可分为3个阶段，如图4−5所示。

第一阶段：1969年开始生产，生产井数不断增加，初期布井在构造高部位的裂缝发育区，依靠气体膨胀能量衰竭式开采。

第二阶段：1975—1983年，稳产阶段，由于地层压力下降，部分井开始产水；1977年开始注入干气，以延缓水淹时间，并向干气中加入能产生混相的LPG溶剂来增加凝析油产量；同时，采取高部位射孔（在气水界面之上150～200m）来延缓水锥的推进速度。这一系列措施的成功应用，使得气田稳产时间达到8年之久。

第三阶段：1984年之后，地层压力降到初始压力的15%左右，产气量开始递减。

该气田由于采取注干气开发，保持地层压力并保证凝析油产量，同时控制了地层水的推进速度，抑制了产量递减。估算最终天然气采收率达到85%，凝析油采收率为30%。

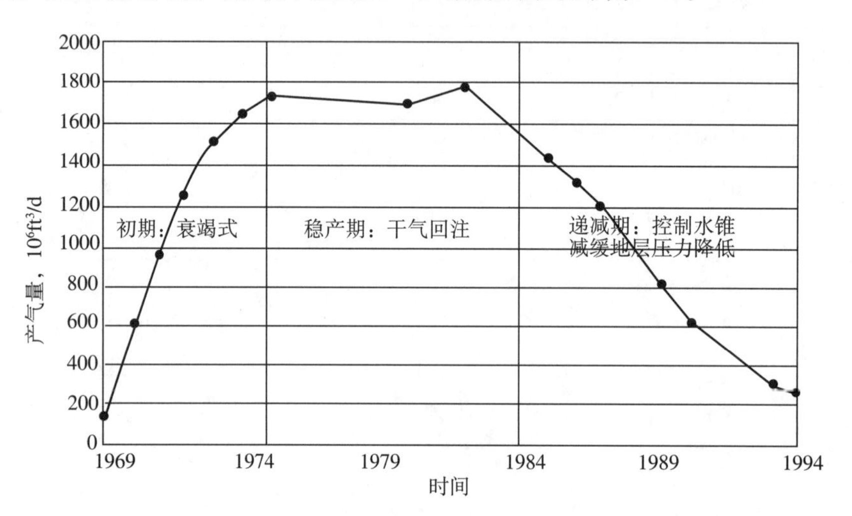

图4—5 俄罗斯Vuktyl凝析气田开发历史

第四节 补充能量开发设计

塔里木柯克亚、大港大张坨凝析气田循环注气试验的成功，为中国凝析气藏补充能量开发积累了有益的经验，前者凝析油采收率比衰竭式开发提高18.2%，后者提高14.9%，均取得了明显的经济效益和社会效益。2000年牙哈23凝析气藏的循环注气开发，标志着中国凝析气藏保持压力开采的水平上升到一个新台阶[13]。

保持压力开采凝析气藏时，要考虑注入介质选择、注入时机、注采比、压力保持水平等，本节将针对这几个问题进行讨论。

一、适用条件

确定是否保持压力开采的主要条件是凝析油含量和储量大小，例如，采用循环注气的牙哈凝析气田，其原始凝析油含量约600g/m^3，天然气储量达204×10^8m^3；其次，储层性质要比较均匀、连通性好，可使注入气均匀推进，保障各层受效；最终根据经济评价结果确定是否实施注气开发。

二、注入介质选择

凝析气藏循环注气注入的气体分为两类，一类是烃类气体，即脱油天然气，其组成以甲烷为主，乙烷次之，并含有少量丙烷和丁烷等中间烃类成分；另一类是非烃类气体，主要有空气、氮气、二氧化碳及N_2+CO_2的混合气等。下面介绍几种注入介质的特点及注入介质实例。

1. 烃类气体

1）甲烷

凝析气藏中注入甲烷气体，在循环注气中又称为干气回注，是最常用的保持压力方法。因为通常是注入采自同一层位而又经过脱油的气体，所以称之为循环注气。该方法不仅可以提高凝析油采收率，并且还能保存天然气。由于干气的主要组分是甲烷，故干气几乎能够完全与地层中的凝析气混合在一起。实验证明，用本体系的采出气来驱替本体系，其驱替效率是非常高的，通常认为是接近或等于百分之百。

2）丙烷

丙烷一般以段塞的形式在循环注气中使用，其目的是减小由于干气与凝析气混相后因露点压力升高而造成的凝析油损失。尤其是在使用非烃类气体时，一般是先注入丙烷前置段塞，由于丙烷易于与凝析油形成混相，通常会取得比较好的驱替效果。

2. 非烃气体

1）氮气

实验研究表明，空气和N_2对凝析油的蒸发能力差异很小，然而，在标准状态下，空气中除了含79%体积的N_2外，还有大约20%体积的氧，而大量的氧在储层中会导致有害的氧化反应。因此，作为一种驱替剂，在技术上N_2比空气更理想。

2）二氧化碳

二氧化碳在凝析油中的溶解能力超过甲烷。二氧化碳对降低凝析油黏度有着显著的效果，同时还可降低其表面张力。在高压下，二氧化碳的密度远比干气密度大，有利于缓解驱替过程中的重力指进现象。俄罗斯阿斯特拉罕凝析气田公布的研究成果证实，增加地层体系中CO_2的含量可以降低露点压力。当CO_2含量从14.7%增加到40%时，露点压力下降11MPa，凝析油采收率提高20%，但注入二氧化碳会增加防腐及处理成本。

3. 注入介质实例

牙哈23凝析气藏回注的气体为产出气经二级脱气、脱轻烃处理后的天然气，其甲烷组分含量83%，与脱轻烃前甲烷含量接近，并含有少量重质组分，组分较富，见表4–8。

表4–8　牙哈23凝析气藏产出气与注入气组分含量对比表

类　别	氮气 %	二氧化碳 %	甲 烷 %	乙 烷 %	丙 烷 %	异丁烷 %	正丁烷 %	异戊烷 %	正戊烷 %	己烷及更重组分,%
井 流 物	3.12	0.6	74.64	8.76	3.51	0.8	1.01	0.36	0.36	6.84
脱轻烃前	3.27	0.65	82.88	8.46	3.04	0.48	0.59	0.21	0.18	0.24
注 入 气	3.61	0.66	83.21	9.28	2.18	0.37	0.38	0.1	0.07	0.14

三、循环注气时机

注气时机是指开始注气的时间。凝析气藏注气，一般认为应使地层压力保持在露点压力之上，这样可以防止凝析液析出；但依据Standing等人的观点，认为只要凝析液与注入气能充分接触，就可以采出全部凝析液，因而可以在露点压力以下开始注气，但在多孔介质中反蒸发的量毕竟有限。由此可见注气时机的选择目前尚无统一标准，需根据凝析气藏的储层特征及流体性质进行具体分析，从而确定最佳的注气时机。

循环注气时机是影响循环注气开发效果的关键因素之一。注气时机不同，所获得的开发效果也不同。注气时机一般分为露点压力以上（或露点压力处）和露点压力以下注气。露点压力以上注气可以保证在地层压力高于露点压力的条件下进行开发，延缓凝析油在地层中析出，减少凝析油损失。但由于这种情况要求注气时间早，注气压力高，因而会增加注气成本；露点压力以下注气，因为地层中已经出现了凝析液，因而这种方式在考虑注气对地层保压、延缓地层压力下降速度的同时，还应考虑注入气体对凝析液的反蒸发及驱替作用。

早期注气会增加开采成本，此时应综合考虑凝析油采收率提高的程度所带来的经济效益与高压注气所增加的投资。注气过晚，会削弱干气对凝析油的反蒸发作用，影响凝析油的最终采收率。Tarek Ahmed等人的研究表明，当压力降到一定程度以后，干气对凝析油的反蒸发能力会受到较大影响。美国吉利斯—英格利什贝约凝析气藏采用先衰竭开采后循环注气。合理利用地露压差的方式进行开发，估计气藏最终凝析油采收率可达44.3%，天然气采收率78.3%。中国塔里木牙哈凝析气藏采取在开发初期进行注气的方式，也取得了较好的开发效果[14]。因此，具体注气时机应考虑储层特征、流体性质、经济条件、最终采收率等多种因素进行确定。

四、注采比优化

回注干气首先要有充足的气源。

牙哈凝析气田在目前注采井网下，对不同注采比的气油比、凝析油含量进行预测。计算结果表明，相同注气量情况下，注采比越高，采出的井流物中对应凝析油含量也越高，即短时间内增加注气量效果优于低注气量的长时间注入，如图4−6所示。

提高注采比有助于保持地层压力，注采比每增加0.1，到2020年底时地层压力约提高1.7MPa，有助于降低反凝析程度。如图4−7所示，在相同产气量情况下到2020年底时累计产油量比较接近，相差也较小，但2021年之后高注采比的优势逐渐明显，凝析油产量明显增加。0.88注采比条件下的凝析油产量比0.39注采比时高61×10^4t。

目前气田水侵形势逐渐严峻，边部生产井、包括牙哈7高点产水井有6口，通过实钻井测试资料、生产井监测分析来看，水侵现象非常明显。提高注采比有助于抑制水侵，降低水侵风险，延长单井的无水采气期，也有助于气田开发后期调整措施的制定、实施。如图4−8所示，0.48注采比下2015年左右大多数生产井产水，产水量突然升高，注采比0.78情况下2020年左右开始大量产水。注采比0.78条件下部分保持压力，抑制水侵、抑制反凝析，同时又避免部分井气窜太快，可以达到较好的开发效果，注气末压力保持在41MPa左右。

综合分析来看，仍推荐以较高的注采比进行循环注气开发，注采比应达到0.78左右，既能够抑制水侵，又可以提高凝析油采出程度。

尽管牙哈E+K凝析气藏是一个饱和凝析气藏，但研究表明，注采比并不一定越高越好，饱和凝析气藏也不一定要完全保压开采。牙哈E+K凝析气藏采用轴部注气轴部加边部采气的开发方式，过高的回注比会导致气窜严重。同时也影响了边水的推进，适当降低地层压力有利于边水能量的利用，提高波及系数，增加凝析油采收率。

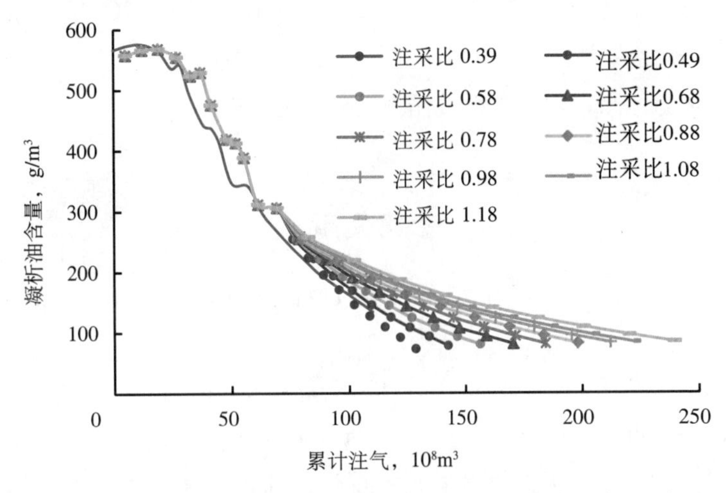

图4-6　牙哈E+K凝析气藏凝析油含量与累计注气量关系

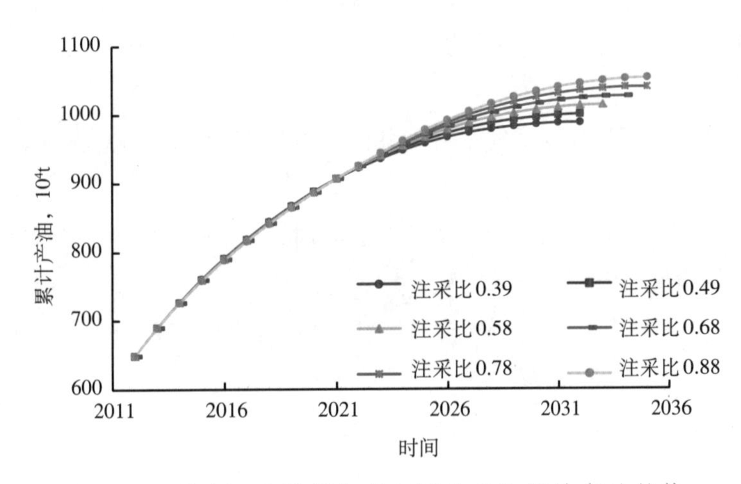

图4-7　牙哈E+K凝析气藏不同注采比累计产油趋势

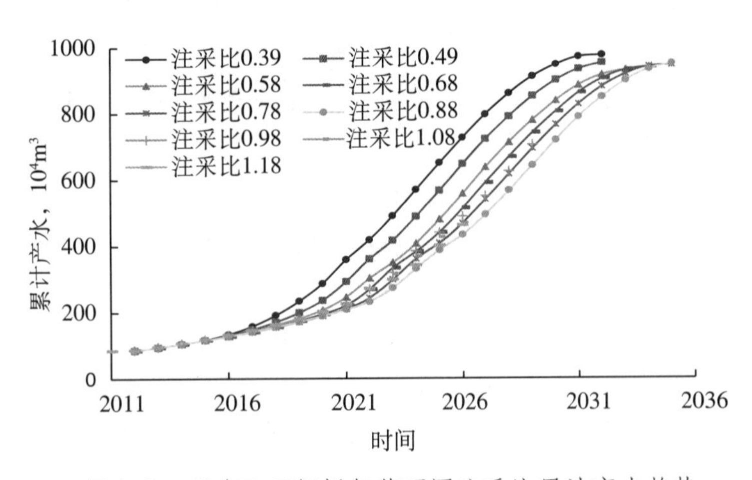

图4-8　牙哈E+K凝析气藏不同注采比累计产水趋势

五、循环注气周期

循环注气周期指从注气开始到注气停止这段时间。评价循环注气周期的主要指标是凝析油含量，并结合经济评价结果。根据国外凝析气田循环注气的开发经验，停止注气的累计注入孔隙体积应该在原始孔隙体积的0.4～0.6PV之间。

牙哈凝析气田原来设计的循环注气为9年。2000年开始循环注气，2009年停止，9年后凝析油含量降到250g/m^3。开发后发现储量增加，根据实际情况，2009年凝析油含量还有400g/m^{3}左右，根据压缩机的使用寿命及凝析油含量预测，确定再继续循环注气5年左右。

参考文献

[1] A.X.米尔扎赞札杰，等. 凝析气田开发［M］.杨培友，等译. 北京：石油工业出版社，1983.

[2] J.D. Matthews，R.I. Hawes，I.R. Hawkyard，et al. Feasibility Studies of Waterflooding Gas–Condensate Reservoirs. Journal of Petroleum Technology［C］. SPE 15875，1988.

[3] 袁士义，胡永乐，罗凯.天然气开发技术现状、挑战及对策［J］.石油勘探与开发，2005，32（6）：1–6.

[4] 孙志道，胡永乐，李云娟，等.凝析气藏早期开发气藏工程研究［M］. 北京：石油工业出版社，2003.

[5] 唐玉林，唐光平.川东石炭系气藏合理井网密度的探讨［J］.天然气工业，2000，20(5)：57–60.

[6] Ю.П.科罗塔耶夫，С.Н.札基罗夫.气田与凝析气田的开发理论和设计［M］.孙志道，等译. 北京：石油工业出版社，1988.

[7] Р.Д.马尔古洛夫，等.复杂成分天然气田开发［M］. 魏智，译. 北京：石油工业出版社，1994.

[8] М.Т.阿巴索夫，Ф.Г.奥鲁贾利耶夫.凝析气田的开发及气水动力学［M］. 俞经方，译. 北京：石油工业出版社，1993.

[9] 袁士义，叶继根，孙志道.凝析气藏高效开发理论与实践［M］. 北京：石油工业出版社，2003：148–151.

[10] 李士伦，张正卿，等.注气提高石油采收率技术［M］. 北京：石油工业出版社，2001，52–53.

[11] 杨宝善.凝析气藏开发工程［M］. 北京：石油工业出版社，1995.

[12] 胡永乐，李保柱，孙志道.凝析气藏开采方式的选择［J］.天然气地球科学.2004，14(5)：398–401.

[13] 李士伦，王鸣华，何江川，等.气田与凝析气田开发［M］. 北京：石油工业出版社，2004.

[14] 孙龙德.塔里木盆地凝析气田开发［M］. 北京：石油工业出版社，2003.

第五章　凝析气藏储量及采收率计算

凝析气藏储量计算分为地质储量和可采储量两个部分。

凝析气藏地质储量，目前主要是采用容积法进行计算，这对于一般砂岩储层来说是比较可靠的。由于凝析气藏流体性质的特殊性，应用容积法计算凝析气藏地质储量，与干气气藏和黑油油藏均有所区别。

凝析气藏可采储量计算，实际上主要表现在采收率的分析研究上，并牵涉到气藏地质因素、流体特性、开发策略和经济条件等因素。因此，在这里单独讨论可采储量的计算是必要的。

第一节　凝析气藏地质储量计算

一、凝析气藏地质储量计算的特殊性

由典型气藏流体组成数据可知，凝析气藏与干气气藏的区别在于前者除含有相当浓度的甲烷外，主要还富含C_{5+}液态（标准条件下）烃（凝析油），以及乙烷和丙—丁烷（LPG）成分，这些都是重要的化工原料和燃料来源。因此，凝析气藏地质储量的计算，从油气藏开发角度上，需要计算凝析气总储量、干气储量和凝析油储量3个部分；从轻烃回收和化工利用的角度上，需要将C_{2+}组分，即C_2、C_3、C_4和C_{5+}等组分的地质储量分开计算，以供天然气加工和利用的工艺设计进行经济技术评估[1]。

原始条件下，凝析气藏储层一般为凝析气（包括水蒸气）和束缚水所饱和，因此，初始凝析气饱和度（S_{gi}）为：

$$S_{gi} = 1 - S_{wi} \tag{5-1}$$

式中　S_{wi}——束缚水饱和度。

但是，有些凝析气藏储层除含有凝析气和束缚水外，还含有残余油。例如，前苏联卡拉达格凝析气藏[2]，储层的平均残余油饱和度高达0.164，而其他不少凝析气藏也存在类似情况，因此，此时初始凝析气饱和度应为：

$$S_{gi} = 1 - S_{wi} - S_{or} \tag{5-2}$$

式中　S_{or}——残余油饱和度。

凝析气藏储量计算中，一般都要涉及凝析油含量（或气油比）这个参数。应该注意，它不能直接用现场测试的生产气油比来进行换算。因为，生产气油比通常是一级分离器的气产量与油罐油产量之比，而没有涉及油罐气的产量。此外分离器的气一般也未经过实测气样的真实相对密度和偏差因子校正。

二、容积法计算凝析气藏地质储量

1. 凝析气地质储量

容积法储量计算，要求齐全准确地取得以下资料：地震、钻井、取心、测井、试油、试井、地质分析化验和流体PVT实验等资料；之后根据气藏的具体地质特点，划分计算单元，进行分层分块计算。

凝析气地质储量计算公式为[1]：

$$G = 0.01Ah\phi S_{\rm gi} / B_{\rm gi} \tag{5-3}$$

$$B_{\rm gi} = \frac{Z_{\rm i} p_{\rm sc} T_{\rm f}}{p_{\rm i} T_{\rm sc}}\left(1 + R_{\rm MLGi}\right) \tag{5-4}$$

$$R_{\rm MLGi} = \frac{n_{\rm l}}{n_{\rm g}} = \frac{RT_{\rm sc}\rho_{\rm lsc}}{p_{\rm sc}M_{\rm o}} R_{\rm VLGi} = 24054 \times R_{\rm VLGi}\frac{\rho_{\rm lsc}}{M_{\rm o}} \tag{5-5}$$

$$M_{\rm o} = \sum_{j=5}^{m} Z_j M_j \Big/ \sum_{j=5}^{m} Z_j \tag{5-6}$$

$$\rho_{\rm lsc} = \sum_{j=5}^{m} z_j M_j \Big/ \sum_{j=5}^{m} (z_j M_j / \rho_{{\rm lsc}j}) \tag{5-7}$$

$$R_{\rm VLGi} = \frac{M_{\rm o} n_{\rm l}}{24054 n_{\rm g} \rho_{\rm lsc}} \tag{5-8}$$

式中 G——凝析气地质储量，$10^8 \rm m^3$（标准条件）；

A——凝析气藏面积，$\rm km^2$；

h——有效厚度，m；

ϕ——有效孔隙度；

$S_{\rm gi}$——原始凝析气饱和度；

$B_{\rm gi}$——原始凝析气体积系数，$\rm m^3/m^3$；

$p_{\rm sc}$——标准压力，0.101325MPa；

$T_{\rm sc}$——标准温度，293.15K；

$p_{\rm i}$——原始气藏压力，MPa；

$T_{\rm f}$——气藏温度，K；

$Z_{\rm i}$——原始凝析气偏差因子；

$R_{\rm MLGi}$——原始凝析油气比，mol/mol；

R——气体常数，MPa·m³/（kmol·K）；

M_o——凝析液平均相对分子质量；

M_j——C_5以上组分j（考虑水蒸气时则包括水组分）的相对分子质量；

ρ_{lsc}——凝析液的平均密度，g/cm³（标准状况）；

ρ_{lscj}——C_5以上组分j（考虑水蒸气时则包含水组分）的密度，g/cm³（标准状况）；

R_{VLGi}——原始凝析油气比，m³/m³；

n_o——凝析油（C_{5+}液态烃）的摩尔数；

n_g——干气（C_1–C_4和非烃气）的摩尔数。

2. 干气和凝析油的地质储量

干气的原始地质储量由下式计算：

$$G_g = Gn_g/(n_g + n_o) \tag{5-9}$$

式中　G_g——干气地质储量，10^8m³；

凝析油原始地质储量由下式计算：

$$G_o = 10G_g \cdot R_{VLGi}\rho_{lsc} \tag{5-10}$$

考虑水蒸气时，凝析气藏的凝析油原始地质储量为：

$$G_o = 10G_g(R_{VLGi}\rho_{lsc} - 10^{-6}W) \tag{5-11}$$

式中　G_o——凝析油的原始地质储量，10^4t；

W——凝析气中的水蒸气储量，kg/10^3m³。

3. 凝析气的分类产品地质储量

轻烃回收和化工利用通常为乙烷以上各组分：乙烷（C_2）、丙—丁烷（C_3+C_4，液化石油气）、凝析油（C_{5+}）、氦气（H_e）、硫磺（S）、二氧化碳（CO_2）等，它们是被广泛利用的工业原料和燃料资源。

凝析气分类产品的地质储量主要根据储层凝析气组成进行计算：

组分j的原始地质储量（G_j）等于该组分在凝析气中的原始潜含量（C_{gj}）与凝析气原始地质储量（G）的乘积，即：

$$G_j = 0.01C_{gj}G \tag{5-12}$$

式中　G_j——组分j的原始地质储量，10^4t；

C_{gj}——组分j的潜含量（对凝析气），g/m³，定义为标准条件下该组分对1m³凝析气中该组分的含量。

C_{gj}用下式计算：

$$C_{gj} = 41.571456z_jM_j/n_g \tag{5-13}$$

式中　M_j——组分j的平均相对分子质量；

z_j——组分j在储层凝析气中的摩尔数；

n_g——储层气中干气的摩尔分数。

凝析油储量以标准条件为液态的烃（C_{5+}）计算，因此，式中的z_j、M_j都需用$z_{C_{5+}}$、$M_{C_{5+}}$代替。

三、动态法计算凝析气藏地质储量

1. 封闭定容凝析气藏

设凝析气藏为封闭气藏，则根据物质守恒原理可导出如下方程[3]：

$$\frac{p}{Z_2}=\frac{p_i}{Z_{2i}}\left[1-\frac{G_{gp}(1+R_{MLGp})}{G_g(1+R_{MLGi})}\right] \tag{5-14}$$

$$G_{op}/G_o=\frac{n_{op}}{n_{oi}}=\frac{n_{gp}}{n_{gi}}\cdot\frac{R_{MLGp}}{R_{MLGi}}=\frac{G_{gp}}{G_g}\cdot\frac{R_{MLGp}}{R_{MLGi}} \tag{5-15}$$

式中 p_i，p——凝析气藏原始压力和目前压力，MPa；

Z_{2i}，Z_2——凝析气在p_i和p压力下的两相偏差因子，无量纲；

G_g，G_{gp}——凝析气藏干气的原始地质储量和目前干气的累计产量，10^8m^3；

R_{MLGi}，R_{MLGp}——以摩尔数表示的凝析气藏的原始油气比和累计产出凝析气油气比，mol/mol；

G_o，G_{op}——凝析气藏凝析油的原始地质储量和目前凝析油的累计产出量，10^4t；

n_{gi}，n_{gp}——凝析气藏干气原始摩尔数和目前累计产出摩尔数，mol；

n_{oi}，n_{op}——凝析气藏凝析油原始摩尔数和目前累计产出摩尔数，mol。

对于低饱和凝析气藏，在储层压力p降至露点压力p_d之前，储层中不会出现凝析液，因而R_{MLGp}=R_{MLGi}，于是方程（5–14）变成与干气气藏压降法物质平衡方程相同的形式：

$$p/Z=p_i/Z_i(1-G_{gp}/G_g) \tag{5-16}$$

当储层压力p降到露点压力p_d之后，参数R_{MLGp}随压力下降而变化，即R_{MLGp}是压力的函数。它可由凝析气藏井流物样品的衰竭实验数据求得，具体地说，由等容衰竭各级压力下的凝析气组成数据按下式求得各级压力p_j下的R_{MLG}（p_j）：

$$R_{MLG}(p_j)=\frac{RT_{SC}\rho_{LSC}}{p_{SC}M_o}R_{VLGi} \tag{5-17}$$

然后利用下式求得压力p下的平均油气比R_{MLGp}值：

$$R_{MLGp}=\frac{1}{G_{gp_j}}\int_{p_i}^{p}R_{MLG}(p_j)(\frac{dG_{gp_j}}{dp_j})dp \tag{5-18}$$

式中 p_j——j级压降段的平均压力，MPa；

R_{MLG}（p_j）——压力p_j下采出凝析气的摩尔液气比（考虑水蒸气时，则凝析液中包含凝析水），mol/mol；

dp_j——j级压降段的压力降，MPa；

dG_{gp_j}——对应dp_j压降的累计产气量增量，10^8m^3。

凝析气藏干气原始地质储量G_g可由方程（5−14）的迭代求解得到。

首先将方程（5−14）重新整理成以下形式：

$$G_{gp}/G_g=(1-\frac{pZ_{2i}}{p_iZ_2})(\frac{1+R_{MLGi}}{1+R_{MLGp}}) \tag{5-19}$$

将压力降p_i-p分成m个压降段（j=1，2，…，m），迭代步骤如下[4]：

（1）给定液气比R_{MLGp}的初值；$(R_{MLGp})_{j=1}=R_{MLGi}$；估算$(G_{gp}/G_g)_{j+1}$，由方程（5−19）有：

$$(G_{gp}/G_g)_{j+1}=1-\frac{p_{j+1}Z_{2i}}{p_i(Z_2)_{j+1}} \tag{5-20}$$

（2）用梯形法求方程（5−18）的积分：

$$(R_{MLGp})_{j+1}=\frac{1}{2}(\frac{G_g}{G_{gp}})_{j+1}\sum_{j=1}^{j}\left[(R_{MLG})_j+(R_{MLG})_{j+1}\right]\cdot\left[(\frac{G_{gp}}{G_g})_{j+1}-(\frac{G_{gp}}{G_g})_j\right] \tag{5-21}$$

（3）步骤（2）的液气比值$(R_{MLGp})_{j=1}$，重新计算G_{gp}/G_g值，检查G_{gp}/G_g值是否满足精度要求，若不满足，再重复步骤（2）和步骤（3），计算G_{gp}/G_g值，直到满足精度要求为止，即：

$$(\frac{G_{gp}}{G_g})_{j+1}=(1-\frac{p_{j+1}Z_{2i}}{p_i(Z_2)_{j+1}})\left[\frac{1+R_{MLGi}}{1+(R_{MLGp})_{j+1}}\right] \tag{5-22}$$

（4）继续进行下一步压力计算，重复步骤（2）和步骤（3）。由此可见，已知各分级压力p_j下的Z_{2i}和$R_{MLG}(p_j)$，可以求得R_{MLGp}、G_{gp}/G_g和G_{lp}/G_l值。如果有凝析气藏试采的累计产量G_{gp}/G_{op}数据，就可根据对应压力下的（G_{gp}/G_g）值，根据式（5−9）、式（5−10）求得干气和凝析油的原始地质储量。

2. 水驱凝析气藏

凝析气藏衰竭式开采时，在有边水侵入的情况下，随着开发过程的进行，其地层压力p仍将逐渐下降，物质平衡方程可写为[5]：

$$\frac{p}{Z_2(p)}=\frac{p_iV_{hci}}{Z_{2i}V_{hc}(p,t)}\left\{1-\frac{G_{gp}(t)\left[1+R_{MLGp}(p,t)\right]}{G_g(1+R_{MLGi})}\right\} \tag{5-23}$$

式中　V_{hci}，V_{hc}（p，t）——凝析气藏原始和目前状态下的烃类体积，10^6m^3。

其中，V_{hc}（p，t）由式（5−24）确定：

$$V_{hc}(p,t)=V_{hci}\{1-S_{wi}+\left[p(t)-p_i\right](C_f+S_{wi}C_w)\}-W_e(p)+W_p(p) \tag{5-24}$$

式中　S_{wi}——束缚水饱和度；

C_f——储层岩石压缩系数，MPa^{-1}；

C_w——地层水压缩系数，MPa^{-1}；

W_e（p）——地层压力p时的水侵量，10^6m^3；

W_p（p）——地层压力p时的累计采水量，10^6m^3；

B_w——地层水的体积系数，m^3/m^3。

方程（5−23）可改写成式（5−25）：

$$F(p,t)=p-\frac{p_{\mathrm{i}}Z_2(p)V_{\mathrm{hci}}}{Z_{2\mathrm{i}}V_{\mathrm{hc}}(p,t)}\left\{1-\frac{G_{gp}(t)\left[1+R_{\mathrm{MLG}p}(p,t)\right]}{G_{\mathrm{g}}(1+R_{\mathrm{MLGi}})}\right\}=0 \tag{5-25}$$

用Newton−RaPhson迭代求压力p：

$$p_{j+1}^{k+1}=p_{j+1}^{k}-\frac{F(p_{j+1}^{k})}{F'(p_{j+1}^{k+1})} \tag{5-26}$$

式中 j——计算步数；

K——迭代次数。

迭代方法与上节相同。第一次估算取$p^0_{j+1}=p_j$。F函数的导数可用数值法估算。若忽略（5−25）式右边的第二项，则$F'=1$。只在压力时间步长不大，迭代会很快收敛。

应用该数学模型可以进行凝析气藏的生产历史拟合。

历史拟合中，如水层性质参数等可以预先估计，通过调整参数可取得最佳拟合储层压力动态数据。

在进行历史拟合后，应用一些已知实测压力$p(t)$和对应的$G_{gp}(p,t)$、$G_{op}(t)$、R_{MLGi}、$R_{\mathrm{MLG}p}(p,t)$、$Z_2(p)$，由式（5−23）即可求得干气原始地质储量和凝析油原始地质储量，即：

$$G_{\mathrm{g}}=\frac{G_{gp}(t)}{\left\{\dfrac{Z_{2\mathrm{i}}V_{\mathrm{hc}}(p,t)(1+R_{\mathrm{MLGi}})}{p_{\mathrm{i}}Z_2(p)V_{\mathrm{hci}}\left[1+R_{\mathrm{MLG}p}(p,t)\right]}\right\}\left[\dfrac{p_{\mathrm{i}}Z_2(p)V_{\mathrm{hci}}}{Z_{2\mathrm{i}}V_{\mathrm{hc}}(p,t)}-p(t)\right]} \tag{5-27}$$

$$G_{\mathrm{o}}=G_{op}(t)\frac{G_{\mathrm{g}}}{G_{gp}(p,t)}\cdot\frac{R_{\mathrm{MLGi}}}{R_{\mathrm{MLG}p}(p,t)} \tag{5-28}$$

考虑凝析水时，则凝析气藏凝析油的原始地质储量（质量）G_{o}由式（5−28）计算得到的凝析液量扣除累计凝析水量而求得。

3. 利用生产数据计算凝析气藏地质储量

根据流体产量及其相对密度、原始地层压力和温度、储层孔隙度和束缚水饱和度等参数，按气体状态方程可快速估算出单位体积（$\mathrm{km^2 \cdot m}$）储层的凝析气、干气及凝析油的原始地质储量[6]。

单位体积储层凝析气的原始地质储量G_{t}为：

$$G_{\mathrm{t}}=n_{\mathrm{t}}V_{\mathrm{sc}} \tag{5-29}$$

$$n_{\mathrm{t}}=\frac{p_{\mathrm{i}}V_{\mathrm{i}}}{Z_{2\mathrm{i}}RT} \tag{5-30}$$

其中：

$$V_{\mathrm{sc}}=\frac{RT_{\mathrm{sc}}}{p_{\mathrm{sc}}}=\frac{0.008314\times293.15}{0.101325}=24.0538\mathrm{m^3/kmol} \tag{5-31}$$

式中 n_{t}——单位体积储层凝析气的总摩尔数，$\mathrm{kmol/(km^2 \cdot m)}$；

V_{sc}——标准条件下千摩尔体积，$\mathrm{m^3/kmol}$；

p_{i}——原始地层压力，MPa。

V_i——单位体积储层凝析气的原始体积，m^3。

其中V_i表示为：

$$V_i = 10^6 \phi (1 - S_{wi}) \tag{5-32}$$

将方程（5–30）、方程（5–31）和方程（5–32）代入方程（5–29），得：

$$G_t = \frac{10^6 p_i \phi (1 - S_{wi}) T_{sc}}{Z_{2i} T p_{sc}} \tag{5-33}$$

于是，单位体积干气的原始地质储量G_{gt}可由式（5–34）计算：

$$G_{gt} = f_g G_t \tag{5-34}$$

其中

$$f_g = \frac{n_g}{n_g + n_o} \tag{5-35}$$

$$n_g = R_g / V_{sc} \tag{5-36}$$

$$n_o = \frac{\rho_w \gamma_o}{M_o} \tag{5-37}$$

$$R_g = \frac{q_{gsp} + q_{gT}}{q_{oT}} \tag{5-38}$$

式中　f_g——干气的摩尔分数；

n_g——干气的摩尔数；

n_o——凝析油的摩尔数；

R_g——生产气油比；

q_{gsp}——分离器气产量，m^3/d；

q_{gT}——油罐气产量，m^3/d；

q_{oT}——油罐油产量，m^3/d；

ρ_w——水密度，kg/m^3；

γ_o——油罐油相对密度；

M_o——油罐油相对分子质量。

将式（5–36）、式（5–37）代入式（5–35）得：

$$f_g = \frac{R_g}{R_g + V_{sc} \rho_w \gamma_o / M_o} \tag{5-39}$$

将式（5–39）代入式（5–34），得单位体积储层干气原始地质储量：

$$G_{gt} = \frac{R_g}{R_g + V_{sc} \rho_w \gamma_o / M_o} \cdot G_t \tag{5-40}$$

单位体积储层凝析油的原始地质储量G_{ot}为：

$$G_{ot} = \frac{G_{gt}}{R_g} \tag{5-41}$$

方程（5–33）中两相偏差因子Z_{2i}的确定：

如果没有井流物组成分析数据，则可由Standing公式（1977）借助生产资料（井流物相对密度）计算拟临界温度（T_{pc}）和拟临界压力（p_{pc}）：

$$T_{pc}=103.9+183.3\gamma_w-39.7\gamma_w^2 \tag{5–42}$$

$$p_{pc}=4.87-0.36\gamma_w-0.08\gamma_w^2 \tag{5–43}$$

式中 γ_w——井流物的相对密度。

γ_w定义为井流物相对分子质量M_w与空气相对分子质量M_{air}之比；即：

$$\gamma_w=\frac{M_w}{M_{air}} \tag{5–44}$$

$$M_w=\frac{m_w}{n_t} \tag{5–45}$$

式中 m_w——井流物质量。

m_w由式（5–46）计算：

$$m_w=\frac{R_g\gamma_g M_{air}}{V_{sc}}+\rho_w\gamma_o \tag{5–46}$$

式中 n_t——井流物摩尔数。

n_t由方程（5–36）、方程（5–37）确定：

$$n_t=n_g+n_o=\frac{R_g}{V_{sc}}+\frac{\delta_w\gamma_o}{M_o} \tag{5–47}$$

将式（5–45）～式（5–47）代入式（5–44），得：

$$\gamma_w=\frac{R_g\gamma_g+\dfrac{V_{sc}\rho_w\gamma_o}{M_{air}}}{R_g+\dfrac{V_{sc}\rho_w\gamma_o}{M_o}} \tag{5–48}$$

式中 γ_g——干气的平均相对密度。

由式（5–49）确定：

$$\gamma_g=\frac{q_{gsp}\gamma_{gsp}+q_{gT}\gamma_{gT}}{q_{gsp}+q_{gT}} \tag{5–49}$$

式中 γ_{gsp}——分离器气的相对密度（空气＝1）；

γ_{gT}——油罐气的相对密度（空气＝1）。

拟临界参数确定后，即可求得拟对比温度T_{pr}和拟对比压力p_{pr}：

$$\begin{cases}T_{pr}=\dfrac{T}{T_{pc}}\\[2ex] p_{pr}=\dfrac{p_i}{P_{pc}}\end{cases} \tag{5–50}$$

已知拟对比参数（T_{pr}、$p_{p\gamma}$），由Standing–Katz（1942）图版或其相应的经验公式即可求得Z_{2i}。

算例

原始地层压力p_i＝21.00MPa，地层温度T＝116℃＝389.15K，平均孔隙度ϕ＝0.30，平均束缚水饱和度S_{wi}=0.27，油罐油产量q_{oT}=52m³/d，油罐油相对密度γ_o=0.8016，分离器气产量q_{gsp}=11 × 10⁴m³/d，分离器气的相对密度r_{gsp}=0.65（空气＝1），油罐气的产量q_{gT}=4800m³/d，油罐气的相对密度γ_{gT}=1.25（空气＝1）。

解：$$r_g=\frac{q_{gsp}\gamma_{gsp}+q_{gT}\gamma_{gT}}{q_{gsp}+q_{gT}}=\frac{11\times10^4\times0.65+4800\times1.25}{11\times10^4+4800}=0.6751$$

$$M_o=\frac{44.29\gamma_o}{1.03-\gamma_o}=\frac{44.29\times0.8016}{1.03-0.8016}=155.4416\text{kg/kg}\cdot\text{mol}$$

$$R_g=\frac{q_{gsp}+q_{gT}}{q_{oT}}=\frac{11\times10^4+4800}{52}=2208.00\text{m}^3/\text{m}^3$$

$$\gamma_w=\frac{R_g\gamma_g+\dfrac{V_{sc}\rho_w\gamma_o}{M_{air}}}{R_g+\dfrac{V_{sc}\rho_w\gamma_o}{M_o}}=\frac{2208\times0.675+\dfrac{24.0538\times1000\times0.8016}{28.97}}{2208+\dfrac{24.0538\times1000\times0.8016}{155.4416}}=0.9245$$

$$T_{pc}=103.9+183.38\gamma_w-39.7\gamma_w^2=103.9+183.3\times0.9245-39.7\times0.9245^2=239.43\text{K}$$

$$p_{pc}=4.87-0.36\gamma_w-0.08\gamma_w^2=4.87-0.36\times0.9245-0.08\times0.9245^2=4.47\text{MPa}$$

$$T_{p\gamma}=\frac{T}{T_{pc}}=\frac{389.15}{239.43}=1.625$$

$$p_{p\gamma}=\frac{p_i}{p_{pc}}=\frac{21.00}{4.47}=4.70$$

由Standing–Katz图版查得Z_{2i}=0.842

$$G_t=\frac{10^6p_i\phi(1-S_{wi})T_{sc}}{Z_{2i}Tp_{sc}}=\frac{10^6\times21\times0.3\times(1-0.27)\times293.15}{0.842\times389.15\times0.101325}=40.61\times10^6\text{m}^3/(\text{km}^2\cdot\text{m})$$

$$G_{gt}=\frac{R_g}{R_g+V_{sc}\rho_w\gamma_o/M_o}G_t=\frac{2208\times40.61\times10^6}{2208+24.0538\times1000\times0.8016/155.4416}=38.45\times10^6\text{m}^3/(\text{km}^2\cdot\text{m})$$

$$G_{ot}=\frac{G_{gt}}{R_g}=\frac{38.45\times10^6}{2208}=17414\text{m}^3/(\text{km}^2\cdot\text{m})$$

第二节 凝析气藏采收率及可采储量计算

一、凝析气藏油气采收率的影响因素

1. 凝析气藏采收率

凝析气藏采收率包括天然气采收率和凝析油采收率两个部分。天然气采收率的影响因素与干气气藏采收率类似，而凝析油采收率在地质条件相同的情况下，主要决定于开发方式。譬如衰竭式开采时，凝析油采收率较低，因为相当大的一部分凝析油损失在地层中，而注气和循环注气保持压力开采，凝析油采收率将大为提高。

下面讨论的凝析气藏采收率影响因素主要是针对天然气采收率而言。因此，一般气藏采收率的影响因素分析，完全适合于凝析气藏。

2. 采收率影响因素

影响气藏和凝析气藏采收率的因素有以下5个方面[6]。

1）储层岩石孔隙结构

储层岩石孔隙结构与残余气饱和度的关系比较密切。如针孔状石灰岩孔喉小，水进入孔隙时，把气排驱出来，资料表明其残余气饱和度大约为23%左右，因而气体采收率较高，而致密石灰岩则因孔隙结构不均，小孔隙毛细管力大，水先进入网状孔隙，从而封堵了大孔隙，所以残余气饱和度可高达68%，气体采收率较低。裂缝型储层中水沿大裂缝窜入，且在裂缝中的流速较之在孔隙中的流速大许多倍，因此，也容易造成水封闭气的现象。

2）驱动类型

（1）气驱。

气驱采收率普遍较高，最终采收率主要取决于经济极限产量或废弃压力，也就是说取决于开采工艺技术水平。据统计，美国、加拿大和前苏联的467个气驱气藏，采收率为75.3%～97%。但海上气田和H_2S含量高的气田，由于成本高或防腐脱硫花费大，故废弃压力相对较高，因而最终采收率一般在80%上下。

（2）水驱。

水驱采收率的影响机理比较复杂。近年来，国外对水驱方式的研究，大体可分为3种类型：

①外部水驱。气藏与局部供水区相连，以边水或底水的形式与气藏形成统一的水动力系统，在一定开采速度下，形成不定态水侵方式。这类气藏，在整个开采过程中压力逐渐下降。驱动机理表现为气体弹性膨胀驱和水压驱两个过程。

②内部水驱。在含气边缘内，储层由页岩或泥质岩盖、底、夹层以及砂岩和碳酸盐岩构成，随着地层压力下降，岩石颗粒膨胀、孔隙收缩，释放出其中的共生水，在压力适度的作用下，聚集成可流动水，向压力低的含气带推进，形成内部水驱。这是气藏局部水淹、气井过早出水的主要原因之一。这种驱动方式在异常高压气藏中较为普遍。

③混合驱动。内、外部水驱和气体膨胀驱形成混合驱动，其驱动动态更加复杂。由于储层性质及

其非均质性千差万别、水驱方式又各不相同，因而使得水驱气采收率变化范围很大。有关资料表明，一次开采的采收率可从百分之几到60%，二次开采（从人工助采开始）可提高采收率10%～20%。

例如，前苏联奥伦堡气田，为碳酸盐岩裂缝—孔隙性储层，产层由3个高渗透层（渗透率为2.7～7.6mD，产层厚1.5～1.9m）和3个低渗透层（渗透率0.002～0.098mD，产层厚度69.1～247.7m）构成，90%以上的储量集中在低渗透层中。产层不连续或呈透镜体，构造被断层切割，裂缝或裂缝发育带、厚度及孔隙度和渗透率参数都分布不均。由于储层的非均质性和开采初期采气速度过高，使底水沿裂缝、断层上窜，形成“水窗”，然后沿高渗透层横向水侵。又通过裂缝侵入上、下低渗透产层，形成“水封”，使产层中的气采不出来。底水上窜、边水横侵，再加上气藏内部水驱作用，形成了十分复杂的混合驱动方式，造成气藏和气井过早水淹，一次采收率只有42%。

在地质条件相近的情况下，边水驱采收率高于底水驱采收率，因为控制底水均匀上升比控制边水均匀推进难得多；水驱强度相近的情况下，厚度大，夹层少，渗透率高的产层采收率高。如前苏联秋明地区的乌连戈伊、古勃金等6个气田14个气藏，产层厚36～224m，砂岩层占产层总厚的67%～86%，渗透率300～600mD，最终采收率（预计）可达86%～93%。克拉斯诺达尔边区12个砂岩气藏，产层厚度变化大，渗透率分布不均匀，从0～1000mD，选择性水侵十分严重，被水封闭的天然气占原始储量的15%～50%。其中，玛依柯普气田水淹层的含气量高达50%～60%。列宁格勒气田，用常规的开采方式，无水开采期只采出储量的18.2%，带水采气采出储量的37.7%，一次采收率只有55.9%。

低渗透（渗透率不大于0.1mD）或致密气藏（渗透率0.005～0.1mD）非均质程度高，更容易引起选择性水侵。形成的封闭气区，由于毛细管阻力增大，气相渗透率低，增加了二次开采释放水封气的难度。

3）布井方式

开发实践表明，布井方式对气藏采收率有很大的影响。

根据前苏联的波沃依，乌克兰气区、克拉斯诺达尔边区和中亚细亚等正在结束开发的36个气田的资料，研究得出：稳产期间累计产气量、采气速度、采气强度、井的分布及井网密度、产量递减率及开采年限等参数，与最终采收率有着密切关系。美国对老气田的开发总结也得出类似的经验：影响最终采收率的最主要因素是生产井的分布。

开采实践证明，生产井的分布和井的工作制度对气藏采收率有极大影响。在弹性水驱条件下，一般来说，钻井面积与原始含气面积之比（S_p/S_i）越小，其采收率越高。因为产层厚度最大、孔隙度和渗透率最高的部位是在构造顶部，这里的生产井也离边、底水最远，在合理的生产制度下可获得很高的采收率。

布井方式和井网密度取决于开发层系的性质。对于连通性好的高渗透层（>100mD），美国主张大井距、稀井网开发，规定最大井距1.6km，前苏联为0.7～2.5km。罗马尼亚规定：高渗透区（>100mD）井距为0.7～1km，中渗透区（10～100mD）为0.4～0.5km，低渗透区（<10mD）为0.25～0.4km，致密气藏（<0.1mD）开始时井距较大，后逐步加密至0.27km。

实际开发井距有很大的灵活性，井距的大小，除地质因素而外，还与国家的能源政策、天然气需求量和价格政策有密切的关系。

根据不同的地质条件，采用不同的布井方式。国外通常分为单层开采、层组开采、分区（高渗透区、低渗透区或裂缝系统）开采等方式。

对于非均质较严重气藏，往往会出现高渗透区（通常在构造的高点）和低渗透区。在弹性水驱条件下开采这类气藏，最好在高渗透区采用中央布井或排状布井方式，这样可以延长无水开采期；低渗透区采用均匀布井最为合理，能采出大量的残余气，缩短开采期，为均衡降压采气、开发后期的排水采气及释放水封气创造条件。这种布井方法在前苏联的北高加索、克拉斯诺达尔边区的砂岩气田，以及著名的奥伦堡、谢别林、乌克蒂尔等碳酸岩盐气田上都采用过，取得了良好的开发效果和经济效益。这些气田将主要的生产井部署在产层厚度大、裂缝发育的构造部位或轴线部位，采用中央布井或排状布井系统，然后向边部扩展。这种布井方式对边、底水驱气藏延长顶部气井无水开采期极为有利。前苏联 B.X.Каламук 通过弹性水驱开发气藏的两维数值模拟研究得出，高渗透区采用中央布井或排状布井系统，天然气采收率可高达90%以上，而采用均匀布井方式则只为82%，低产能区则相反，均匀布井的采收率高于中央布井，如图5-1所示。

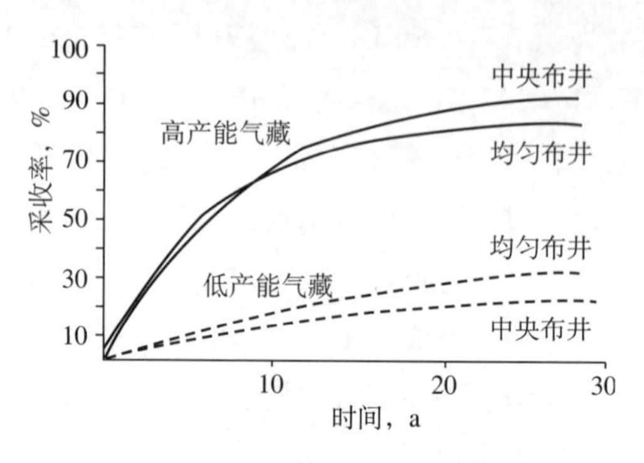

图5-1 高产能及低产能在气藏中央布井和均匀井条件下的采收率变化曲线

4）采气速度

气藏采气速度的确定，除考虑储层性质和气水关系等涉及提高采收率的因素外，还与地面建设规模、开采年限和投资效果、资源保护政策、市场供求状况和不同时期的气体价格政策有关。可见，采气速度的大小并非单纯着眼于采收率的提高，也还受制于许多技术经济因素的影响。但合理的采气速度与合理的井网系统相匹配，的确可以有效地控制气水界面的均匀推进，提高气藏的水驱采收率。

比较均质的水驱气藏，采气速度对采收率没有明显的影响。如前苏联的北斯塔罗夫波尔砂岩气田，稳产10年期间采气速度高达6%～6.9%，最终采收率仍达90%。这类气藏只要措施得当，采气速度对采收率没有明显不利的影响。

非均质弹性水驱气藏，由于地质条件千差万别，故应根据气藏的具体情况确定采气速度。国外大气田（天然气可采储量$280 \times 10^8 m^3$以上），为确保天然气的需求量和长期稳定供气要求，采气速度一般低于中、小气田。如据美国221个大气田统计，采气速度为可采储量的2.5%，前苏联的奥伦堡、谢别林、乌克蒂尔、巴基斯坦的苏伊等气田，采气速度为3%～4%。

中、小气田的采气速度原则上高于大气田，作为大气田稳定供气不足时的补充。

对于地质条件比较复杂的水驱气藏，在储层非均质性影响下，采气速度过高或过低，都会降低采收率；对于储量小、面积也小的这类气藏其影响更大。

美国和前苏联，对大量生产资料进行统计分析，得出气藏在不同开发阶段应采出多少可采储量及采用多大的采气速度。

美国对于112个气田统计分析表明，气田的开采年限一般要求保证供气20年。一个地区的主力气田要求保证30年供气能力。气田分3个阶段安排生产：（1）开采的头10年应采出可采储量的30%；（2）采出50%可采储量的时间为16年；（3）经济开采寿命39年。

前苏联将气田开采分为3个阶段规划生产：（1）产量上升阶段2～5年，采出可采储量的5%～15%，年采气速度2%～3%；（2）稳产阶段10～20年，采出可采储量的50%～60%，年采气速度3%～4%；（3）产量递减阶段，采出可采储量的20%～30%，时间拖得很长，采气速度需根据气藏水侵程度而定。

5）经济因素

气藏的废弃压力取决于经济极限产量。美国是在给定的天然气价格下能够获得税后盈利率15%，便认为开发这个气田是经济的，规定开采总收益的87.5%等于直接操作费用再加上所有作业人员的迁散费和按价税时，认为此时已到达经济极限产量。前苏联是以开采煤（大部分经济区将煤作为最末位的燃料）和运输煤单位折算费用标准与被开采气田的当前折算费用相等时，就应当结束这个气田的开发了。

在评价不同类型气藏最终采收率，确定经济极限产量下的废弃压力时，直接涉及到天然气价格问题，因为不同类型的气藏钻井（只包括投入开发后的钻井）和开采费用相差很大，若用统一的天然气价格来评价不同类型气藏的采收率，则开发难度大、成本高的气田，经济极限产量下的废弃压力必然定得很高，尽管在技术上完全有能力继续降低气藏压力，然而，由于天然气价格问题降低了某些气田最终采收率。

为了鼓励生产部门去开采地质条件复杂的深层气藏、致密气藏，美国按不同地区、气藏埋深、储量等级，制定相应的矿场价格。1993年废除了联邦气价管制法，放开价格，以满足对天然气能源日益增长的需求量。

前苏联制定天然气价格是根据生产价格应等效于成本价格加平均利润的原则，不同地区有不同的矿场价格。如秋明地区为3.38卢布/10^3m^3，边远地区较高，如雅库特为10卢布/10^3m^3，高加索为13.72卢布/10^3m^3。

东南亚的一些新兴产气国家，如印度尼西亚、马来西亚、泰国等，制定天然气价格的原则是成本加平均利润。他们利用外资和引进技术，使这些国家天然气工业迅速发展，一跃成为世界上主要产气国。

合理的天然气价格是发展天然气工业、促进气田开发新理论、新技术不断发展和提高采收率的重要经济保证。

二、凝析气藏废弃压力的确定

如前所述，废弃压力是一个具有技术和经济两方面含义的最小地层压力，或者说是当凝析气藏产量递减到经济极限产量时的地层压力。

自喷开采是以井口流压等于输气压力为条件计算废弃地层压力，增压开采是以井口流压等于增压机吸入压力为条件计算废弃地层压力，此时最小井口流压或等于输气压力（自喷开采），或等于增压流入压力（增压开采）。

废弃压力可以用相关经验公式求取，以下介绍根据临界携液极限流量和单井经济极限产量来计算废弃压力。

1. 临界携液产量法

在确定最小井口压力下，按多相垂直管流如Cullender−Smith方法计算凝析气井井底流动压力：

$$p_{\mathrm{wf}}^2 = p_{\mathrm{wh}}^2 \mathrm{e}^{2S} + \frac{1.324 f q_{\mathrm{mix}}^2 T_{\mathrm{av}}^2 Z_{\mathrm{av}}^2}{d^5}\left(\mathrm{e}^{2S} - 1\right) \tag{5-51}$$

临界携液极限流量方程为：

$$q_{\lim} = 8.64 \times 10^{-4} \frac{\rho_g}{\rho_{gS}} A_T \cdot v \tag{5-52}$$

$$S = \frac{0.03415 \gamma_g L}{T_{av} Z_{av}} \tag{5-53}$$

$$v = \frac{0.2069 \left[\sigma \left(\rho_L - \rho_g \right) \right]^{0.25}}{\rho_g^{0.5}} \tag{5-54}$$

$$\rho_g = 3.484 \frac{p \gamma_g}{ZT} \tag{5-55}$$

$$\rho_{gS} = 1.205 \times 10^{-3} \gamma_g \tag{5-56}$$

式中 p——井内计算点的压力，MPa；

T——井内计算点的温度，K；

p_{wh}——井口流压，MPa；

$q_{\lim}$——临界携液极限流量，$10^4 m^3/d$；

f——油管摩擦阻力系数，无量纲；

d——油管内径，cm；

A_T——内截面积，cm^2；

T_{av}——井内平均温度，K；

Z_{av}——平均偏差系数，无量纲；

ρ_g，ρ_{gS}——分别为p、T条件和标准条件下的气体密度，g/cm^3；

v——井内计算点携液的极限流速，m/s；

Z——p、T条件下的偏差系数；

L——计算点深度，m；

γ_g——凝析气相对密度；

σ——界面张力，mN/m；

ρ_L——液体密度，g/cm^3。

式（5–54）的系数0.2069包括了增值20%安全系数。

一般对凝析油取σ=20mN/m，对凝析油水混合液取σ=60mN/m。在有储层凝析气取样PVT实验数据时，ρ_g、ρ_C可用相态软件包对PVT数据进行拟合后，计算相应温度、压力下的值。

计算时按照最小井口压力以及临界携液产量，计算得到井底流压，然后代入产能方程，求得相应的地层压力即废弃压力p_a。

此方法也仅应用于不产水和原油的凝析气藏，如果采取人工排出井底积液等措施时，废弃压力以及废弃压力下的产量都可进一步的降低。

2. 经济极限产量法

首先将经济极限产量代入式（5–51），求得该产量下的井底流压，然后将所求流压及经济极限产量代入产能方程计算相应地层压力即废弃压力p_a。

计算过程中，临界携液产量与经济极限产量会不一致，应取产量大者进行相关的流压计算。

三、凝析气藏采收率及可采储量计算

凝析气藏可采储量定义为在现有技术和经济条件下，能从探明凝析气藏地质储量中采出的那一部分凝析气储量。

凝析气藏可采储量不仅与气藏类型、储集类型、储层物性、流体性质及其分布、驱动类型、产出能力等自然条件有关，而且与开发方式、井网部署、注气方式、采气工艺、地面工程、气田生产管理水平以及经济条件等人工因素有关[7]。因此它不是一个完全确定的概念，而是随着工艺技术的进步和经济条件的改变而变化的量。从计算凝析气藏探明地质储量开始就要求计算可采储量，为编制开发方案提供依据。随着凝析气藏生产过程的进行和经济技术条件的改善，特别是采用了新技术、新方法，采收率将随之提高，因而应定期计算凝析气藏的可采储量。

凝析气藏可采储量可分为凝析气藏技术可采储量和凝析气藏经济可采储量。凝析气藏技术可采储量指在现有技术条件下，最终可以采出的凝析气量，一般计算到废弃压力时为止。废弃压力是一个具有技术和经济两方面含义的最小地层压力。该最小地层压力必须满足凝析气经济极限产量外输的最低限度要求。而经济极限产量则是只考虑生产成本，按当前经济学规则算出的最低凝析气产量，凝析气藏经济可采储量指在现有技术条件下，按当前经济学规则计算的，可以采出的凝析气量。

凝析气藏技术可采储量，可通过压降法、物质平衡方程、产量递减曲线等方法来确定。压降法只适用于封闭性凝析气藏，而物质平衡方程和产量递减曲线等方法可用于各种类型的凝析气藏。此外，凝析气藏技术可采储量也可通过确定采收率的方法来求得。

凝析气藏经济可采储量计算方法是根据技术经济参数，按投入产出平衡的基本经济原理，编制出凝析气藏现金流通表，计算在累计净现值大于零、年净现金流等于零时年份的累计产量。对于新凝析气藏来说，此累计产量是经济可采储量，对于已开发凝析气藏来说，则是剩余经济可采储量。

凝析气藏可采储量的确定方法有多种，例如：采收率经验选值法、类比法和动态法等。在动态法中又分压降法、物质平衡法、递减曲线法和水驱特征曲线法等。下面主要介绍压降法和物质平衡法。

1. 封闭定容凝析气藏

将废弃视地层压力p_a/Z_{2a}代入方程（5–14），便可求得该凝析气藏的可采储量：

$$G_{gp_a}=G_g\left(1-\frac{pZ_{2i}}{p_iZ_2}\right)\left(\frac{1+R_{MLGp}}{1+R_{MLGi}}\right) \tag{5–57}$$

天然气采收率为：

$$E_{Rg}=G_{gp_a}/G_g \tag{5–58}$$

由式（5–10）可知，凝析油可采储量及采收率为：

$$G_{op_a}=G_oE_{Rg}\frac{R_{MLGp_a}}{R_{MLGi}} \tag{5–59}$$

$$E_{Ro}=\frac{G_{op_a}}{G_o}=E_{Rg}\frac{R_{MLGp_a}}{R_{MLGi}} \tag{5–60}$$

式中 G_{gp_a}——废弃压力时累计采出的干气量，10^8m^3；

G_{op_a}——废弃压力时累计采出的凝析油量，10^4t。

2. 水驱凝析气藏

对于具有天然水驱作用且岩石和流体均可压缩的非定容气藏，其水驱凝析气藏的物质平衡方程式为：

将式（5–23）代入式（5–24）可得到：

$$GB_{gi}=(G-G_{pt})B_{2g}+GB_{gi}(\frac{C_wS_{wi}+C_f}{1-S_{wi}})(p_i-p)+(W_e-W_pB_w) \tag{5-61}$$

其中

$$G_{pt}=G_{pg}(1+R_{MLGi}) \tag{5-62}$$

式中 B_{2g}——凝析气的两相体积系数。

令：

$$\frac{B_{gi}}{B_{2g}}=\frac{p/Z_2}{p_i/Z_{2i}}$$

$$\frac{W_e-W_pB_w}{GB_{gi}}=\omega$$

$$\frac{C_wS_{wi}+C_f}{1-S_{wi}}=C_e$$

$$p_iC_e=C_{ef}$$

$$E_p=C_{ef}(1-\frac{p}{p_i})$$

方程（5–61）化为：

$$\frac{p}{Z_2}(1-E_p-\omega)=\frac{p_i}{Z_{2i}}-mG_{pt} \tag{5-63}$$

$$m=\frac{p_i}{Z_{2i}}\cdot\frac{1}{G} \tag{5-64}$$

令：$\frac{G_{pt}}{G}=E_{Rg}$和$\frac{p/Z_2}{p_i/Z_{2i}}=\psi$，则方程（5–63）变为：

$$\psi\cdot(1-E_p-\omega)=1-E_{Rg} \tag{5-65}$$

将废弃视地层压力（p_a/Z_{2a}）代如式（5–63），即得可采储量：

$$G_{p_a}=\left[\frac{p_i}{Z_{2i}}-\frac{p_a}{Z_{2a}}(1-E_{p_a}-\omega)\right]/m \tag{5-66}$$

$$E_{p_a}=C_{ef}(1-p_a/p_i)$$

将废弃相对压力$\psi_a=(p_a/Z_{2a})/(p_i/Z_{2i})$代入（5–65）式，即得采收率表达式：

$$E_R=1-\psi_a(1-E_{p_a}-\omega)=1-\psi_a+\psi_aE_{p_a}+\psi_a\omega \tag{5-67}$$

式中$1-\psi_a$，$\psi_a E_{p_a}$，$\psi_a \omega$分别对应于弹性气驱、岩石和束缚水弹性膨胀、天然水驱的驱动指数，由此可以进行凝析气藏的驱动能量分析。

参考文献

[1] 袁士义，叶继根，孙志道.凝析气藏高效开发理论与实践［M］. 北京：石油工业出版社，2003.

[2] A . X .米尔扎赞扎杰，等.凝析气田开发［M］.杨培友，等译. 北京：石油工业出版社，1983.

[3] 陈元千.油气藏工程计算方法［M］. 北京：石油工业出版社，1990.

[4] 李士伦，王鸣华，何江川，等.气田与凝析气田开发［M］.北京：石油工业出版社，2004.

[5] 孙志道，胡永乐，李云娟，等.凝析气藏早期开发气藏工程研究［M］. 北京：石油工业出版社，2003.

[6] 杨宝善.凝析气藏开发工程［M］. 北京：石油工业出版社，1995.

[7] 杨通佑，范尚炯，陈元千，等.石油及天然气储量计算方法［M］. 北京：石油工业出版社，1998.

第六章　循环注气开发动态评价及监测方法

气藏动态分析是气藏科学开发和管理的一项重要内容。气藏动态分析的主要任务是掌握气田开发生产状况和地下流体（油、气、水）的分布运动态势，并据此制定开发生产方式和针对性调整措施，以达到满意的开发效果。因此，气藏动态分析是做好气藏开发、不断提高气藏开发效果的重要工作。

气藏动态分析主要包括气藏动态监测和分析两部分：一是采用不同的测试手段和测试方法，准确取得气藏开发过程中动态变化的基础资料；二是在录取资料的基础上，通过对资料进行系统整理，去伪存真、综合分析，找出符合气藏地质特征的开发规律，预测气藏开发的变化趋势和开发指标，从而制定出符合气藏实际的开发技术政策和调整措施，达到改善开发效果、提高油气采收率的目的。

关于一般气田及衰竭式开发凝析气田动态分析的参考资料已经比较多，这里不再赘述，本章重点讲述凝析气藏循环注气开发过程中的动态分析及监测方法。

第一节　凝析气藏开发动态分析评价

一、流体相态变化特征

凝析气藏开发过程中，流体相态在时刻发生变化。决定其相态特征的主要因素有两个，即流体组成与地层压力。在流体组成确定的情况下，开发过程中的压力变化就决定了流体相态特征的变化，从而也决定了最终的开发效果[1，2]。

1. 凝析油含量变化

凝析气藏在降压开发过程中，当地层压力低于露点压力之后就会发生反凝析现象，较重的组分析出后吸附于多孔介质的表面上，从而使产出凝析气中的凝析油含量不断下降、气油比不断升高。图6−1给出了牙哈23E+K凝析气藏凝析油含量及地层压力随时间的变化情况。对于牙哈凝析气田，产出凝析气中凝析油含量的减少是反凝析及气窜共同作用的结果。

2. 露点压力变化

循环注气开发过程中地层流体露点压力出现升高的现象。图6−2为YH23−2−10井PVT样品露点压力的变化趋势。“十五”期间，通过PVT实验发现：露点压力随注入气量增加，使地层流体在高于原始露点压力下出现反凝析现象。但最大反凝析压力和反凝析液量会减小，如图6−3、图6−4所示。

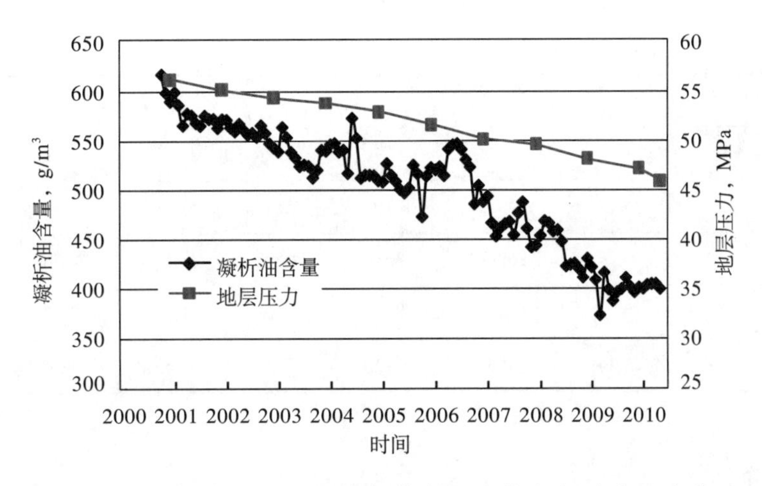

图6–1　牙哈23E+K凝析气藏产出流体凝析油含量变化

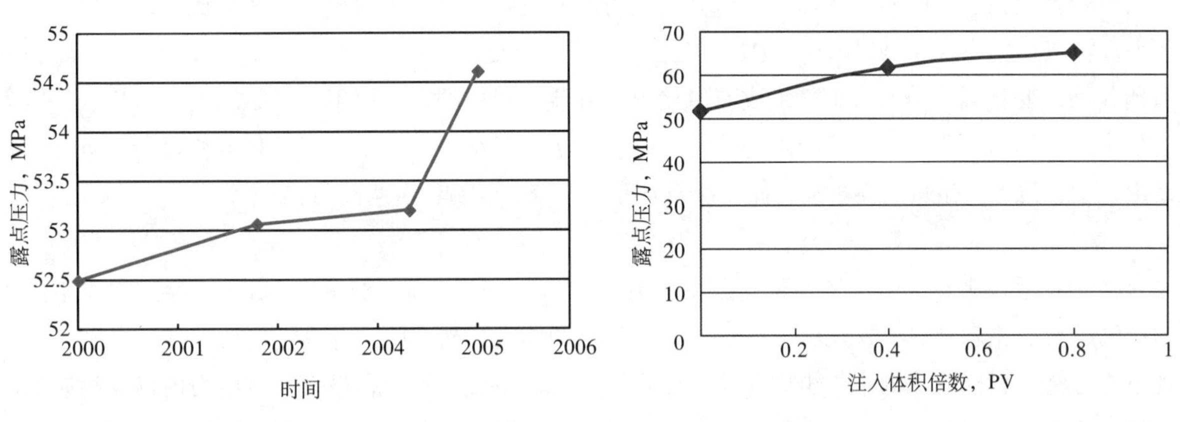

图6–2　YH23–2–10井井流物露点压力变化

图6–3　不同注入体积倍数下地层流体露点压力的变化（实验结果）

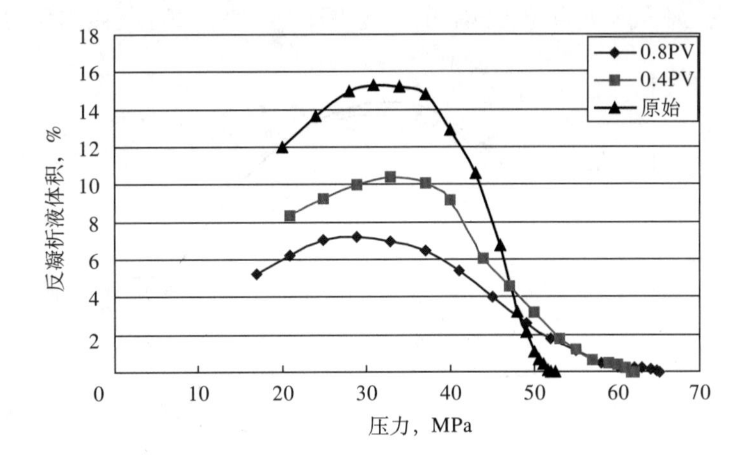

图6–4　不同注入体积倍数下地层流体反凝析液体积的变化（实验结果）

3. 组分变化

随着开发时间的增加，地层压力的下降，井流物中重质组分大幅减少，中间组分略有减少，而C_1含量逐渐增加。表6–1给出了YH23–2–10井井流物组成随时间的变化情况。这是反凝析及部分层发生气窜共同作用的结果。

表6-1 YH23-2-10井井流物摩尔组成随时间的变化

时间	组分摩尔分数，%								
	CO_2	N_2	C_1	C_2	C_3	C_4	C_5	C_6	C_{7+}
1998	0.6	3.12	74.64	8.76	3.51	1.81	0.72	0.56	6.28
2002	0.62	3.26	76.59	8.9	1.83	1.19	0.68	0.59	6.34
2004	0.55	2.87	77.3	8.2	2.35	1.33	0.77	1.81	4.82
2005	0.58	3.24	76.3	8.72	3.1	1.63	0.8	1.67	3.96

4. 相包络线的变化

根据相态模拟及牙哈凝析气田同一口井不同时间井流物样品分析的相包络线对比可以看出，凝析气藏循环注气过程中主要呈现出3种相图变化趋势：第一类是在注入干气影响下露点压力升高、相包络线右侧收缩，变化幅度与注入干气组成及原始凝析气流体组成的不同而不同；第二类是凝析气等容衰竭过程中露点压力下降、相包络线均匀收缩，趋向于干气包络线形态；第三类是取样过程中近井凝析油发生流动，混入一定量的凝析油，此情况露点压力下降，右侧相包络线右移。

1）第一类

众多学者通过实验证明，注入干气会使地层流体露点压力升高。如图6-5所示，通过混入不同体积的干气进行的相态计算，发现注入一定体积干气后的确会使露点压力升高，但持续注入后露点压力出现下降趋势。根据注入的干气组成以及原始凝析气流体组成的不同，最大露点压力值以及相应的混入干气体积也是不同的。根据所取样品，当混入约0.4mol干气时露点压力升高幅度最大。露点压力升高幅度有一定限制，随着干气组分的差异而不同，CH_4使露点压力升高幅度最大，随着回注干气中其他烃类组分的增加，注入干气使露点压力升高的幅度也逐渐减小，直至使露点压力下降。

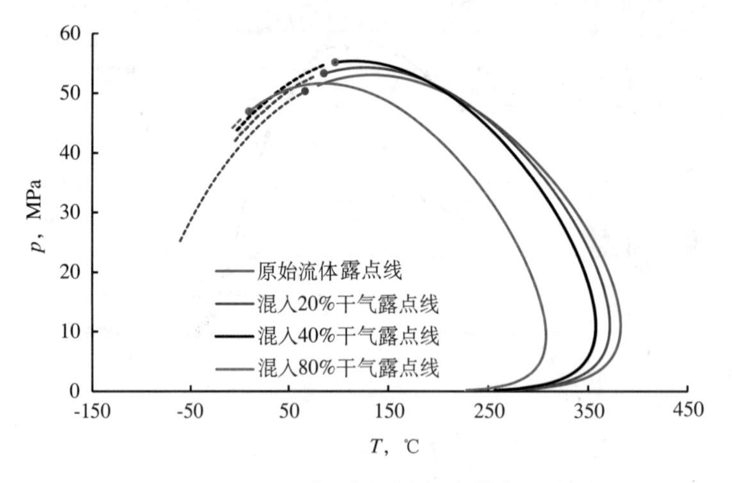

图6-5 混入干气后凝析气流体相图特征

在凝析气藏注气开发的过程中，露点压力升高的现象确实存在，如牙哈凝析气田的YH2-10井，初期生产气油比稳定，2003—2004年间，共计11个月的时间气油比异常升高，认为是计量误差或其他原因，后恢复平稳，自2005年开始气油比升高逐渐加快，同时通过示踪剂监测认为发生气窜。通过2002年与2005年两次流体取样PVT实验来分析，其相图变化特征与上述模拟结果吻合，露点压力升高，相图右侧收缩（图6–6）。

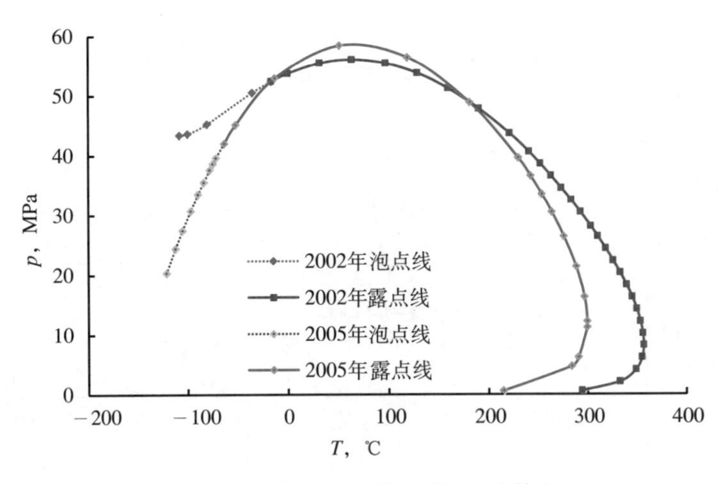

图6–6　YH2–10井取样相图特征

2）第二类

随着开发的进程，当地层压力低于流体露点压力之后，凝析气流体发生反凝析，其中的重质组分首先析出为液体。通过代表性样品的等容衰竭实验得出衰竭过程中气相的流体组成变化，受反凝析的影响，轻质组分如C_1含量逐渐升高，而重质组分如C_{11+}呈减少的趋势。相图计算结果表明，在等容衰竭变化过程中，凝析气的露点在不断下降，相包络线在均匀收缩（图6–7）。

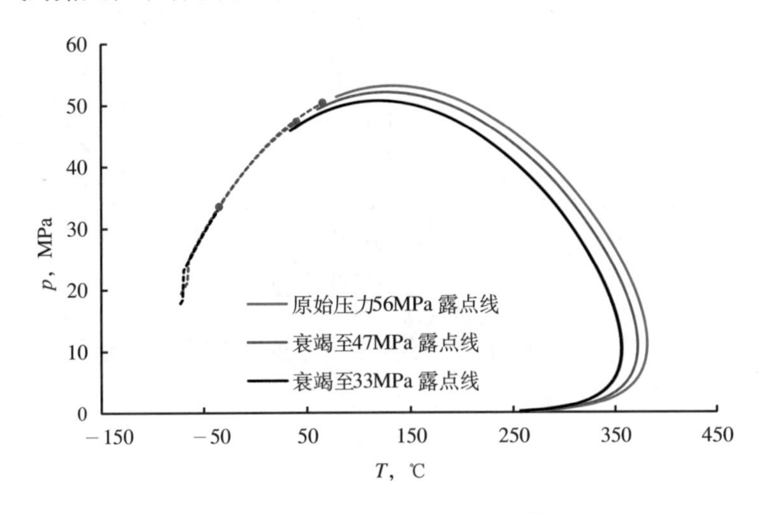

图6–7　等容衰竭相图变化特征

YH1–H1井中气油比上升较缓，反映出这口井并没有受到注入干气窜入的影响，这口井生产凝析油效果较好，最高可达169t/d。图6–8表明了两次实际取样PVT实验结果与这一变化特征相吻合。两次取样结果看，露点略有下降，相包络线均匀收缩。

3）第三类

当凝析液逐渐聚集，达到临界流动饱和度时，地层中会出现气液两相流。而气体在井底附近流速较高，高流速也易产生剥离效应，将凝析液携带出来。在此种情况下取得的样品中重质组分含量会偏高，得到的流体相图特征也会有所不同。因此，这时的取样是将一定比例的凝析油与原始流体的混合物作为流体样品，实验并计算其相图进行分析研究。图6–9为结果对比。混入一定比例凝析油后，混合流体露点压力下降，右侧相包络线右移。

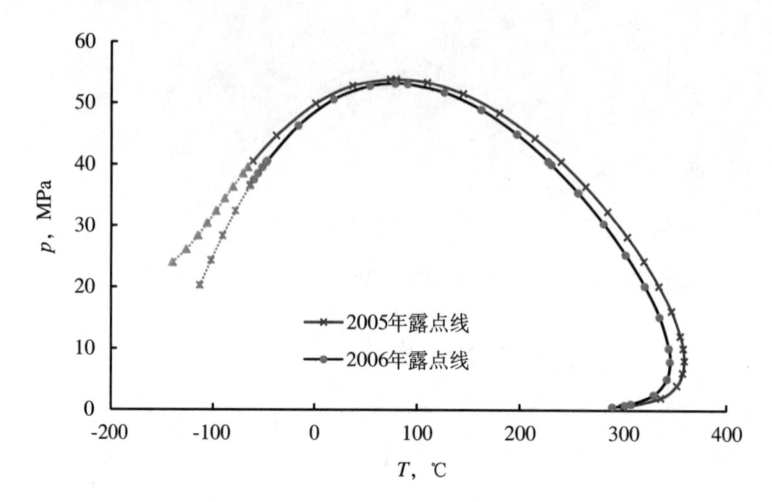

图6–8 YH1–H1井取样相图特征

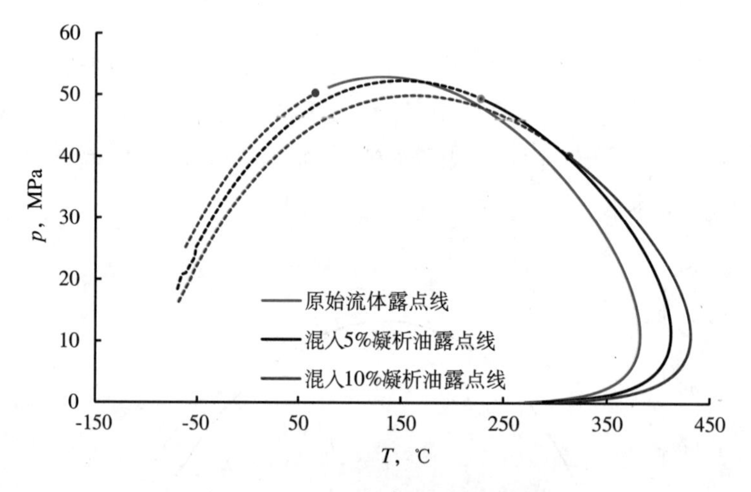

图6–9 混入凝析油相图特征

牙哈凝析气田在近10年的开发中地层压力虽然有较大幅度地下降，并且低于了原始露点压力，但其中YH1–6井的气油比基本没有较大幅度升高，局部时间内反呈下降趋势，无注气突破的影响。图6–10为YH1–6井的两次实际取样的实验相图，其特征与图6–9极为吻合，露点压力下降，右侧相包络线右移。

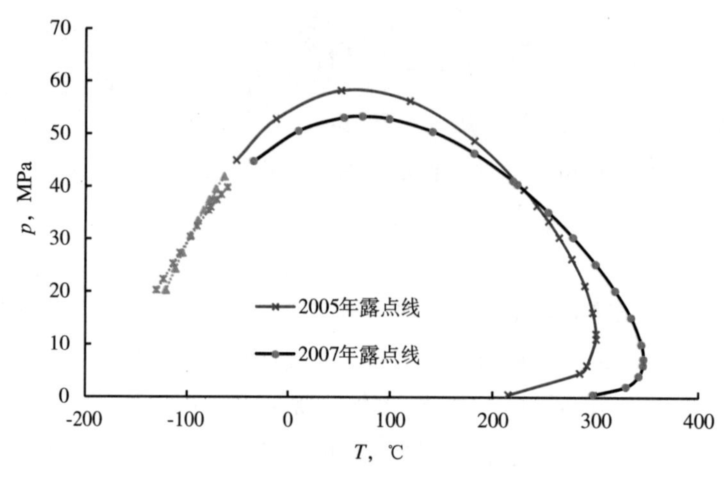

图6–10 YH1–6井取样相图特征

在实际凝析气藏注气开发过程中，流体相态变化既受回注干气的影响，同时也受地层压力下降凝析油析出多种因素的影响，地层中流体组成的分布变的十分复杂，其相态的变化也更为复杂，很难再用一个流体样品来表征。

二、凝析气藏单井控制储量分析

单井控制储量的大小与储层非均质性、井网密度及其分布和各井的工作制度有关，在前二者确定的情况下，决定于各井（包括本井）相对产气量的大小，因而计算得到的单井控制储量并不是一固定值。尽管如此，它对单井动态分析、单井开发效果评价仍然是很有帮助的。单井控制储量可根据试井方法确定，即以下两种基本方法：压差曲线法、压降曲线法[3, 4]。

1. 压差曲线法

压力恢复曲线后期过渡阶段的压差曲线方程式（6–1）：

$$\lg\left(p_e^2-p_{ws}^2\right)=\lg\left(\frac{4.724\times10^{-3}q_{mix}\mu_g ZT_f p_{sc}}{KhT_{sc}}\right)-j\frac{\eta\Delta t}{r_e^2} \tag{6–1}$$

式中　j——单位换算系数：当 Δt 的单位为天时，j=216.8；当 Δt 的单位为时时，j=9.035；当 Δt 的单位为分时，j=0.1506；当 Δt 的单位为秒时，$j=2.51\times10^{-3}$。

p_e——边界压力，MPa；

p_{ws}——关井恢复压力，MPa。

其中：

$$D=\lg\left(\frac{4.724\times10^{-3}q_{mix}\mu_g ZT_f p_{sc}}{KhT_{sc}}\right) \tag{6–2}$$

$$\alpha=j\frac{\eta}{r_e{}^2} \tag{6–3}$$

$$\eta=\frac{K}{\phi\mu S_{gi}C_t} \tag{6–4}$$

$$C_t=C_g+\frac{C_w S_{wi}+C_f}{S_{gi}} \tag{6–5}$$

得到：

$$\lg(p_e{}^2-p_{ws}{}^2)=D-\alpha\Delta t \tag{6–6}$$

气井控制凝析气地质储量为：

$$G_{well}=\frac{13.32\times10^{-3}jq_{mix}p_e}{\alpha mC_t} \tag{6–7}$$

m可根据压力恢复曲线方程得到：

$$m=\frac{4.24\times10^{-3}q_{\text{mix}}\mu_{\text{g}}ZTp_{\text{sc}}}{KhT_{\text{sc}}} \tag{6-8}$$

2. 压降曲线法

适应于拟稳定阶段压降曲线的方程为：

$$p_{\text{wf}}^2=p_{\text{e}}^2-\frac{\zeta q_{\text{mix}}p_{\text{e}}t}{GC_{\text{t}}}-\frac{8.48\times10^{-3}q_{\text{mix}}\mu_{\text{g}}T_{\text{f}}p_{\text{sc}}}{KhT_{\text{sc}}}\left[\lg\frac{r_{\text{e}}}{r_{\text{w}}}-0.326+0.435S\right] \tag{6-9}$$

式中 ζ——单位换算系数：当 t 为天时，ζ=2.0，当 t 为小时，$\zeta=8.344\times10^{-2}$，当 t 为分时，$\zeta=1.390\times10^{-3}$，当 t 为秒时，$\zeta=2.310\times10^{-5}$。

令：

$$\beta=\frac{\zeta q_{\text{mix}}p_{\text{e}}}{GC_{\text{t}}} \tag{6-10}$$

$$E=p_{\text{e}}^2-\frac{8.48\times10^{-3}q_{\text{mix}}\mu_{\text{g}}T_{\text{f}}p_{\text{sc}}}{KhT_{\text{sc}}}\left[\lg\frac{r_{\text{e}}}{r_{\text{w}}}-0.326+0.435S\right] \tag{6-11}$$

得到：

$$p_{\text{wf}}{}^2=E-\beta t \tag{6-12}$$

气井控制凝析气地质储量为：

$$G_{\text{well}}=\frac{\zeta q_{\text{mix}}p_{\text{e}}}{\beta C_{\text{t}}} \tag{6-13}$$

3. 单井控制储量计算实例

根据2002年YH23−2−10井的PVT取样分析资料，p_{pc}=52.29MPa，T_{Pc}=−15.9K，拟对比压力和拟对比温度为：$p_{\text{r}}=p/p_{\text{pc}}$=1.076，$T_{\text{r}}=T/T_{\text{pc}}$=1.6，查表得$C_{\text{r}}T_{\text{r}}$=1.6（图6−11、图6−12），于是拟对比压缩系数为：$C_{\text{r}}=C_{\text{r}}T_{\text{r}}/T_{\text{r}}$=1.0625，得气体压缩系数为：$C_{\text{g}}=C_{\text{r}}/p_{\text{pc}}$=0.02MPa^{-1}，算例中$C_{\text{t}}\approx C_{\text{g}}$。

YH23−1−6井2004年4月开展压力恢复试井，关井前平均日产气量q_{g}=243784m^3/d，日产凝析油q_{o}=153t/d，计算得凝析气产量q_{mix}=268226m^3/d，终恢复压力54.7383MPa，压差曲线图6−13中回归得到α=0.1432，压力恢复曲线图6−14中求得m=4.8466。时间单位为天，系数j=216.8，相关参数带入式（6−7）中计算得到单井的控制储量。

由于牙哈凝析气田井间连通性比较好，压力恢复或压降测试并不同时进行，所以如果按照单井控制储量计算总体储量存在重叠部分。

YH23−1−6井压差曲线法（图6−13）：

$$G_{\text{well}}=\frac{13.22\times10^{-3}\times jq_{\text{mix}}p_{\text{e}}}{\alpha mC_{\text{t}}}=\frac{13.22\times10^{-3}\times216.8\times268226\times54.7383}{0.1432\times4.8466\times0.02}=30.31\times10^8\text{m}^3$$

三、天然水驱凝析气藏循环注气的物质平衡分析

与干气相比，凝析气藏地层压力在低于露点压力后发生反凝析，形成的凝析油附着于多孔介质表面。因此，在凝析气藏的物质平衡计算中必须要考虑凝析油体积的变化。对于凝析气藏的物质平衡计

算有3种方法，一是用两相偏差因子、两相体积系数法，这样建立的物质平衡方程与干气方程的表达式相同；二是用凝析油饱和度表示地层孔隙体积的减少；三是采用等容衰竭实验数据的压降法进行物质平衡计算。以下主要采用两相偏差因子法进行动态分析。

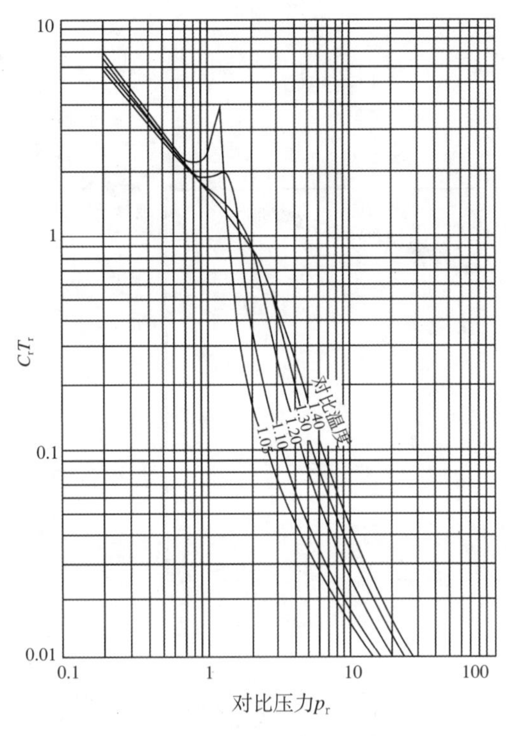

图6-11　天然气在$1.05 \leqslant T_r \leqslant 1.4$条件下$C_rT_r$的变化值

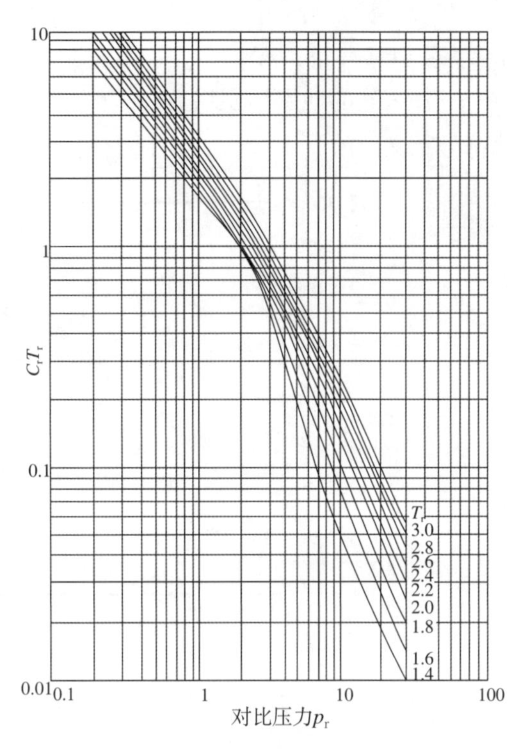

图6-12　天然气在$1.4 \leqslant T_r \leqslant 3.0$条件下$C_rT_r$的变化值

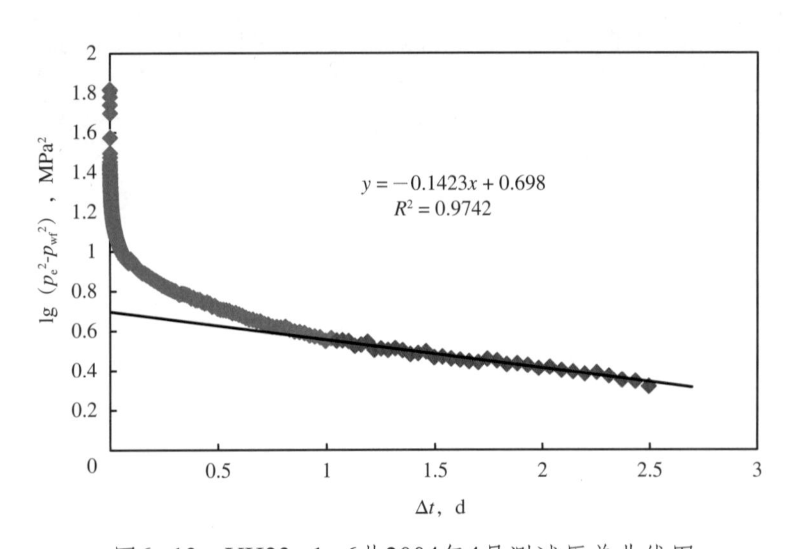

图6-13　YH23-1-6井2004年4月测试压差曲线图

1．天然水驱凝析气藏循环注气的物质平衡方程通式

当地层压力低于露点压力后，凝析气藏流体会有凝析油析出，此时在物质平衡方程中要用到两相体积系数（B_{2g}）、两相Z因子，这些可由流体PVT实验得到。注入气体性质一般变化不大，可依据流体组成或比重求取视对比压力和视对比温度，然后采用Standing-Katz图版查得注入气体的单相偏差因

子。用两相偏差因子表示的物质平衡方程通式如式（6–14）[5]：

$$GB_{2g}-GB_{2gi}+GB_{2gi}(\frac{C_wS_{wi}+C_f}{1-S_{wi}})\Delta p+W_e+G_iB_{ig}=G_{pt}B_{2g}+W_pB_w \tag{6–14}$$

式中　G_i——累计注气量，m^3；

B_{ig}——注入气的地层体积系数；

其他符号意义同前。

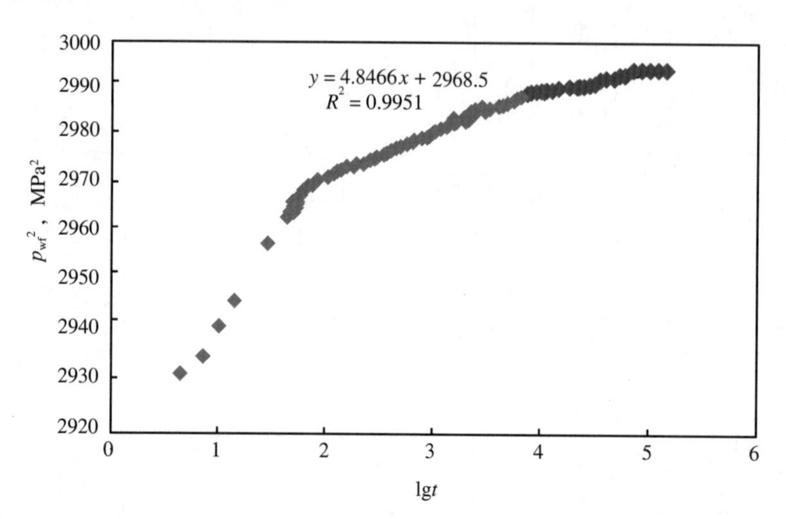

图6–14　YH23–1–6井2004年4月测试压力恢复曲线图

2. 物质平衡方程的求解

1）方法1

式（6–14）中，累计水侵量W_e（m^3）（地下），可用不定态水侵方程式表示为：

$$W_e=B_R\sum\Delta p_eQ(r_D,t_D) \tag{6–15}$$

其中

$$B_R=2\pi r_g^2h_w\phi_wC_t\frac{\theta}{360} \tag{6–16}$$

$$C_t=C_w+C_f \tag{6–17}$$

$$r_D=r_e/r_g \tag{6–18}$$

$$t_D=\alpha t \tag{6–19}$$

$$\alpha=\frac{3.6K}{\phi_w\mu_wC_tr_g^2} \tag{6–20}$$

式中　B_R——水侵系数，m^3/MPa；

r_g——等效气藏半径，m；

h_w——供水区平均厚度，m；

ϕ_w——供水区平均孔隙度；

C_t——供水区总压缩系数，MPa^{-1}；

θ——气藏与供水区接触的夹角，（°）；

$Q(r_D, t_D)$——单位压降无量纲水侵量，由相关函数表或多项式计算；

r_D——无量纲半径；

r_e——供水区半径，m；

t_D——无量纲生产时间；

K——供水区平均渗透率，mD；

μ_w——水的黏度，mPa·s

t——生产时间，d；

Δp_e——气藏边界压降，MPa。

将方程（6–14）改写成以下线性形式：

$$Y = G_t + B_R X \tag{6–21}$$

$$X = \frac{\sum_{j=1}^{n} Q[r_D, t_{Dn-(j-1)}]\Delta p_j}{B_{2g} - B_{2gi} + B_{2gi}(\frac{C_w S_{wi} + C_f}{1 - S_{wi}})\Delta p} \tag{6–22}$$

$$Y = \frac{G_{pt}B_{2g} + W_p B_w - G_i B_{ig}}{B_{2g} - B_{2gi} + B_{2gi}(\frac{C_w S_{wi} + C_f}{1 - S_{wi}})\Delta p} \tag{6–23}$$

$$\Delta p_{ej} = \frac{1}{2}(p_{j-2} - p_j) \tag{6–24}$$

$$p_i = \begin{cases} p_{-1}, j = 1 \\ p_0, j = 2 \end{cases} \tag{6–25}$$

下标j为生产阶段，j=1，2，...，n。

式（6–21）为线性方程，包含两个未知量G、X，可用试差法（逐次逼近法）求解。

利用若干个生产阶段（最好4个或4个以上）的压力和累计采出量以及岩石和流体性质资料，设定r_D和α［方程(6–19)中的系数］的初值，求得不同阶段的水侵量$Q[r_D,t_{Dn-(j-1)}]$，按方程(6–22)、方程(6–23)求得各阶段的X、Y值，判断其是否满足方程(6–21)的线性关系，若不满足，则另设r_D和α值，再计算X、Y值，……，直到出现直线为止，如图6–15所示。

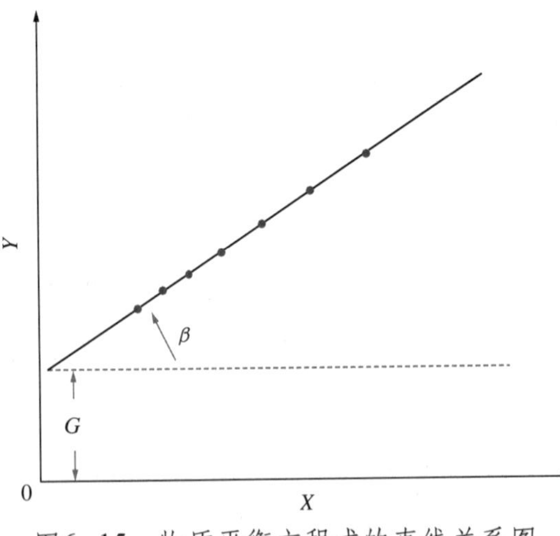

图6–15　物质平衡方程式的直线关系图

此时，可求得以下信息：

（1）直线的截距即为所求的地质储量G。

（2）直线的斜率即为水侵系数：

$$B_R = \mathrm{tg}\beta \tag{6–26}$$

（3）方程（6–16）和方程（6–26）可估算供水区的平均厚度：

$$h_w = \frac{\text{tg}\beta}{2\pi r_g{}^2 \phi_w C_t \dfrac{\theta}{360}} \tag{6-27}$$

（4）由方程（6–18）和方程（6–26）可估得水体体积：

$$V_w = \frac{(r_D{}^2 - 1)\text{tg}\beta}{2C_t - \dfrac{\theta}{360}} \tag{6-28}$$

（5）已知α时，由方程（6–20）可估得供水区的平均渗透率：

$$K = \alpha \frac{\phi_w \mu_w C_t r_g{}^2}{3.6} \tag{6-29}$$

2）方法

将两相偏差系数表达式代入（6–14），由于岩石和水的压缩性远小于气体膨胀能量，简化后得到下式[6]：

令

$$\frac{p}{Z_2} = \frac{p_i}{Z_i} - \frac{p_i}{Z_i} \cdot \frac{1}{G}\left(G_{pt} - G_i \frac{Z_{ig}}{Z_2} - \frac{W_e - W_p B_w}{3.447 \times 10^{-4} \dfrac{Z_2 T}{p}} \right) \tag{6-30}$$

则式（6–30）变成

$$G'_p = G_{pt} - G_i \frac{Z_{ig}}{Z_2} - \frac{W_e - W_p B_w}{3.447 \times 10^{-4} \dfrac{Z_2 T}{p}}$$

$$\frac{p}{Z_2} = \frac{p_i}{Z_i} - \frac{p_i}{Z_i} \cdot \frac{1}{G} G'_p$$

式中 Z_{ig}——注气开发时注入气的单相偏差因子；

Z_i——凝析气在原始地层条件下的偏差因子；

G'_p——凝析气累计亏空，10^8m^3。

累计水侵量W_e仍然用式（6–15）～式（6–10）进行计算。对表中视地层压力p/Z_2与G'_p进行回归求解，得到线性方程，根据斜率k可求得凝析气地质储量为：

$$G = \frac{p_i}{Z_i} \cdot \frac{1}{k} \tag{6-31}$$

3. 物质平衡方程的应用

牙哈23E+K凝析气藏为边底水凝析气藏，采用循环注气开发方式已有十年。气藏动态储量评价及驱动能量分析是气藏动态特征认识十分重要的内容。

地层压力、累计产量两相偏差因子等物质平衡计算相关参数见表6–3。其中两相偏差因子由2002年YH23–2–10井PVT取样实验数据得到，水侵量由水侵公式计算。按式（6–30）回归得如图6–16所示的直线，其斜率k=0.1907，由此可求得牙哈23E+K凝析气藏地质储量为：

$$G = \frac{p_i}{Z_i} \cdot \frac{1}{k} = \frac{56.26}{1.37838} \cdot \frac{1}{0.1907} = 214.03 \times 10^8 \text{m}^3$$

该凝析气藏容积法计算储量为$234\times10^8m^3$，说明计算结果的可靠性。

表6-2　牙哈23E+K凝析气藏注入气偏差因子

时间	地层压力 MPa	地层温度 ℃	临界温度 K	临界压力 MPa	拟对比 温度	拟对比 压力	偏差 因子
2000	56.26	138.60	205.59	4.59	2.00	12.26	1.26
2001	55.24	138.60	205.59	4.59	2.00	12.04	1.25
2002	54.42	138.60	205.59	4.59	2.00	11.86	1.24
2003	53.84	138.60	205.59	4.59	2.00	11.73	1.23
2004	53.02	138.60	205.59	4.59	2.00	11.55	1.22
2005	51.69	138.60	205.59	4.59	2.00	11.26	1.21
2006	50.24	138.60	205.59	4.59	2.00	10.95	1.19
2007	49.68	138.60	205.59	4.59	2.00	10.82	1.18
2008	48.38	138.60	205.59	4.59	2.00	10.66	1.17

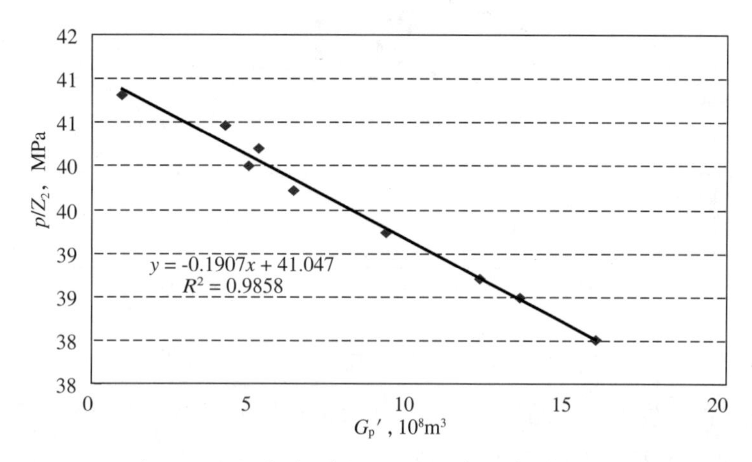

图6-16　牙哈23E+K凝析气藏视地层压力与气藏累计亏空的关系图

表6-3　牙哈23E+K凝析气藏物质平衡法储量计算参数表

时间	p MPa	Z_2	Z_{ig}	p/Z_2 MPa	G_{pt} 10^8m^3	G_i 10^8m^3	W_p m^3	W_e 10^6m^3	G'_p 10^8m^3
2000	55.94	1.378	1.26	40.60	1.08	0.00	0.00	0.0	1.00
2001	55.24	1.365	1.25	40.47	10.38	5.77	0.00	0.15	4.00
2002	54.42	1.354	1.24	40.19	18.65	12.36	0.00	0.40	4.97
2003	53.84	1.346	1.23	40.00	26.91	19.94	0.00	0.71	4.90
2004	53.02	1.335	1.22	39.72	35.37	25.30	0.00	1.2	6.58
2005	51.69	1.317	1.21	39.25	44.58	29.31	0.00	2.0	9.28
2006	50.24	1.298	1.19	38.71	54.46	33.50	0.00	3.1	11.77
2007	49.68	1.290	1.18	38.51	64.56	39.37	0.00	3.9	13.83
2008	48.38	1.273	1.17	38.00	76.68	42.83	0.00	6.2	15.91

第二节 循环注气动态监测方法

一、压力监测

压力变化对凝析气藏的开发有着至关重要的作用，因而压力监测是凝析气藏开发过程中的一项重要任务。按照《凝析气藏开发资料录取规范》要求，对于控制气藏压力分布的定点测压井，每半年下压力计测量一次单井地层压力、流动压力（含井筒压力梯度）；非定点测压井，每年测量一次地层压力及流动压力。牙哈凝析气田投产以来，压力监测基本上保证每口井1年1个静压点、2个流压点，充足的压力监测成果是研究牙哈凝析气田的开发动态特征非常宝贵的资料（图6−17）。一方面可以分析判断井筒内流体性质变化，另一方面可分析判断地层流体的相态变化[7, 8]。

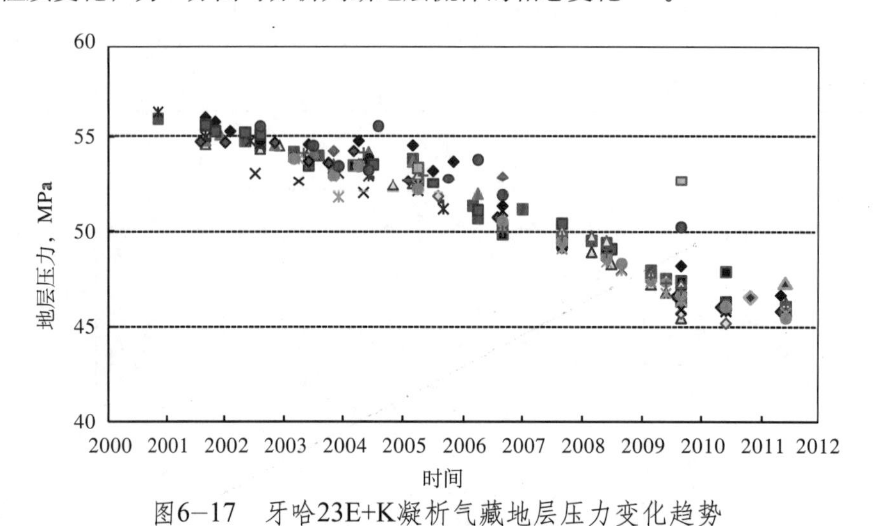

图6−17 牙哈23E+K凝析气藏地层压力变化趋势

由于采用循环注气的开发方式，回注干气就成了补充地层能量极其重要的一部分，图6−18是N_1j和E+K两个气藏回注率和地层压力随时间的变化情况。由图可看出，2004年参与西气东输供气前回注率最高，各气藏地层压降相对平缓，地层压力随时间近似成直线关系下降。2004年9月间歇注气后，与输气前相比，N_1j、E+K开发单元回注率平均分别减少33%、45%，地层压力曲线均出现拐点，下降速度加快，尤其是E+K凝析气藏。

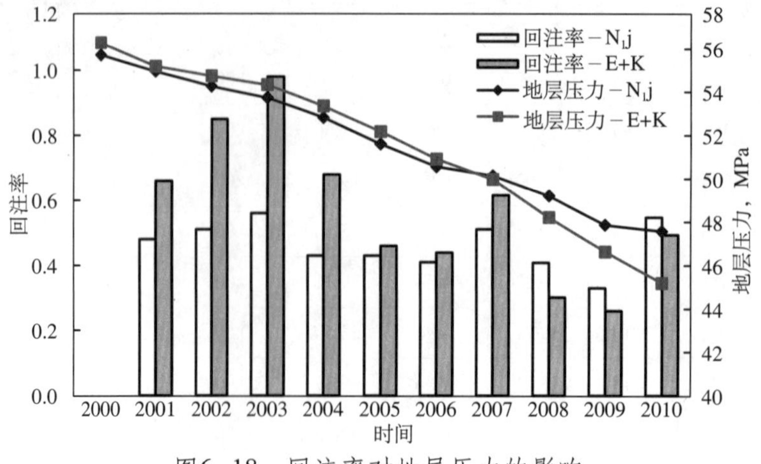

图6−18 回注率对地层压力的影响

二、流体相态监测

凝析气田的开发决策依赖于对该气田流体和相态特征的认识，只有正确地认识了地下流体的相态特征，才能制定出合理的开发方案和开发调整方案，并准确地预测凝析气田的开发动态[9]。

按照《凝析气藏开发资料录取规范》要求，对于正常生产井每季度取油、气样各一次进行分析，定点井每年两次地面高压物性取样分析。这样可以研究流体相态的变化情况，由于是定点井取样，便于分析对比。

相态监测具体体现在流体取样和分析上。在牙哈凝析气田方案设计阶段，虽然取了近20支PVT样品，但每个气藏只选了一支比较有代表性样品的分析结果用于开发方案设计。在牙哈凝析气田开发方案实施阶段，为了验证方案设计时所选样品的代表性，重新在YH23−2−10井进行了取样。

在开发阶段，虽然在定点井也取了一些PVT样品，但是样品的取样频率不够，给流体相态特征研究带来了一些困难。

三、产出水及水侵监测

对于有水气藏，确定水体活跃程度及水侵量大小是开发研究的基础。开发过程中，由于气层压力不断下降，导致外围的地层水逐渐侵入气藏，有时突入井底，使气井产水，气水两相流动增加了渗流阻力，使气井产量急剧下降，甚至水淹，明显降低气藏的采收率。

气水界面移动的监测可以通过专门设置的观察井来实现。目前牙哈23凝析气藏主要通过水的分析资料，根据其矿化度的不同来判别产出水是地层水（来自边、底水）还是凝析水。若为地层水，说明气水界面已侵入该井，若为凝析水，则该井仍在进行无水生产。

利用地质和生产动态数据可以判断气藏的封闭性及水体活跃程度。对比分析可知，正常压力系统的定容气藏，视地层压力（p/Z）与累计产气量（G_p）之间呈直线关系，如图6−19所示。对于这类气藏，可以利用压降图（$p/Z—G_p$关系图）的外推或生产数据的线性回归确定气藏的原始地质储量。而对于正常压力系统的水驱气藏，视地层压力（p/Z）与累计产气量（G_p）之间将不存在直线关系。进一步分析表明，随着气区内存水量（$W_e—W_pB_w$）的增加，气藏视地层压力下降率随着累计产气量的增加而减小，即$p/Z—G_p$之间的关系为向上弯曲的曲线（图6−19）。

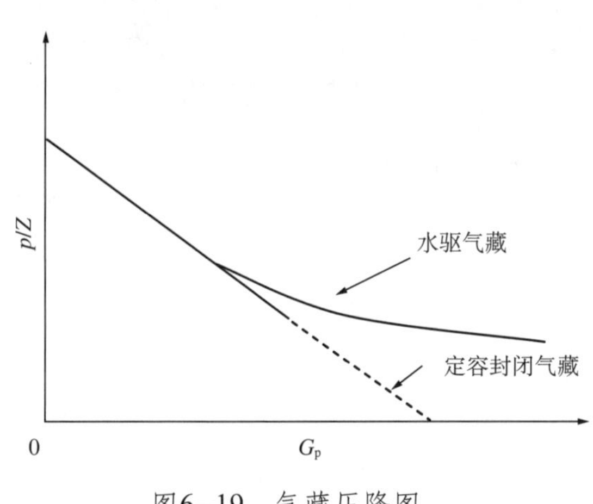

图6−19　气藏压降图

四、示踪剂监测

利用示踪剂可以监测注入气的推进方向及速度，判断气层连通程度、单层突进、注入气的波及情况等，并给出生产井受效情况和储层非均质性的解释，为开发效果评价及开发调整提供依据[10]。

凝析气藏循环注气开发初期应该在注气井注入不同的示踪剂，以便判断生产井气窜方向及来源。

牙哈凝析气藏在开发初期由于受经济条件制约，没有注入示踪剂，但是后来在生产中进行了补救，也取得了一定的效果。

牙哈23凝析气藏第一次开展示踪剂测试是2004年7月在YH23−1−8和YH23−1−16井组上进行的，分别注入了两种示踪剂2540kg和6275kg，到2005年8月基本上没有监测到示踪剂响应。为了评价注采状况，2006年又重新进行了井组示踪剂测试，取得了比较好的结果。

2006年4月26日在YH23−1−12井组注入示踪剂QT−2。该井组4口监测井中有3口井（YH23−1−14、YH23−2−14、YH23−2−10）见到了示踪剂QT−2显示，1口（YH23−1−10）没有见到示踪剂显示，表6−4给出了示踪剂在各监测井中的突破时间以及推进速度。

表6−4 YH23−1−12井组示踪剂突破时间、推进速度统计表

注气井	生产井	井距 m	示踪剂突破时间 d	推进速度 m/d
YH23−1−12	YH23−1−14	1118.77	206	5.43
	YH23−2−10	1189.72	256	4.65
	YH23−2−14	1342.88	256	5.24
	YH23−1−10	1099.30	未见示踪剂显示	

YH23−1−12井组成功后，于2006年10月又在YH23−1−16和YH23−1−20井组进行了示踪剂测试，分别注入QT−1、QT−3。到2007年7月25日监测结束。井间示踪剂监测取得的成果见表6−5、表6−6。从表中的结果可以看到：所监测7口采气井中，有5口井见到示踪剂响应，占71.43%。

从图6−20可以看到，YH23−1−12井组中YH23−1−14井、YH23−2−10井、YH23−2−14井3口井见到示踪剂显示；YH23−1−16井组中YH23−1−14井、YH23−1−18井见到示踪剂显示；YH23−1−20井组中YH23−1−18井见到示踪剂显示。由于YH23−1−10井关井，未取到样品，该井是否受YH23−1−12井注气影响，还不能确定。双向受效井有2口，为YH23−1−14井和YH23−1−18井。

从示踪监测结果来看，牙哈23凝析气藏注气开发效果很好，受效程度高，但气窜情况比较严重。

表6−5 YH23−1−16井组示踪剂突破时间、推进速度统计表

注气井	生产井	井距 m	示踪剂突破时间 d	推进速度 m/d
YH23−1−16	YH23−1−14	945.81	149	6.35
	YH23−1−18	1218.47	212	5.75
	YH23−2−14	1227.69	—	—
	YH303	1022.39	—	—

表6−6 YH23−1−20井组示踪剂突破时间、推进速度统计表

注气井	生产井	井距 m	示踪剂突破时间 d	推进速度 m/d
YH23−1−20	YH23−1−18	1104.045	219	5.04
	YH23−1−22	1085.304	—	—
	YH303	2108.407	—	—

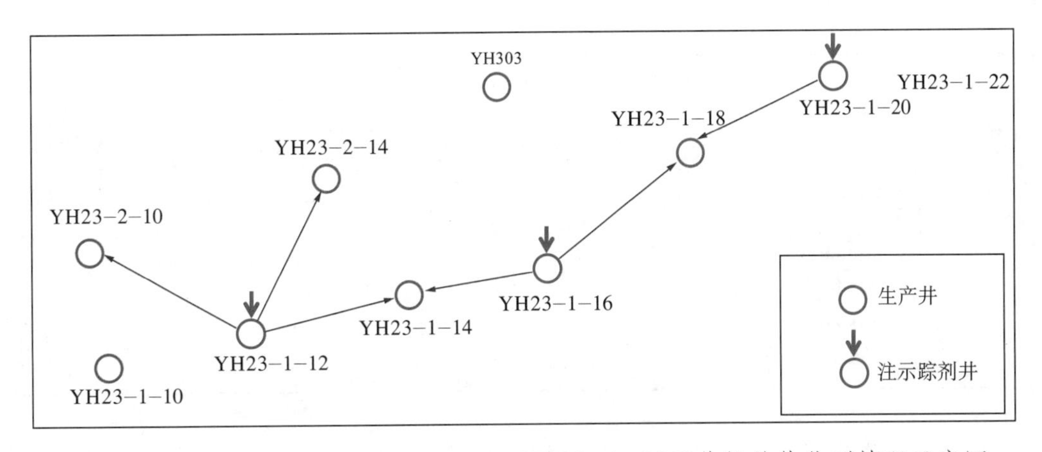

图6−20　YH23−1−12、YH23−1−16、YH23−1−20三井组总体监测情况示意图

五、产气注气剖面监测

剖面测试是生产测井技术的一种，通过它可以认识地层的产出、注入状况，了解层内及层间的非均质特征，为调整注入和生产措施提供依据[11, 12]。按照《凝析气藏开发资料录取规范》要求，定点井每年测一次产气剖面，其他井2～3年测量一次。另外，气井增产措施后，应该录取产气剖面资料；见水初期或气井突然大量产水、产气及产量突变时，应及时进行剖面测井；生产井气油比变化较大时，立即测产气剖面，监测流体密度变化。关于注气剖面要求：定点注入井每年测一次注入剖面，其他井每2～3年测一次；注入井注入量出现明显下降时，应立即测注入剖面；注入井措施改造后，也应及时录取注入剖面资料。

牙哈凝析气田每年都进行多井次的产气、注气剖面测试，准确地认识了射孔层的产气和注气状况，测试表明储层层内及层间产量相差较大，非均质性突出。

1. 生产井

牙哈凝析气田产气井层内非均质性矛盾突出，大部分井物性较好的层相对产气量非常高，且每次测试结果变化不大，而物性较差的层产气量很小，典型的例子见表6−7。

表6−7　YH23−2−10井产气剖面测试结果

层位	射孔井段 m	不同时间的气相对产量，%					分层相对产量 %
		2001.11	2002.05	2003.09	2005.03	2006.05	
E	5134.5～5138.0	14.4	23	12.1	20.9	16.9	98.5
	5138.0～5140.0		0	0			
	5140.0～5142.0		0	3.9			
	5142.0～5144.5		0	0			
	5144.5～5148.5	78.5	43.1	35.1	40.8	48.6	
	5148.5～5154.0		9.2	10.6	15.9	17.3	
	5154.0～5158.5		14	18.4	11.6	5	
	5158.5～5166.5		0	0			
	5166.5～5168.5	6.7	0	5.1			

续表

层位	射孔井段 m	不同时间的气相对产量，%					分层相对产量 %
		2001.11	2002.05	2003.09	2005.03	2006.05	
E	5168.5～5170.0	6.7	7.6	0			98.5
	5170.0～5173.0			14.2	9.1	11.6	
K	5178.5～5184.0	0.4	3.1	0.5			1.5
	5184.0～5189.0			0.1	1.7	0.6	
合计		100	100	100	100	100	

2. 注气井

表6-8为YH23-1-12井的注气剖面测试结果，可以看出注气井层内非均质性矛盾也比较突出，E层与K层相比，主要吸气层为E层，K层的相对吸气量较低。

表6-8 YH23-1-12井注气剖面测试成果

层位	射孔井段 m	不同时间的气相对注入量，%			分层相对吸气量 %
		2005.4	2006.5	2008.7	
E	5108.25～5120.0	9.8	3.2	0	86.06
	5120.0～5125.0	6.96	5.0	7.6	
	5125.0～5127.5	0	0	0	
	5127.5～5130.0	4.64	14.7	12.0	
	5130.0～5133.75	69.59	63.7	61.0	
K	5135.75～5139.0	0.81	0	0	13.94
	5139.0～5143.75	1.55	5.8	9.4	
	5147.75～5162.25	2.42	2.2	0.0	
	5165.75～5170.0	0.11	1.4	0	
	5170.0～5174.75	4.12	4.0	10.0	
合计		100	100	100	

六、气窜判别方法

对于循环注气开发的凝析气藏，如果在循环注气过程中只是部分保持压力，那么当地层压力低于露点压力后，地层中会出现反凝析，导致气油比上升。而气窜后也会引起气油比、凝析油含量等生产特征参数的上述变化。下面根据牙哈凝析气藏循环注气开发过程中判别气窜的经验，介绍两种判别气窜的方法。

1. 气油比方法

未气窜井的气油比呈缓慢上升趋势（图6-21），而气窜最明显的特征是气油比快速升高（图6-22）。牙哈凝析气田已气窜井的气油比变化特征比较明显，气窜后气油比出现一个拐点，并且后面线段的斜率是前面的3倍，也就是说见气后气油比上升的速度是未见气时的3倍，如图6-23所示。

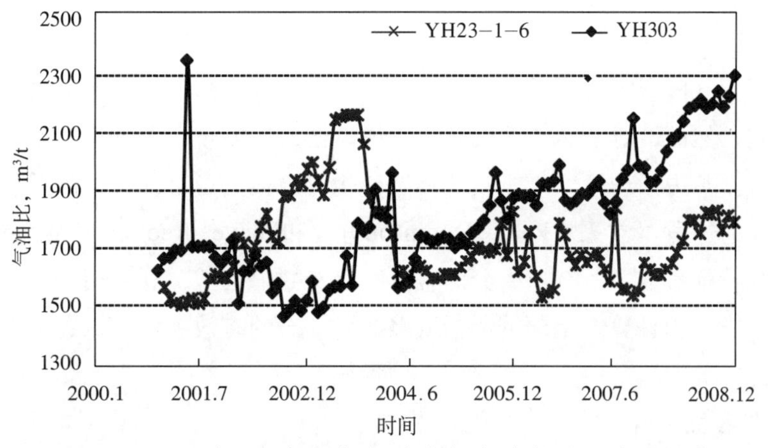

图6-21　牙哈23E+K凝析气藏未气窜井气油比变化趋势

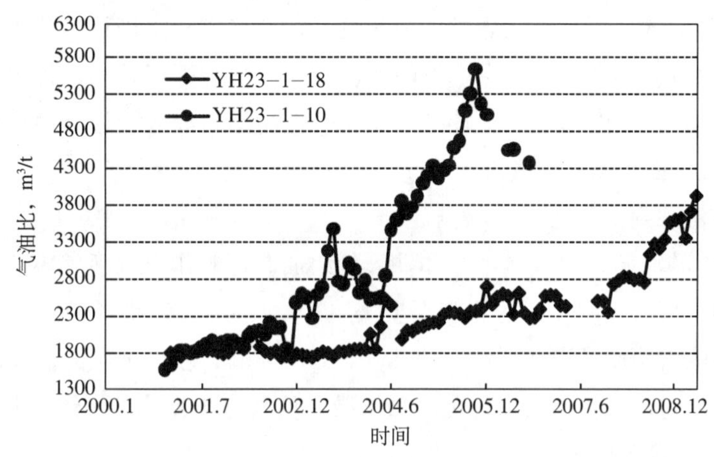

图6-22　牙哈23E+K凝析气藏气窜井气油比变化趋势

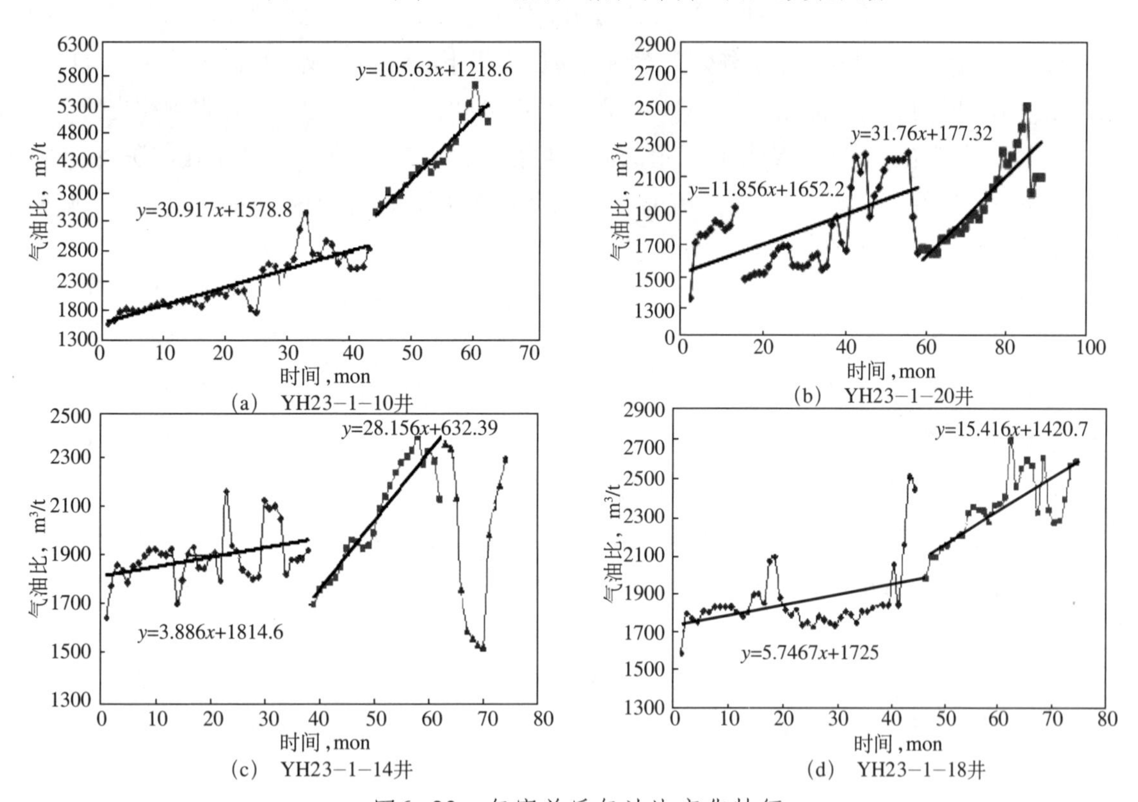

图6-23　气窜前后气油比变化特征

2. 图版判别法

反凝析现象是凝析气田衰竭式开采的重要特征，为了减少凝析油的地下损失，通常采取循环注气保持压力的开采方式。然而，对于循环注气开发来说，注入气突破后生产井井流物中注入气所占比例的监测比较困难。根据热力学理论，凝析气的相态变化可以根据多组分烃类体系的气、液相平衡，应用质量守恒方程和状态方程（常采用Peng−Robinson方程和Soave−Redlich−Kwong方程）进行模拟计算，得出的状态方程特征参数及所有拟组分的临界特征参数。当前，利用相态分析软件包对多组分流体性质进行复杂热力学模拟计算，是预测凝析气藏开发动态的有效手段之一。下面探讨利用图版判别凝析气藏气窜的方法[13]。

1）地层流体PVT参数拟合

凝析气藏代表性样品的获取既是流体相态特征研究的重要基础，也是制作预测气窜图版的基本条件。在YH23−2−10井E层取得了具有代表性的凝析气样，并在实验室进行了分析。利用相态软件包对该样品PVT数据进行拟合，着重拟合了生产气油比、露点压力、等容衰竭过程中凝析气采出程度以及凝析油体积与烃孔隙体积之比的变化。上述拟合结果与实验结果非常接近，表明该流体样品可作为制作判别牙哈凝析气藏气窜曲线图版的基础。

2）图版的制作方法和判别步骤

利用牙哈凝析气田的原始地层流体组成和注入气组成，可制作出判断气窜的气油比与压力及C_1和C_{7+}含量与压力的关系图版，其制作方法和判别步骤如下。

（1）取得代表性的气藏原始流体样品，进行室内PVT实验，获得准确的流体PVT实验参数。

（2）应用相态软件包，拟合地层流体的各项参数，使其与实验结果一致，即拟合结果能真实反映出该流体在不同压力、温度条件下的相态变化。

（3）对于原始气藏流体，选取不同的地层压力级别，利用相态软件包分别计算出等容衰竭到每一压力级别时各组分的气相和液相摩尔分数，然后对该压力级下的气相组成进行闪蒸计算，得出地层压力降至该压力级别时的生产气油比和C_1、C_{7+}含量。对应不同的地层压力级，可以得到相应的生产气油比和C_1、C_{7+}含量的数值，将这些数据用平滑的曲线连接起来，就作出了生产气油比与压力、C_1及C_{7+}含量与压力关系曲线图版上的0倍曲线。0倍曲线的含义就是注入气还没有突破时，气藏流体随地层压力变化而呈现的生产气油比、C_1和C_{7+}含量的变化。

（4）脱出凝析油和轻烃后的天然气作为注入气，采用同样方法可以作出上述3种图版上的0～1.0倍曲线。

（5）分别把注入气与气藏流体按不同体积混合，作出曲线图版上的0～1.0倍之间的曲线，得到一系列气油比与压力、C_1以及C_{7+}含量与压力的关系图版。该图版不仅考虑了产出井流物中注入气所占体积分数的变化，同时也考虑了压力下降过程中凝析气组成的变化。

（6）将采气井某一时刻的生产气油比和C_1、C_{7+}含量的数据标注在图版上，就能很容易地判断出注入气的突破时间和产出井流物中注入气所占的体积分数。

3）图版的应用

以牙哈凝析气田生产气油比变化较大的YH23−1−10井和基本无变化的YH23−1−22井为例，从数值模拟结果中提取其生产气油比及产出井流物中C_1和C_{7+}含量数据，分别绘制在相应图版上。图中，从原始压力到A点为历史拟合数据，A点之后为模拟数据，应用上述图版可方便地判断气窜与否以及气窜时的地层压力和气窜量的大小。

（1）气油比图版。

图6–24为生产气油比随地层压力的变化曲线。2004年9月YH23–1–10井生产气油比为2934m^3/m^3，地层压力为52.6MPa，产出井流物中注入气所占体积分数为0.7，即70%的注入气，表示该井气窜已非常严重。YH23–1–22井的生产气油比较低，地层压力为51.82MPa，生产气油比在图6–24中处于0线附近，表明该井还没有气窜。

对于循环注气开发的凝析气藏来说，气油比上升主要有3方面原因：①地层压力或井底流压低于露点压力，储层中产生反凝析，井流物组分变贫；②生产井产量低于最小极限携液产量；③注入气窜到生产井使气油比升高。

在气藏投产早期，如果生产井气油比普遍上升，说明地层压力或井底流压已经低于露点压力，发生了反凝析；如果仅个别低产井气油比上升，则表明井底可能产生了积液；在生产比较平稳、地层压力缓慢下降的情况下，气油比上升幅度通常与地层压力下降幅度大致呈正比，在直角坐标系中气油比上升速度与时间基本呈直线关系，如果气油比上升速度明显偏离直线关系，则该井可能发生了气窜，YH23–1–10井就属于这种情况。

（2）组分图版。

图6–25和图6–26分别为C_1和C_{7+}含量随地层压力的变化曲线。2004年9月，YH23–1–10井地层压力为51MPa，产出井流物中注入气所占体积分数在C_1和C_{7+}含量与压力图版上均处于0.7～0.9之间，即相当于产出井流物中注入气占70%～90%，表明注入气已推进到该井井底。YH23–1–22井产出井流物中注入气所占的体积分数在C_1和C_{7+}含量与压力图版上均位于0线附近，表明该井还未发生气窜。

（3）图版的应用

根据上述方法判断牙哈23E+K凝析气藏已气窜的井有YH23–1–10、YH23–2–10、YH23–1–14、YH23–1–18，与示踪剂测试和数值模拟计算的气窜结果是一致的。

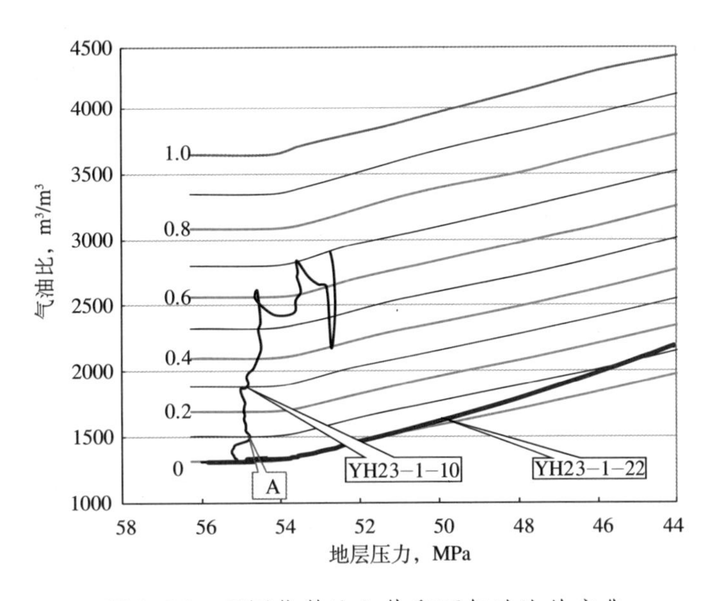

图6–24 不同倍数注入体积下气油比的变化

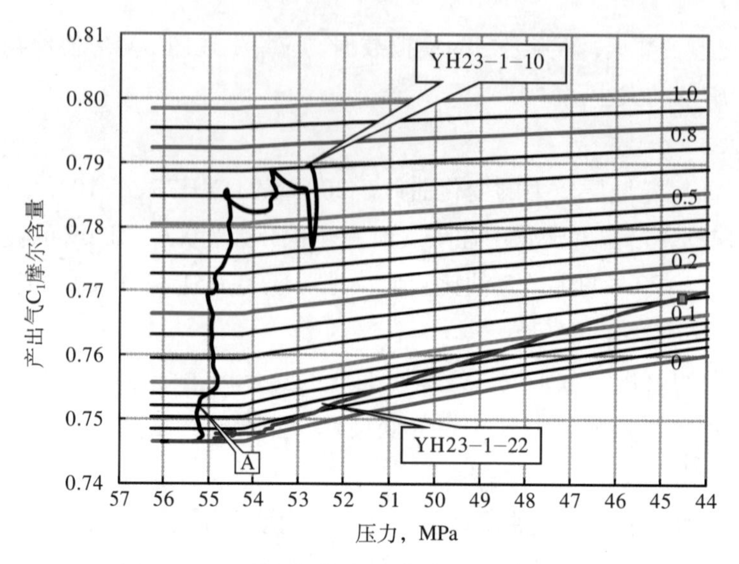

图6-25 不同倍数注入体积下C_1含量的变化

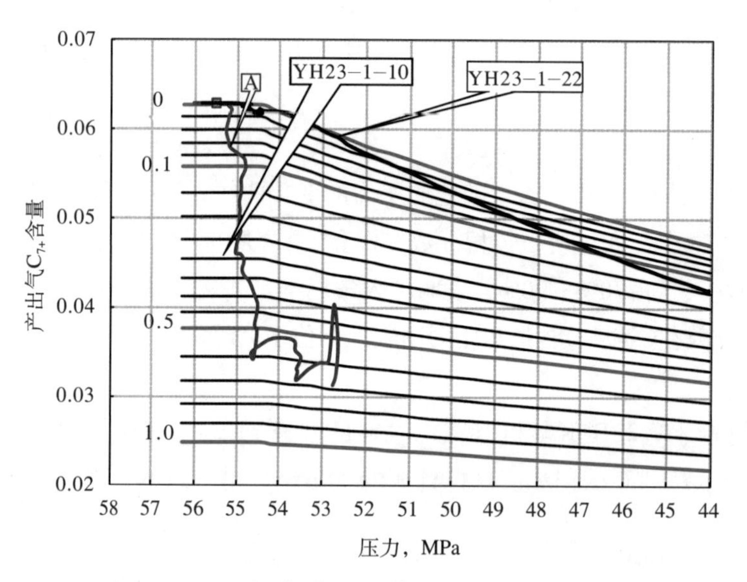

图6-26 不同倍数注入体积下C_{7+}含量的变化

第三节 循环注气微观机理研究

注水开发是提高油藏采收率的重要方式，水驱油的相关理论已经较为完善。假设气层内平均地层压力近似为常数，忽略气体的可压缩性，水驱油的相关理论就可以应用到气驱气的评价分析中。干气驱湿气可近似为流度比为1的混相驱替[14—17]。两种气体的组分虽差别较大，但主要成分都是甲烷，且黏度比的影响可忽略不计。因此，如果地层压力保持在露点压力以上进行循环注气，驱替效率可认为是100%。以下分别介绍微观混合、黏滞指进、重力超覆、高渗透条带等对循环注气的影响，并建立注气驱替的组分模型进行定量分析。

一、微观混合

分子扩散和微观对流分散使地层流体形成干湿气的混合带。分子扩散作用是由于注入气与气藏气在接触面法线方向上组分浓度的变化而引起的，注入气的分子依靠本身的分子热运动，从高浓度带扩散到低浓度带，最终趋近于平衡状态。分子扩散现象时刻进行，并能明显地观察到。

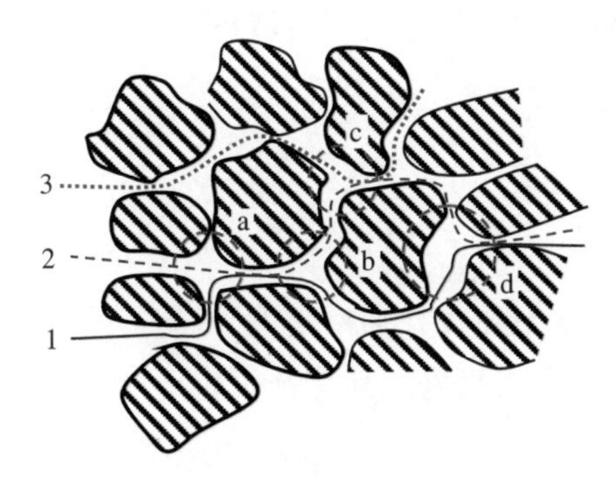

图6–27 微观对流分散

微观对流分散现象是由于多孔介质孔隙结构的复杂性引起的。注入气质点在孔道中的运动方向和速度都是变化的，因此也促使注入气在多孔介质中的分散作用。微观对流分散作用可用“混合腔”理论来说明。图6–27中的流线1、流线2和流线3均是顺着曲折路线通过孔隙介质。

二、黏滞指进

通常湿气黏度大于干气，湿气和干气黏度比的范围约为1.1～2。黏度的差异使驱替前缘变得不稳定，而地层非均质性也加剧了驱替前缘的扰动。

黏滞指进对驱替效率的影响可以用Van Meurs和Van der Poel理论加以评价。它描述了在二维长方形地层剖面中的黏滞性指进现象[18]，如图6–28所示。

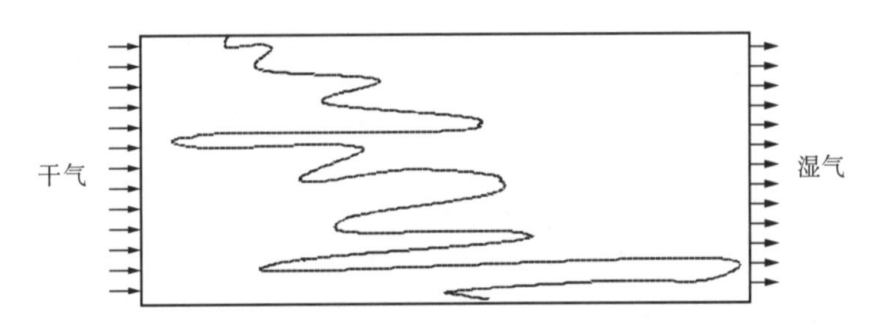

图6–28 气藏中的黏滞指进现象

忽略微观混合、重力作用、垂向流动，并且压缩性的影响非常小。在此假设条件下，黏滞指进可用一元一次偏微分方程来描述，方程可用解析方法求解，得出黏滞指进带长度表达式为：

$$L_{\mathrm{v}} = x_{\mathrm{f}} - x_{\mathrm{r}} = \frac{q_{\mathrm{mix}} t}{\phi h w}\left(M - \frac{1}{M}\right) \tag{6–32}$$

其中

$$M=\mu_{\mathrm{w}}/\mu_{\mathrm{d}} \tag{6–33}$$

式中 M——湿气与干气的黏度比；

μ_{d}、μ_{w}——分别为干气、湿气的黏度，mPa · s；

x_{f}、x_{r}——驱替前缘、驱替后缘，m；

L_{v}——黏滞指进带长度，m；

h、w——地层厚度、地层宽度，m。

方程（6–32）表明，对于恒定的注气速度，黏滞指进带的长度随时间呈线性增加。当注气量为单位孔隙体积$q_{\mathrm{mix}}t=\phi Lhw$时，黏滞指进的距离变为：

$$L_v/L=\left(M-\frac{1}{M}\right) \tag{6-34}$$

式中 L——地层长度，m。

由方程（6–34）看出当黏度比为1时不会发生介面扰动。当黏度比小于1时，驱替过程是无条件稳定的。

三、重力超覆

重力超覆是由于干气密度较低而使干气趋于向上移动。湿气、干气密度比通常是大于1的，因此，干气驱替过程一般为非稳定的重力超覆，也更易于造成重力超覆和黏滞指进。其综合效应是形成单一黏滞指进，也称为重力舌进，它沿地层的顶部运移并且绕过湿气（图6–29）。

若假设压缩性影响忽略不计，可借助Dietz重力舌进理论来描述出现在二维矩形流动构型中的一种非稳定重力舌进的驱替过程[19]。基本假设是：驱替相和被驱替相单独流动、重力远小于黏滞力、横向流动微乎其微。基于这些条件，Dietz得出了重力舌进的描述。将黏滞指进理论中的垂向平均干气饱和度以气层厚度所表示的干气舌进的厚度来代替。因此，重力舌进的长度表达式与黏滞指进的长度表达式相同。黏度比是Dietz重力舌进理论中的重要参数，重力是干气向湿气的顶部流动的主要动力。

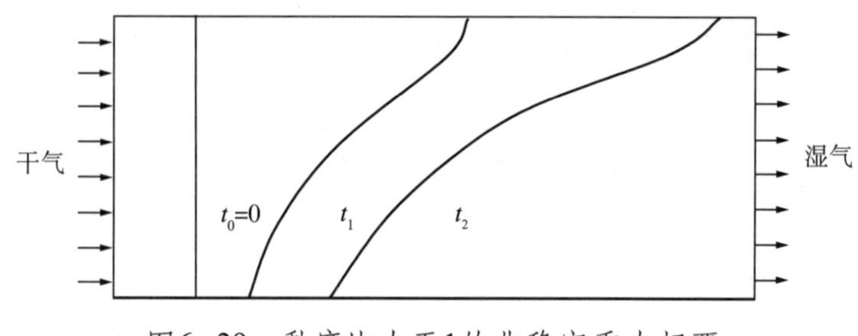

图6–29 黏度比大于1的非稳定重力超覆

四、高渗透条带的影响

多层气藏中干气优先驱替高渗透层的湿气，导致驱替前缘非均匀推进。Stiles提出了一种评价具有非连续小层的二维矩形截面储层中液—液驱替的简单模型[20]，如图6–30所示。Stiles模型假设条件：忽略重力、忽略液体压缩性、没有垂直于主流方向的层间窜流、沿储层主流方向上的压力梯度dp/dx近似为常数。

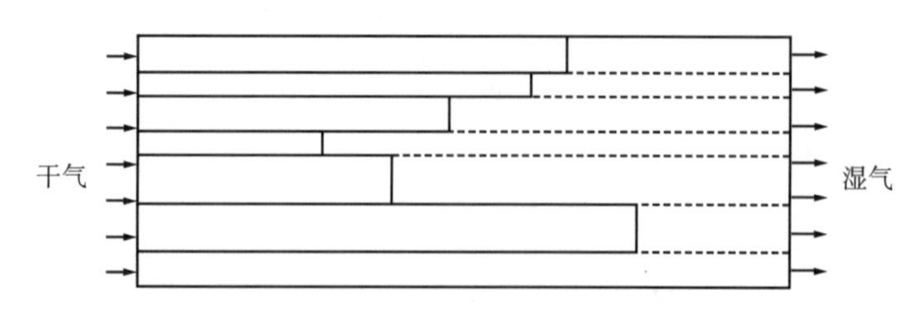

图6–30 在多层储层中的驱替前缘

地层的分层性分别以纵向渗透率分布K（y）和纵向孔隙度分布ϕ（y）来描述。将小层从上到下按K/ϕ值递增进行排列，这样波及层位由下向上，与各层波及总厚度y_s有关的垂向平均干气饱和度S由下式给出：

$$S=\frac{1}{\bar{\phi}}\int_{0}^{y_{\mathrm{s}}/h}\phi(y/h)\mathrm{d}(y/h) \tag{6-35}$$

方程（6–35）可以确定平均干气饱和度与被波及小层各自厚度之间的对应关系。宽度为w，厚度为dx的矩形断面气层的质量守恒方程写为：

$$\bar{\phi}hw\frac{\partial S}{\partial t}+\frac{\partial}{\partial x}q_{\mathrm{d}}=0 \tag{6-36}$$

其中
$$\bar{\phi}=\int_{0}^{1}\phi(y/h)\mathrm{d}(y/h)$$

式中 $\bar{\phi}$——平均孔隙度；

q_{d}——通过垂向截面的气体流通量。

干气的流通量可表示为总气体流通量的函数：

$$q_{\mathrm{d}}=Fq_{\mathrm{mix}} \tag{6-37}$$

$$F=\frac{K_{\mathrm{rd}}/\mu_{\mathrm{d}}}{K_{\mathrm{rd}}/\mu_{\mathrm{d}}+K_{\mathrm{rw}}/\mu_{\mathrm{w}}}=F(S) \tag{6-38}$$

式中 K_{rd}、K_{rw}——干气、湿气的拟相对渗透率。

分流量与干气饱和度有关，且受黏度比和渗透率分布函数的约束。将方程（6–37）、方程（6–38）代入连续性方程（6–36），得出：

$$\bar{\phi}hw\frac{\partial S}{\partial t}+q_{\mathrm{mix}}F'(S)\frac{\partial S}{\partial x}=0 \tag{6-39}$$

方程（6–39）与黏滞指进方程相似，F值由方程（6–38）给出，累计湿气开采量可以通过对饱和度剖面进行积分求得。

五、模型应用

以上仅为单因素分析，在实际地层的流体流动过程中受多种因素的共同作用。为了进行定量的研究，建立了一个均质剖面模型，模型中的孔隙度、渗透率及流体PVT参数，均参考某凝析气藏确定。

图6–31为剖面模型中注气动态的模拟，表明了在重力及黏滞力作用下注入干气向上移动，而且形成明显的过渡带。注入0.72PV干气时发生突破，突破时过渡带的长度为井距的60%。

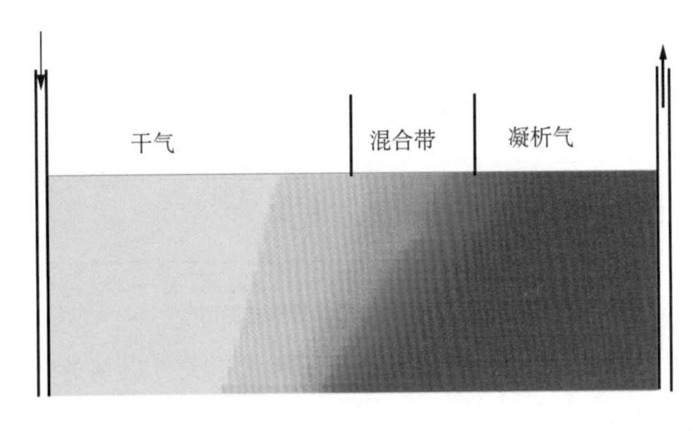

图6–31 均匀剖面模型注入气推进模拟

在模型中，假设有高渗透条带（图6–32），其渗透率是储层渗透率5倍。模拟结果表明，注入气沿高渗透条带推进的速度要比其他层快得多，造成干气突破加快。并且受重力的影响，沿上部高渗透条带推进的速度比下部快得多（图6–33）。

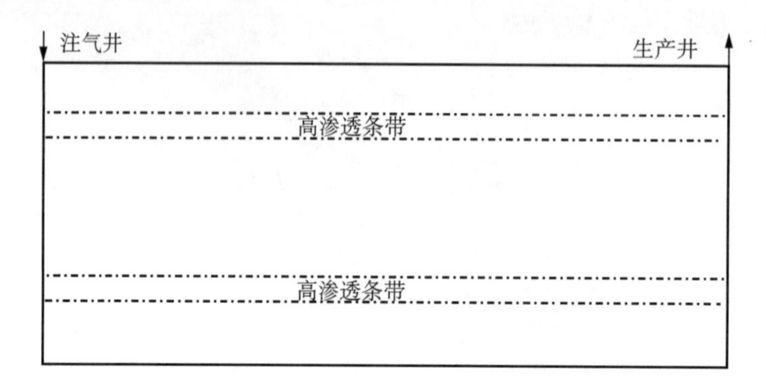

图6–32 高渗透条带设计示意图

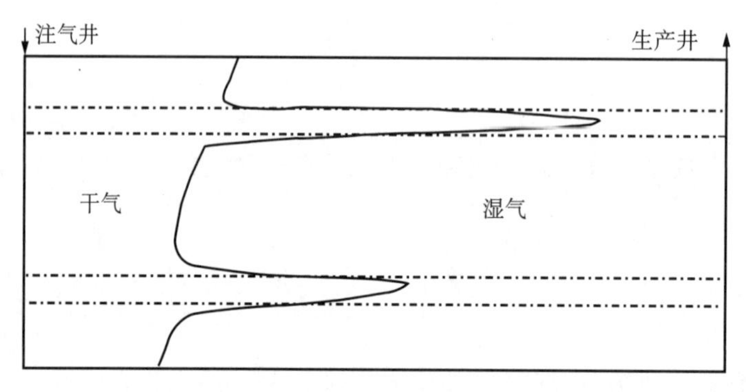

图6–33 注入气沿高渗透条带推进情况示意图

对于不同渗透率级差情况，干气突破时间差别较大。无量纲见气时间关系如图6–34所示。渗透率级差越大，干气沿高渗透条带推进越快，但是当渗透率级差大到一定程度后，这种速度会减缓下来，这主要是在流动过程中还有分子扩散等因素的影响。

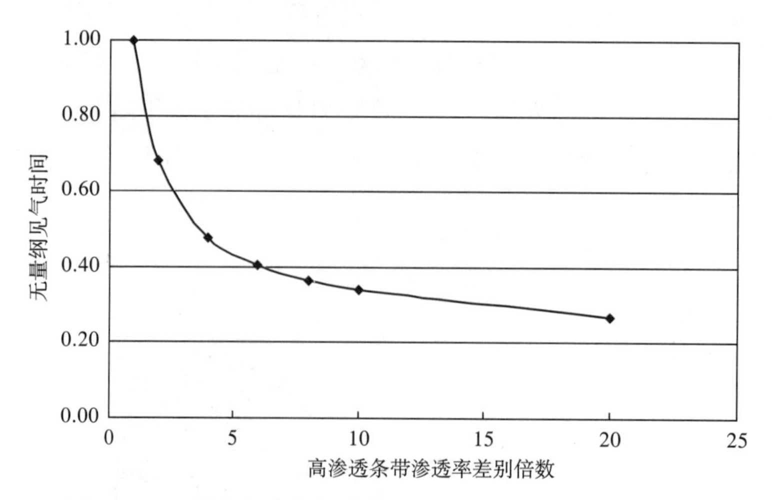

图6–34 不同渗透率级差情况下无量纲见气时间的变化

通过分析认为，凝析气藏循环注气的驱替过程受微观混合、黏滞指进、重力超覆以及地层中高渗透条带等多种因素的影响。黏滞指进与重力超覆使注入气沿地层上部推进加快，加快了干气突破，在注入气约为0.72PV时见气。注入气极易沿高渗透条带突破，渗透率级差越大，干气突破越快，当渗透率级差在5倍以上时，突破时间的变化有所减缓。

参考文献

[1] 李海平. 气藏动态分析实例 [M] . 北京：石油工业出版社，2001.

[2] Kjersti M. , Helga E..Dry–gas reinjection in a strong waterdrive gas–condensate field increases condensate recovery. Case study： the SleiPner Ty Field, South Viking Graben, Norwegian North Sea [C] . SPE 110309，2007.

[3] 陈元千. 油气藏工程计算方法 [M] . 北京：石油工业出版社，1990.

[4] 袁士义，叶继根，孙志道. 凝析气藏高效开发理论与实践 [M] . 北京：石油工业出版社，2003.

[5] Jone Lee, Robert A. Wattenbarger. Gas Reservoir Engineering [M] . SPE Textbook Series，VOL. 5. 1996.

[6] 余元洲，杨广荣，田金海，等. 凝析气藏物质平衡方程的改进与应用 [J] . 油气地质与采收率，2002，9 (4) ：66–68.

[7] 陈文龙，吴迪，吴年宏，等. 动态监测技术在塔里木盆地牙哈凝析气田的应用 [J] . 天然气地球科学，2004，15 (5)：553–558.

[8] 李汝勇，石德佩，李秀生，等. 牙哈凝析气田注气监测技术 [J] . 天然气工业，2008，28 (6)：111–113.

[9] 程远忠，韩世庆，陈振银. 大张坨凝析气藏循环注气的动态监测 [J] .油气井测试，2001，10 (4)：65–67.

[10] 蒲建，王新生，宋学军. 大张坨凝析气藏循环注气开发的井间示踪剂监测技术 [J] . 天然气地球科学，2007，18 (2)：304–306.

[11] 王成荣，周为新，杜锦旗. 塔里木油田八参数产气剖面解释方法研究 [J] . 测井技术，2007，31 (2)：183–186.

[12] 谭增驹，王成荣，宋君，等. 注产气剖面高压密闭测试技术在塔里木油田的应用 [J] . 测井技术，2003，27 (5)：423–426.

[13] 朱玉新，李保柱，宋文杰，等. 利用图版判别凝析气藏气窜的方法探讨 [J] . 油气地质与采收率，2004，11(6)：53–55.

[14] J.Hagoort.气藏工程原理 [M] . 周勇,等译. 北京：石油工业出版社，1992.

[15] Jessen K.，Orr F.M.Gas Cycling and the DeveloPment of Miscibility in Condensate Reservoirs [C] .SPE 84070，2003.

[16] 李士伦，张正卿， 等. 注气提高石油采收率技术 [M] . 北京：石油工业出版社，2001.

[17] 杨宝善. 凝析气藏开发工程 [M] . 北京：石油工业出版社，1995.

[18] P.van MEURS，C.van der POEL. A Theoretical Description of Water–Drive Pro-

cesses Involving Viscous Fingering [J] .Trans.AIME, 1958, 213: 103–112.

[19] Dietz, D.N.A Theoretical Approach to the Problem of Encroaching and Bypassing Edge Water [J] . Proc.Acad.Van Watersch, B56 (1953) , 83–89.

[20] W M E. STILES Use of Permeability Distribution in Waterflood Calculations [J] . Trans. AIME, 1949, 186: 9–13.

第七章　凝析气藏数值模拟

凝析气藏数值模拟是利用数值计算方法求解油、气、水等流体在多孔介质中渗流的一项技术，是研究地下油气水流动规律、预测油气井以及气藏开采动态和开发指标的重要手段，是编制凝析气藏开发方案和调整方案的基础。目前，数值模拟技术在凝析气田开发过程中发挥着极其重要的作用。

凝析气藏与一般油气藏相比，相态变化是其突出特点。在开发过程中，随着地层压力的下降，流体相态随时间而发生变化。表达这些变化的参数和方法包括饱和压力、各组分的构成及平衡关系、描述流体特征的状态方程等。因此，需要建立多相多组分渗流数学模型来描述这一复杂的变化过程。

第一节　多相多组分渗流数学模型及其数值求解

一、多相多组分流体渗流数学模型

假设在一个凝析气藏系统内存在一个组分数为n_c的有限组分（水除外），由这些组分混合而成的地层流体在多孔介质中的流动，可以归结为考虑相间组分转移的多组分多相渗流问题。该问题的数学模型包括：油气水渗流的连续性方程、运动方程、相平衡方程、状态方程以及一系列辅助方程[1，2]。为了使这一过程能够通过数学方程给予描述，多组分多相流体渗流模型通常作以下可以接受的假设：

（1）物质守恒方程以组分质量守恒形式出现，组分间不发生化学反应。

（2）忽略开发过程中地层温度的变化。

（3）运动方程采用扩展的达西定律。

（4）天然气不溶于水，水和烃类系统不互溶。

（5）忽略组分的扩散现象。

将运动方程代入连续方程中，则得三维三相组分模型方程组如下：

烃组分的连续性方程：

$$\begin{aligned}&\nabla\left[\left(\frac{KK_{\mathrm{ro}}}{\mu_{\mathrm{o}}}\right)\rho_{\mathrm{o}}x_i\nabla\left(p_{\mathrm{o}}+\rho_{\mathrm{om}}gh\right)\right]+\nabla\left[\left(\frac{KK_{\mathrm{rg}}}{\mu_{\mathrm{g}}}\right)\rho_{\mathrm{g}}y_i\nabla\left(p_{\mathrm{o}}+p_{\mathrm{cgo}}+\rho_{\mathrm{gm}}gh\right)\right]\\&-q_i\delta\left(X-X_{\mathrm{nw}},Y-Y_{\mathrm{nw}}\right)=\frac{\partial}{\partial t}\left[\phi\left(\rho_{\mathrm{o}}S_{\mathrm{o}}+\rho_{\mathrm{g}}S_{\mathrm{g}}\right)Z_i\right]\qquad(i=1,\ \cdots,\ n_{\mathrm{c}}-1)\end{aligned}\tag{7-1}$$

总烃的连续性方程：

$$\nabla\left[\left(\frac{KK_{ro}}{\mu_o}\right)\rho_o\nabla\left(p_o+\rho_{om}gh\right)\right]+\nabla\left[\left(\frac{KK_{rg}}{\mu_g}\right)\rho_g\nabla\left(p_o+p_{cgo}+\rho_{gm}gh\right)\right]$$
$$-q_t\delta\left(X-X_{nw},Y-Y_{nw}\right)=\frac{\partial}{\partial t}\left[\phi\left(\rho_oS_o+\rho_gS_g\right)\right] \tag{7-2}$$

水的连续性方程：

$$\nabla\left[\left(\frac{KK_{rw}}{\mu_wB_w}\right)\nabla\left(p_o-p_{cow}+\rho_wgh\right)\right]-q_w\delta\left(X-X_{nw},Y-Y_{nw}\right)=\frac{\partial}{\partial t}\left(\phi S_w/B_w\right) \tag{7-3}$$

烃类系统的热力学平衡条件（逸度方程）：

$$f_i^L=f_i^V \quad (i=1，\cdots，n_c) \tag{7-4}$$

烃饱和度关系方程：

$$\rho_oS_o(1-L)-\rho_gS_gL=0 \tag{7-5}$$

摩尔分数和饱和度约束方程：

$$S_o+S_g+S_w=1 \tag{7-6}$$

$$\sum x_i=\sum y_i=\sum Z_i=1 \tag{7-7}$$

$$x_iL+y_i(1-L)=Z_i \quad (i=1，\cdots，n_c-1) \tag{7-8}$$

生产约束条件：油气产量或井底压力必须受地面油、气外输压力以及井筒条件的约束，即：

$$p_{wmin}\leqslant p_w\leqslant p_{wmax} \tag{7-9}$$

$$q_{min}\leqslant \beta q_t\leqslant q_{max} \tag{7-10}$$

式中 n_c——拟组分的数目；

L——液相所占的总摩尔分数；

ΔV——节点网格块的表观体积；

Δt——时间步长；

f_i^V，f_i^L——组分i在气相、液相中的逸度；

K_{ro}，K_{rg}，K_{rw}——油相、气相、水相的相对渗透率；

S_o，S_g，S_w——油相、气相、水相的饱和度；

ρ_o，ρ_g——油相、气相的摩尔密度；

ρ_w——水相密度；

μ_o，μ_g，μ_w——油相、气相、水相的黏度；

x_i，y_i——组分i在油相、气相中的摩尔分数；

Z_i——组分i在油气系统中的总摩尔分数；

p_o——油相压力；

p_{cgo}，p_{cow}——油气、油水毛细管压力；

p_{wmin}，p_{wman}——生产井的最小井底流压和注入井的最大井底压力；

q_{min}，q_{max}——极限经济产量和最大允许产量；

q_i，q_t——组分i和所有组分的摩尔产量；

β——将摩尔产量换算成标准条件下天然气产量的换算系数。

方程（7–1）~方程（7–8）与约束条件（7–9）和约束条件（7–10）一起构成了凝析气藏或凝析气—油藏数值模拟的数学模型。

二、组分模型求解方法

组分模型求解方法大致可分为隐式压力显式组分显式饱和度方法（IMPECS）、全隐式方法和半隐式方法三类。IMPECS方法简便易行，但由于隐式程度低，其计算时间步长受到严格限制，使其实用性大大降低。1979年，Coats等人提出了采用状态方程的全隐式组分模型求解方法。该方法隐式程度高，计算稳定性好，但需要联立求解的方程组维数高，计算工作量大。Branco等人提出了一种半隐式方法，通过对渗流差分方程中的对流项和源汇项的组分采用显式处理，并依次对各节点的逸度方程和渗流差分方程进行消元处理，形成了每个节点只有3个独立变量、3个需要联立求解的方程系统，其他未知量可以通过显式计算得到。求解这样一组线性方程组计算量与全隐式黑油模型线性系统方程组的计算工作量非常接近，而且隐式程度比较高，因此，该方法具有IMPECS方法和全隐式方法两者的优点。

1. 全隐式方法

偏微分方程在一般情况下难以得出解析解，只能用离散化方法求出数值解，目前在油气藏数值模拟中比较成熟的方法是有限差分方法。偏微分方程离散化，首先要把求解区域按一定的网格系统进行剖分。差分方法通常空间变量采用按网格块中心差分（图7–1），时间变量按向前差分。

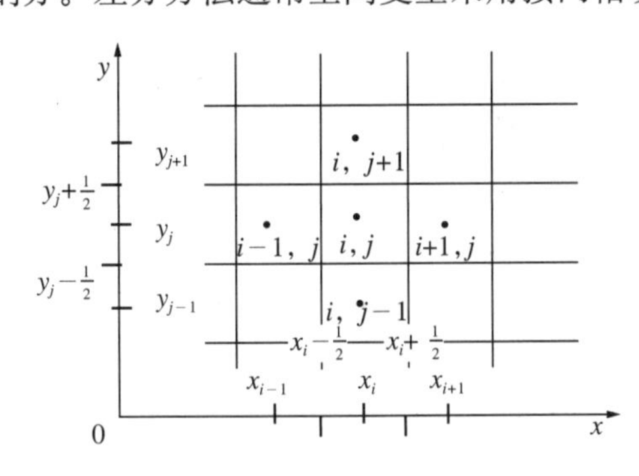

图7–1　矩形网格系统平面节点关系

离散化过程中，网格点（i，j，k）称为基本点，与之相邻的左、右、前、后、上、下，6个点称为邻点，其坐标分别为（i–1，j，k），（i+1，j，k），（i，j–1，k），（i，j+1，k），（i，j，k–1），（i，j，k+1）。

在油、气、水三相组分模型渗流方程的离散化过程中，其累计项、对流项和源汇项对压力、组分和饱和度全部进行隐式处理的方法称为全隐式方法。全隐式方法计算稳定性好，但每个节点所需联立求解的方程组维数较高，每次迭代耗时较多。

2. 半隐式方法

为减少联立求解方程组的维数，Branco等人提出一种半隐式方法。与全隐式方法类似，在渗流方程中所有各项的离散化过程中对压力、饱和度的处理都是隐式的，累计项、源汇项对组分的处理也是隐式的。不同的是，对流项对组分的处理是显式的，这样的简化处理可以使烃组分的渗流差分方程邻点系数矩阵中组分变量所对应的系数全为零。对于相同节点规模数值模拟问题，组分模型半隐式方法与黑油模型全隐式方法的联立方程的维数接近。因此，该方法既可保留全隐式方法大时间步长的优点，又具有计算速度快的特点。

3. IMPECS方法

IMPECS方法在渗流方程离散化过程中隐式程度更低，即：累计项、源汇项对压力、饱和度、组分为隐式处理，而对流项只对压力隐式处理，对饱和度和组分的处理则是显式的。与半隐式方法相比，IMPECS方法关于对流项离散处理的隐式程度更低了，即不仅对组分显式处理，而且对饱和度也显式处理。这样不仅使烃组分渗流差分方程中邻点的系数子阵中组分变量所对应的系数全为零，而且，饱和度变量所对应的系数也为零。此方法虽然所需联立求解的方程组维数低，每一时间步所需计算量少，但由于其隐式程度低，时间步长受到限制，因此总体计算速度较慢。

三、大型稀疏线性代数方程组的求解方法

对各种类型的微分方程进行离散化以后，均形成一个线性代数方程组。在气藏模拟大型稀疏线性代数方程组的求解过程中，线性代数方程组的形式可以写成：

$$\boldsymbol{A}\delta\boldsymbol{X}=\boldsymbol{R} \tag{7-11}$$

式中 $\boldsymbol{A}$——系数矩阵；

$\boldsymbol{R}$——残差向量；

$\delta\boldsymbol{X}$——未知变量的增量所组成的向量。

线性代数方程组的求解方法可以分为两类：直接解法和迭代解法。直接解法实际上就是高斯消元法或LU分解算法。直接解法得到的解较为精确，但不足之处是随方程组维数的增加，计算速度成倍下降。迭代解法是一种近似解法，通过有限次迭代，得到满足误差要求的近似解即认为此解就是该代数方程组的解。迭代解法的种类也较多，主要有松弛迭代法和预处理共轭梯度迭代算法。目前许多大型商用软件主要采用迭代算法，对于大型数值模拟计算问题，一般是优先采用预处理共轭梯度迭代算法，以达到快速、精确之目的。

四、组分模型软件设计

组分模型软件的研制是一项极为复杂的工作，如图7−2所示，主要包括以下几个方面：

（1）描述流体相态特征的状态方程。

（2）数学模型的推导及离散化。

（3）软件设计、编程、调试。

（4）可视化的组分模型软件前后处理辅助模块。

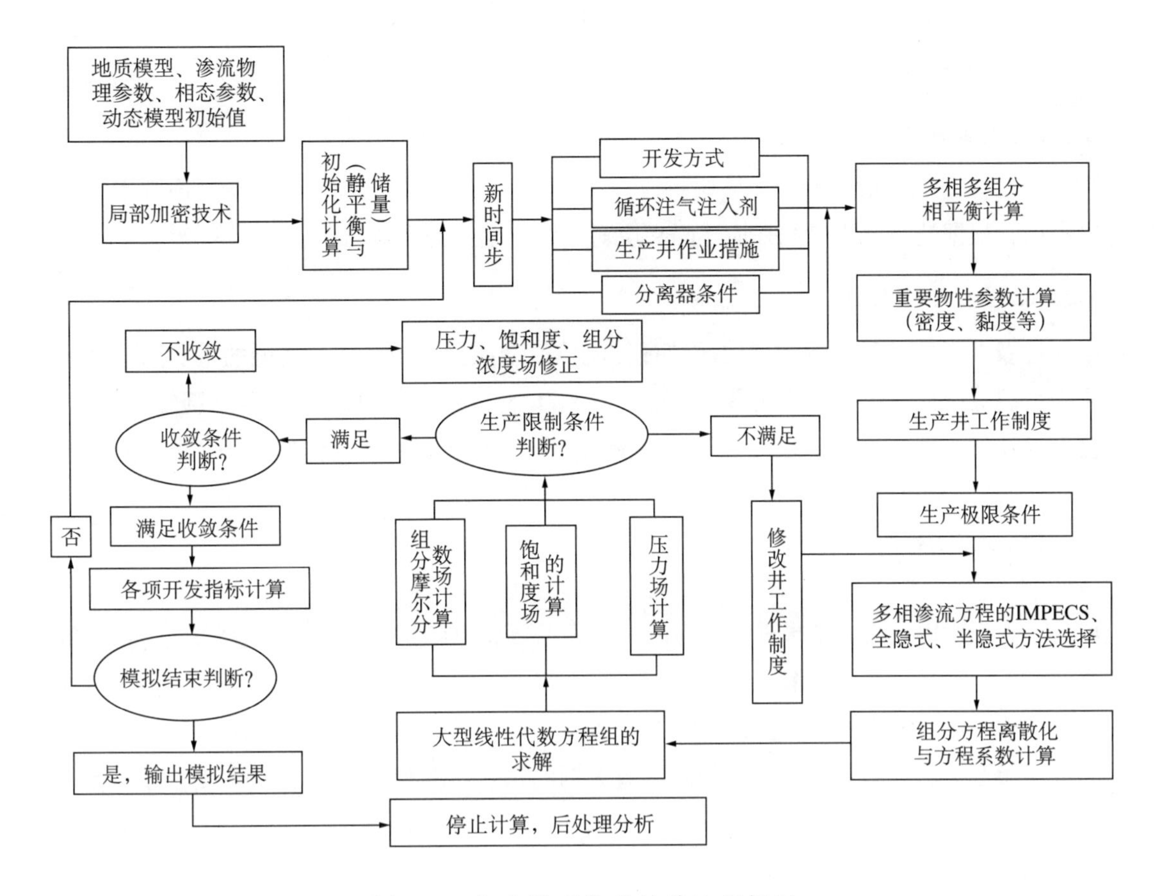

图7-2　组分模型软件计算流程框图

第二节　参数准备

数值模拟参数包括地质数据、岩石及流体物性参数、生产动态参数、压力测试结果，及储层改造措施的影响等，由于输入数据的正确性决定了数学模型与实际地下状况的吻合程度，影响到模拟结果的准确性，所以对每项参数都要认真仔细的研究[3]。

一、地质模型

地质模型是数值模拟的基础，地质模型必须能够真实反映地质构造、断层、隔夹层、储层非均质性等地质特征。

1. 构造、断层特征

这是对凝析气藏宏观形态的描述，包括气藏的闭合面积、闭合高度、形态，断层类型、封闭性、断层走向，其资料主要来源于地质研究和地震解释成果。

2. 储层分布

对于砂岩凝析气藏，需要精细描述各单砂体在平面上的展布、砂体厚度分布等。对于双重介质型凝析气藏，需要根据地质研究和测井解释，确定裂缝及基质在三维空间上的分布。这些资料主要来自地质、地震、测井研究成果。

3. 隔层与夹层分布

凝析气藏在纵向上一般由若干个储层组成，储层之间有泥岩隔层和夹层，储层内部也有许多分布不稳定的夹层，根据地质分析研究来描述隔夹层对流体流动性的影响。

4. 储层物性与非均质性

储层物性及非均质性是影响油气地质储量、流体流动能力乃至生产井产能的重要因素，包括孔隙度、渗透率、裂缝特征参数等，这些参数主要来源于岩心分析、测井解释及试井解释结果。

对需循环注气的凝析气藏，要重点研究夹层、高渗透砂岩条带、裂缝走向等地质特征。

二、相态特征参数拟合

应用状态方程对PVT实验结果进行拟合时，首先需要修改状态方程的有关参数，主要包括C_{n+}重馏分的临界温度T_c、临界压力p_c、偏心因子ω，方程中系数Ω_a、Ω_b，以及二元交互作用系数K_{ij}等（N_2、CO_2及$C_1 \sim C_6$等明确组分的热力学参数一般不作调整），通过调整上述状态方程热力学参数使相态计算结果逼近实验数据，此过程即是PVT相态实验数据的拟合。获得较好的拟合结果之后，就可以输出临界特征参数，以供主模型计算使用了。

三、渗流物理特征

凝析气藏中通常是油、气、水多相共存和渗流，在流动时常会出现相间的相互作用和干扰，故常用多相流体的相对渗透率来描述这种现象。相渗透率定义为饱和着多相流体的孔隙介质对其中某一种流体相的传导能力，相对渗透率定义为相渗透率与绝对渗透率之比。根据储层物性、孔隙结构的不同，可以应用相应的相对渗透率曲线。

四、动态资料准备

不同开发阶段的凝析气藏，其生产动态在数值模拟研究中是极其重要的。对于新发现的凝析气藏，数值模拟研究需要准备探井和评价井的试油、试气、试采阶段的油气水产量和测试资料，需要采用气藏工程方法首先确定单井合理产能及气藏（田）总的生产能力。

对于已经有相当长开发历史的凝析气藏，需要对气藏投产以来所有的生产井、注入井的动态资料进行分析整理，包括油气水产量、含水率、气油比、油压、流压、静压等，研究气藏的开采特征、动用状况，分析储层平面及纵向上的连通性和气藏开发过程中暴露出的各种问题，为生产动态历史拟合过程中动、静态参数的调整提供依据，深化对气藏地质情况、动态特征的认识，经济有效地进行凝析气藏后期开发及调整。

五、数学模型的初始化及初步校验

初始化即是将所准备的参数综合集成到一起，以验证模型的符合程度和各种参数之间的匹配性。初始化步骤为：

（1）模型选择，通常为组分模型，确定组分数。

（2）加载地质模型，包括网格骨架模型、渗透率、孔隙度等参数。

（3）输入油气水的物性参数。

（4）输入油气水的相对渗透率曲线和毛细管压力曲线。

（5）确定油气、油水界面深度。

（6）输入生产历史，包括射孔参数、油气水产量、流压及静压测试结果。

将准备参数集成之后就可以进行初始化计算，以验证地质模型的可靠性，包括储量的符合程度，岩石、流体物性的可靠性，气藏压力、温度、井位参数、油气水界面、油气水分布的正确性，如果差别较大时，需要重新准备参数。经过验证，确定初始化结果正确无误的情况下，才可以进行下一步的历史拟合和动态预测工作。

六、实例

以牙哈23E+K凝析气藏为例介绍组分模型数值模拟的参数准备及前处理工作。

1. 数学模型

在地质模型建立后，根据储层对比结果，进行了网格合并，牙哈23E+K凝析气藏形成了163×46×31＝232438个网格节点的数学模型。数学模型纵向分层情况见表7−1。E_1大部分井以物性较差的膏质砂岩为主，测井解释为干层，物性不好，但也有少部分井解释为气层；E_2为主力气层，物性好；E_3也是主力气层，但有部分井为膏质砂岩，物性较差，分布不连续；E_4物性较好；K_{1-1}以白垩系顶部泥岩层为主，物性较差；K_1～K_6砂泥岩互层，物性较差；K_5、K_6储量很少。

E_1细分为4个小层，E_2细分为5个小层，E_3细分为3个小层，E_4、K_{1-1}各为1个小层，K_1、K_2、K_3都细分为4个小层，K_4细分为3个层，K_5、K_6为1个小层。在进行数值模拟层位划分时，一般将具有隔挡作用的夹层单独作为一个数值模拟层处理，以保证夹层能起到隔挡作用。

表7−1 纵向分层情况

地层对比分层	数学模型分层	层号	备注
E_1	4	1～4	
E_2	5	5～9	
E_3	3	10～12	
E_4	1	13	
K_{1-1}	1	14	夹层
K_1	4	15～18	
K_2	4	19～22	
K_3	4	23～26	

续表

地层对比分层	数学模型分层	层号	备注
K_4	3	27～29	
K_5	1	30	
K_6	1	31	

2. 相对渗透率曲线

根据E层与K层储层物性、孔隙结构的不同，将牙哈23E+K凝析气藏的相对渗透率曲线分为2种（表7–2），E层一套相对渗透率曲线、K层一套相对渗透率曲线，分别如图7–3、图7–4所示。

表7–2 相对渗透率端点数据

层 位	束缚水饱和度	残余油饱和度	残余气饱和度	临界气饱和度
E层	0.17	0.20	0.20	0.05
K层	0.35	0.25	0.24	0.05

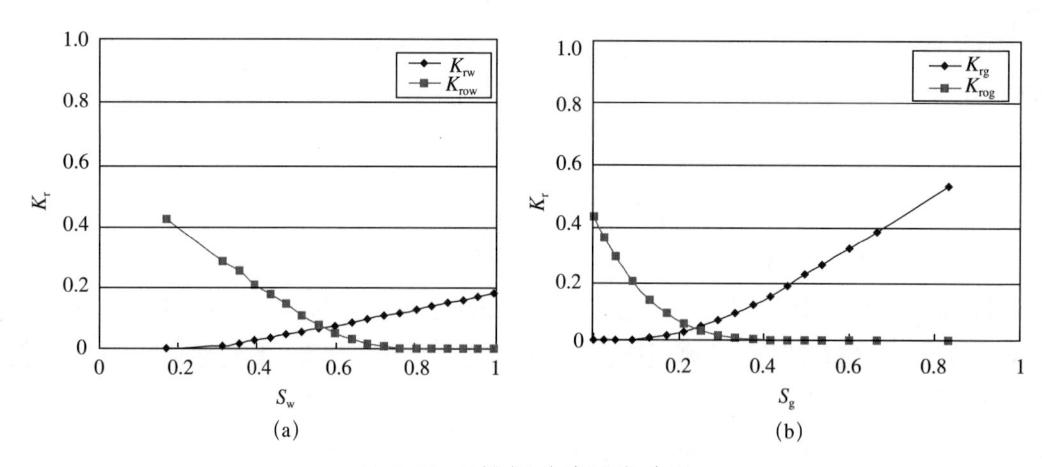

图7–3 E层相对渗透率曲线

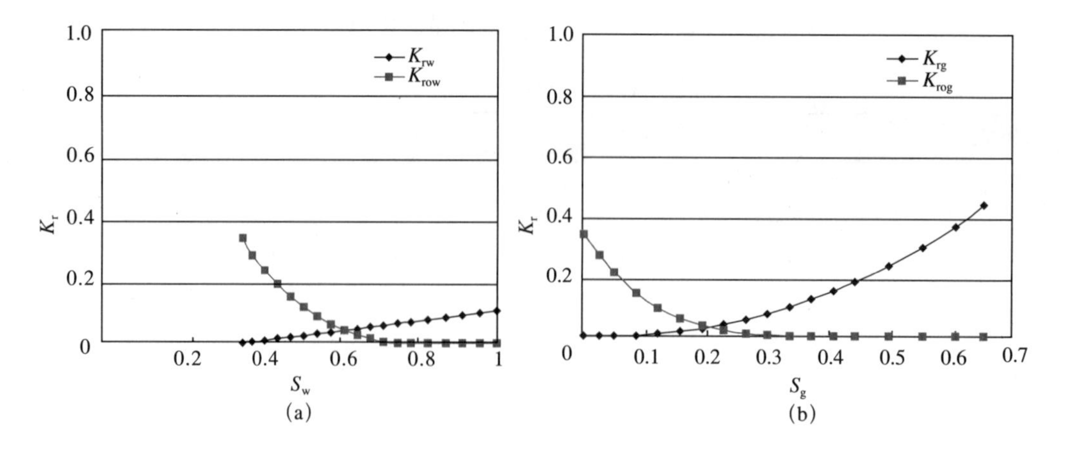

图7–4 K层相对渗透率曲线

3. 流体相态特征

经过对比分析认为，选择2000年在YH23–2–10井的取样作为牙哈23E+K凝析气藏代表性样品。

为了便于数值模拟应用，采用EcliPse软件的PVT*i*模块对该样品进行了拟合。拟合过程中着重拟合了饱和压力、生产气油比、油罐油密度、等容衰竭过程中的反凝析液量等。等组分膨胀与等容衰竭计算结果见表7–3、表7–4。

表7–3 牙哈23–2–10井地层流体等组分膨胀计算结果

压力 MPa	相对体积		液体体积分数 %		气体 偏差系数	液相密度 kg/m³	气相密度 kg/m³	液相黏度 mPa·s	气相黏度 mPa·s
	实验值	计算值	实验值	计算值	计算值	计算值	计算值	计算值	计算值
56.26	0.9223	0.9705			1.3685		388.3241		0.0542
55.00	0.9397	0.9787			1.3492		385.0651		0.0534
53.00	0.9674	0.9926			1.3187		379.6917		0.0520
51.99		1.0000			1.3033	609.2415	376.8816	0.2275	0.0514
51.20	1.0000	1.0070	0.0519	0.0179	1.2886	615.0891	369.9181	0.2395	0.0499
46.00	1.0496	1.0596	0.1266	0.0877	1.2021	644.6751	329.6312	0.3127	0.0423
41.00	1.1138	1.1245	0.1609	0.1224	1.1297	661.7463	295.2749	0.3624	0.0369
36.00	1.2017	1.2108	0.1633	0.1469	1.0656	669.3938	261.7949	0.3792	0.0324
31.00	1.3258	1.3313	0.1553	0.1679	1.0108	670.1728	227.2393	0.3669	0.0283
27.00	1.4655	1.4674	0.1469	0.1822	0.9751	669.8614	198.2939	0.3529	0.0252

表7–4 牙哈23–2–10井地层流体等容衰竭计算结果

压力 MPa	反凝析液体积 %		气体偏差 系数	液相密度 kg/m³	气相密度 kg/m³	液相黏度 mPa·s	气相黏度 mPa·s
	实验值	计算值	计算值	计算值	计算值	计算值	计算值
51.99			1.3033	609.2415	376.8816	0.2275	0.0514
51.20		0.0179	1.2886	615.0891	369.9181	0.2395	0.0499
44.00	0.0908	0.1029	1.1721	652.7193	315.6133	0.3359	0.0400
37.00	0.1661	0.1379	1.0777	669.3098	268.3932	0.3819	0.0333
30.00	0.1920	0.1604	1.0012	674.2337	219.7048	0.3804	0.0274
23.00	0.1910	0.1712	0.9486	683.9186	167.9711	0.3969	0.0223
16.00	0.1656	0.1679	0.9244	708.4862	115.3302	0.4859	0.0183
9.58	0.1297	0.1561	0.9295	742.9126	68.0061	0.6685	0.0157

4. 垂直管流数据

对于凝析气藏来说，考虑气井的井筒流动非常必要，尤其是在开发后期地层压力下降后，需要准确预测井口压力，以便确定在多大井口压力下就需要上压缩机了。因此，在牙哈23E+K凝析气藏的计算中加入了生产井及注气井的垂直管流数据。

采用牙哈23E+K凝析气藏投产初期实测流压数据，选择不同的产量数据点进行了垂直管流拟合，拟合对比见表7–5。

表7–5 生产井垂直管流计算结果对比

井号	2001年12月			2002年12月			2003年12月		
	计算值 MPa	实测值 MPa	误差 MPa	计算值 MPa	实测值 MPa	误差 MPa	计算值 MPa	实测值 MPa	误差 MPa
YH23-1-6	34.00	34.47	0.47	33.64	33.67	0.03	33.67	33.16	–0.51
YH23-1-10	34.22	33.12	–1.10	34.02	34.40	0.38	33.89	31.52	–2.37
YH23-1-14	32.62	33.32	0.70	32.69	33.60	0.91	32.8	30.93	–1.87
YH23-1-18	33.08	33.47	0.39	31.34	32.08	0.74	31.42	31.74	0.32
YH23-1-22	32.26	32.07	–0.19	33.78	33.10	–0.68	33.69	31.59	–2.10
YH23-1-H26	34.07	33.63	–0.44	33.71	33.05	–0.66	33.56	33.07	–0.49
YH23-2-10	33.84	34.30	0.46	33.48	33.00	–0.48	33.44	31.96	–1.48
YH23-2-14	33.96	33.35	–0.61	33.80	34.08	0.28	33.86	33.44	–0.42
YH303	32.63	33.19	0.56	32.57	32.97	0.40	32.89	29.28	–3.61

5. 模型中油气水分布特征

该凝析气藏初始化饱和度场如图7–5所示，由于K层物性较差，底水活跃程度较差。地质分析认为牙哈23凝析气藏气水界面海拔深度为–4217m。

表7–6为储量初始化结果，模型储量与容积法计算储量相差不大。通过与地质认识对比认为，初始化结果与地质认识相符。

表7–6 储量拟合结果

区块	模型初始化结果		容积法储量	
	天然气，10^8m^3	凝析油，10^4t	天然气，10^8m^3	凝析油，10^4t
E	139.02	796.59	138.6	900.60
K	78.36	448.96	78.6	671.70

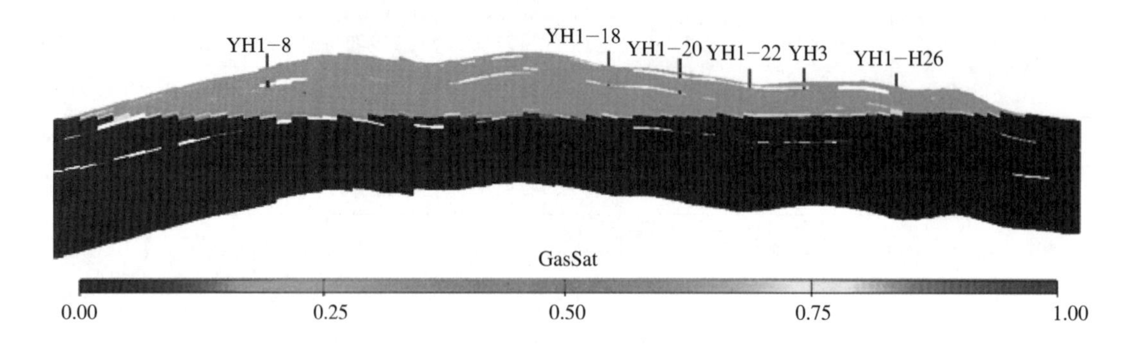

图7–5 牙哈23E+K凝析气藏气、油、水分布剖面图

第三节　历史拟合

数值模拟研究的过程中，初始化之后的模拟计算结果一般与实际动态数据有较大的差别。因此，需要根据地质认识、生产动态规律来调整地质参数和储层物性参数，使计算结果与油气藏实际开发动态相吻合。这样一个反复调整参数、拟合实际生产动态的过程称为历史拟合[4]。

一、历史拟合对象与方法

由于凝析气藏深埋于地下，目前的技术手段和方法还难于精确地认识储层的连续性、非均质特征、断层密封程度、边底水能量大小及其活跃程度、油气水分布特征等。建立的三维地质模型仍然存在许多不确定性，而历史拟合的目标即是将不确定性降到最小，这些地质方法和室内实验无法精确定量描述的不确定因素就是数值模拟历史拟合研究的对象。

当凝析气藏开发历史较长时，积累了大量的实际动态资料，如油气产量、含水变化、气油比、实测压力等动态数据，生产过程中的产气、产液剖面测试、试井解释等资料，这些测试结果是数值模拟历史拟合的重要参数和依据。

历史拟合可以理解为最优化问题，通过若干次的模拟计算，选取计算结果与实际数据误差最小的参数。油气藏工程师凭借自身在地质、油气藏工程等方面的知识和经验，采用“试差法”寻找和调整拟合变量，达到最高的拟合程度。

历史拟合步骤可以分为整体（全气藏）历史拟合及单井历史拟合两部分，通常情况下，先整体拟合，后单井拟合。

二、整体历史拟合

1. 油气储量拟合

数值模拟初始化工作完成之后，下一步首先要做的就是油气储量拟合。影响模型中油气储量的因素主要有：有效厚度、孔隙度、流体PVT特征参数、相对渗透率曲线中束缚水饱和度、油气油水界面深度等，这些因素都是储量拟合的主要调整对象。当模拟计算储量与容积法计算的上报储量之间的误差在10%以内，可以通过整体参数调整的方法拟合储量；当误差超过15%，则需要与地质研究人员一起分析，修正地质模型。对于计算储量与上报储量差异很大的情况，甚至还需要重新进行储量论证。

对于带油环的复杂凝析气藏，需要对原油、溶解气、凝析油、干气的储量分别进行拟合。表7−7为柯克亚带油环凝析气藏的油气储量拟合对比结果。

表7−7　柯克亚X_4^2层、X_5^1（1+2）层油气储量对比表

层系		原油及凝析油，10^4t		溶解气及干气，10^8m^3		*GOR*，m^3/t	
		容积法	模拟	容积法	模拟	容积法	模拟
X_4^2	油环	310.8	299.72	10.35	10.55	343	352
	气顶	403	396.88	80.61	80.80	2000	2036
X_5^1（1+2）	油环	139.2	141.80	4.77	4.96	343	350
	气顶	172.3	168.97	34.46	34.59	2000	2047

2. 整体压力趋势拟合

全气藏的压力变化趋势与地层的能量供应直接相关，这些能量包括：岩石及流体（油、气、水）的弹性能量、边底水的补给、注气补给等。拟合时需要根据实验参数及具体油气藏的动态分析结果进行参数调整，从而使压力变化趋势与实测地层压力变化相一致，拟合结果如图7−6所示。

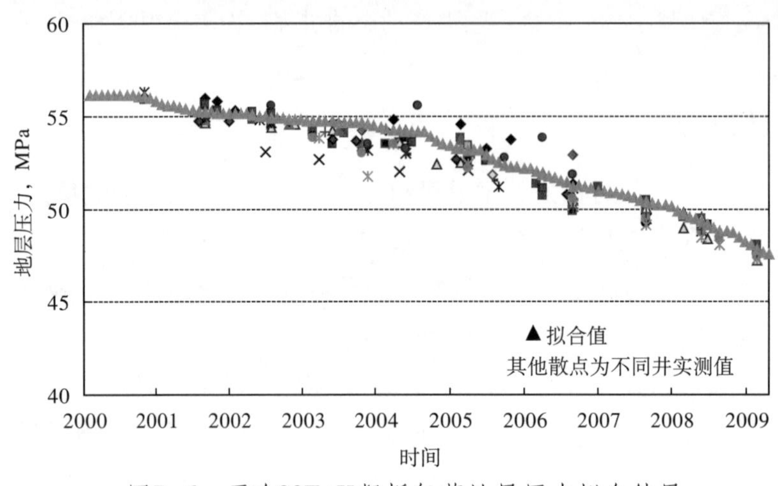

图7−6　牙哈23E+K凝析气藏地层压力拟合结果

3. 整体油、气、水产量拟合

模型储量、压力拟合基本完成后，应当先进行整体的油、气、水产量的拟合，这一步的目的是有一个整体的误差估计，调整整体的模型属性及水体大小等参数，从而确定下一步的重点调整参数，验证流体相态特征参数的准确性也是这一步骤的一个重要目的。这一步与整体的压力拟合通常反复进行，以得到一个各参数吻合较好的属性场。气油比及油、气、水产量的拟合对比结果如图7−7～图7−9所示。

三、单井历史拟合

经过整体历史拟合之后，下一步需要解决的就是更为详细具体的问题了，要拟合的主要物理量

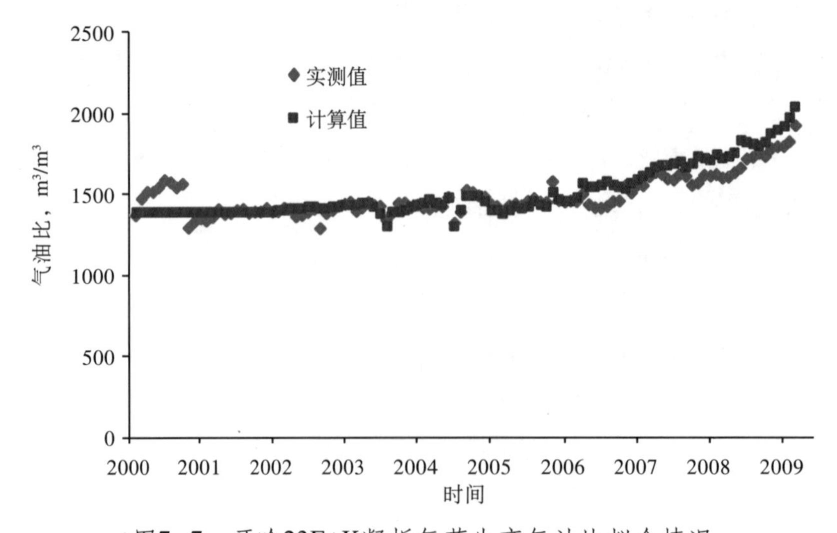

图7−7　牙哈23E+K凝析气藏生产气油比拟合情况

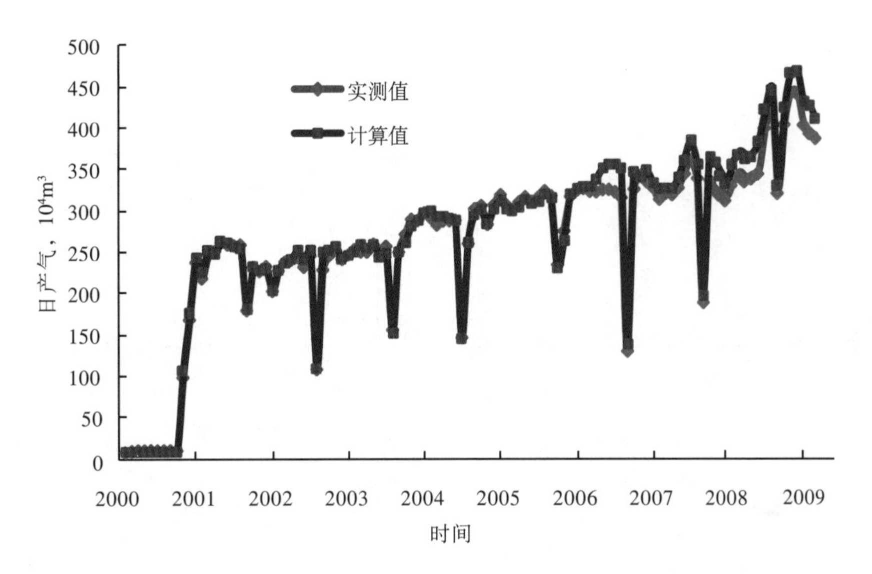

图7–8　牙哈23E+K凝析气藏整体产气拟合情况

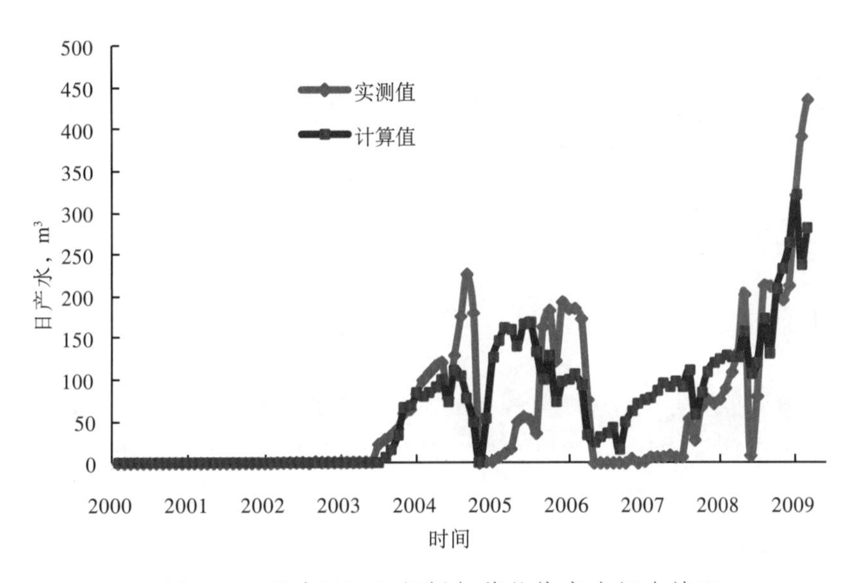

图7–9　牙哈23E+K凝析气藏整体产水拟合情况

包括：

（1）单井井底静压、井底流压、生产压差、井口压力。

（2）单井油、气、水产量。

（3）油气井见水时间、气窜时间。

（4）气油比、含水率。

（5）单井剖面测试结果。

（6）观测井的压力，油气、油水界面变化。

单井拟合主要调整的参数为单井控制区域的渗透率场、井筒表皮系数及附近的传导率。总的来说，以上各参数的拟合可以归结为产量拟合与压力拟合，两者拟合精度越高，则模拟计算的见水时间、气窜时间、气油比、含水率也就与实际值越接近，油气、油水界面的运动规律也越能真实反映油气藏界面的变化情况。单井拟合结果如图7–10所示。

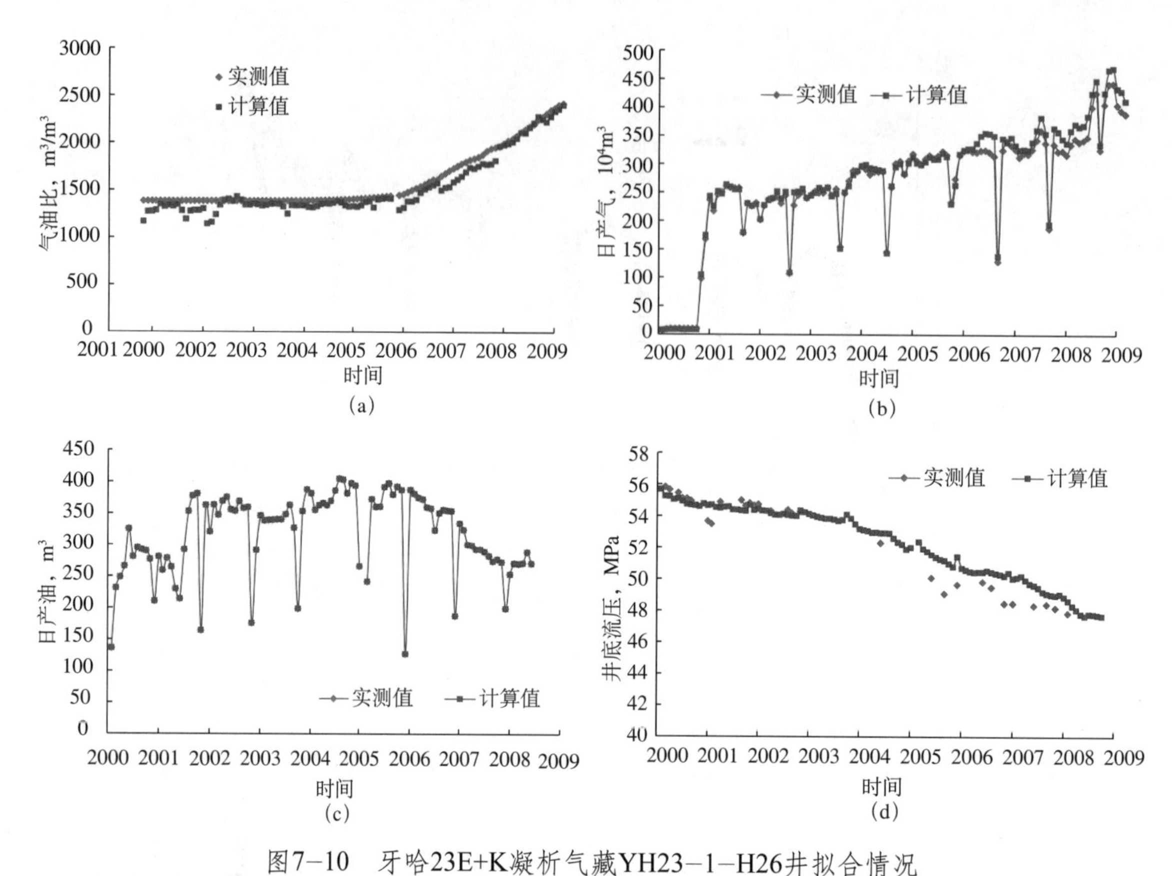

图7−10　牙哈23E+K凝析气藏YH23−1−H26井拟合情况

四、参数调整原则

由于凝析气藏数值模拟历史拟合可调整的参数很多，针对不同的拟合对象，如：储量、油气水产量（包括含水率、气油比）、压力或生产压差等，调整的参数也有所不同，历史拟合可以修正的参数主要包括：

（1）PVT状态方程特征参数。

（2）相对渗透率曲线、毛细管压力曲线等。

（3）裂缝和基质的孔隙度，孔隙度的调整范围一般不宜过大，通常10%以内。

（4）有效厚度，需要结合地质小层数据及其变化趋势处理，差异大时需要地质、测井等做出合理解释，甚至提出重新建立三维地质模型。

（5）采油、采气、吸气指数。

（6）渗透率分布、垂直渗透率与水平渗透率比值等，渗透率要以试井分析、实验室岩心分析的渗透率为主要依据。

（7）可疑断层的封闭性。

（8）隔层、夹层的分布范围及其渗透性。

（9）边底水水体大小、连通性等。

参数调整原则是：

（1）遵循地质研究成果与规律性认识，避免调参的主观随意性。

（2）对于类似渗透率这种场数据的调整，应先整体，后局部。

（3）拟合对象先储量，后动态。

（4）拟合动态时，先气藏整体拟合，后单井重点拟合。

（5）压力、油气水产量拟合应综合分析，协调调整。

凝析气藏历史拟合是一项极为繁杂而又费时的工作，一方面，某一参数受多个因素的影响，同时，某个因素又会影响多个参数的计算结果。因此，在具体的凝析气藏数值模拟过程中，需要根据凝析气藏的特点，抓住主要矛盾及其主要影响因素，综合协调考虑，才能达到较高的拟合精度，并减少工作量。

第四节　数值模拟预测

凝析气藏数值模拟方法能够比较好地反映气藏的实际地质特征和开发生产动态，已成为目前国内外油气田开发指标计算和动态预测的主要手段。通过凝析气藏数值模拟计算，可以得到以下结果：

（1）油气井的开发动态，如油气水产量、含水率、气油比、流压、静压等。

（2）全气藏及分层开发指标：油气水产量、采油速度、采气速度、采出程度、注采比、地层压力等。

（3）动态参数场，如压力场、各相饱和度场、温度场、各组分摩尔分数分布等。

数值模拟预测为研究确定最优开发方式、开发层系、井网、井距、井型、完井射孔设计等决策提供依据。不同开发阶段及不同类型的凝析气藏，人们对其地质复杂性及其不确定因素的认识程度是不同的，对气井乃至整个气藏在开发过程中存在问题的认识程度也是不同的。因此，数值模拟预测研究的内容也有所不同[1, 5]。下面分4个部分予以描述。

一、开发初期数值模拟预测

对于新发现的凝析气藏，正式投入开发之前需要展开开发方式、开发层系、井网、井距、井型、射孔等决策的论证。由于新探明凝析气藏中探井和开发评价井井数还较少，此项工作必须建立在地质综合研究、气藏工程综合研究的基础上，对凝析气藏开发过程中可能出现的问题开展机理数值模拟研究和指标预测。在此基础上，提出凝析气藏整体开发的一系列方案，并进行数值模拟开发指标预测。

凝析气藏开发初期数值模拟研究工作的主要内容有：

（1）确定开发井型，对比水平井与直井的开发效果。

（2）井网井距研究，针对不同的井网密度，井网类型进行开发效果模拟对比。

（3）开发方式对比，研究该凝析气藏需要采用衰竭开发还是采用保持压力开发。

（4）射孔方案机理研究，研究最优的射开程度。

（5）开发层系研究，若该凝析气藏有多个储层，且有一定厚度，此时需要研究是否要划分开发层系及如何划分开发层系。

（6）在开发初期，对边底水的能量认识不够清楚，需要对水体能量大小进行敏感性分析，研究水体对开发效果的影响。

（7）研究采气速度对开发效果的影响，主要是研究对凝析油的影响。

（8）研究隔夹层对开发效果的影响，尤其是油水、油气界面处存在隔夹层的情况。

二、开发中后期数值模拟预测

对于开发历史较长的凝析气藏，开发井数较多，地质认识比较清楚，生产、测试动态资料比较多，在此基础上建立的三维地质模型一般能比较好地反映气藏的真实地质情况。经过精细数值模拟历史拟合后，进一步修正的地质模型更能比较真实代表气藏的地质特征，客观地反映气藏开采特征、剩余油气分布、压力分布状况等，因此，在历史拟合基础上的模拟预测能较好地反映凝析气藏开发调整的效果。

凝析气藏开发调整通常需要结合其开发历史、开发现状及目前存在的问题，有针对性地提出多种可供选择的、便于操作实施的开发调整方案，主要调整内容包括层系调整、井网调整、开发方式调整、注气压力保持水平、工作制度、采气工艺措施调整等方面。数值模拟预测是对所提出的调整方案采用数值模拟方法进行指标预测，通过模拟对比，选择一个最优的、合理的开发调整方案。

开发中后期数值模拟预测的主要内容包括：

（1）层系调整。

（2）开发方式调整。

（3）井网、井距调整及低效井和已关井的上返合理利用。

（4）新钻调整井的井型、完井方式及射孔层段。

（5）潜力层的补孔及其他增产措施。

三、带油环凝析气藏数值模拟预测

带油环凝析气藏的相态和开发特征尤为复杂，属于难开采的油气藏。开发设计必须考虑合理开采原油、凝析油和天然气，即不仅要考虑天然气和凝析油的采收率，而且还要考虑原油的采收率。数值模拟研究内容主要包括以下几方面：

（1）开发方式研究，采用衰竭式开发，还是保持压力开发。

（2）开发底油的可行性分析，井型、井网、射开程度、采油速度、上返时机等。

（3）开发程序的确定，是先开发气层，还是先开发油环，或是油气同采。

（4）研究边底水能量大小对天然气及原油的开发效果的影响。

（5）研究采气速度对油环开发效果的影响。

（6）研究射开程度对开发效果的影响。

四、应力敏感性气藏数值模拟预测

异常高压凝析气藏多具有应力敏感性特征，如塔里木盆地迪那凝析气藏压力系数高达2.0以上，衰竭式开采岩石应力变化幅度很大，由于岩石变形可能导致渗透率、孔隙度降低（图7－11、图7－12），因此，在做此类异常高压气藏的数值模拟时一定要考虑应力敏感性对开发效果的影响。不同的岩石变形程度，导致稳产年限具有较大差别。

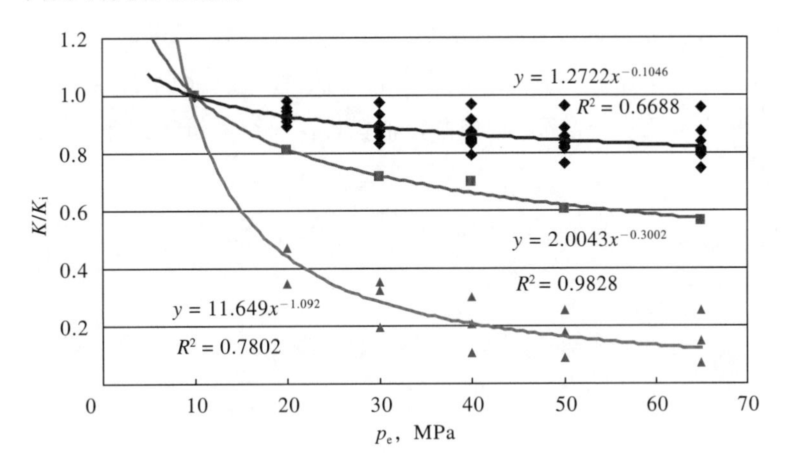

图7−11 迪那2气田归一化渗透率与有效覆压关系式

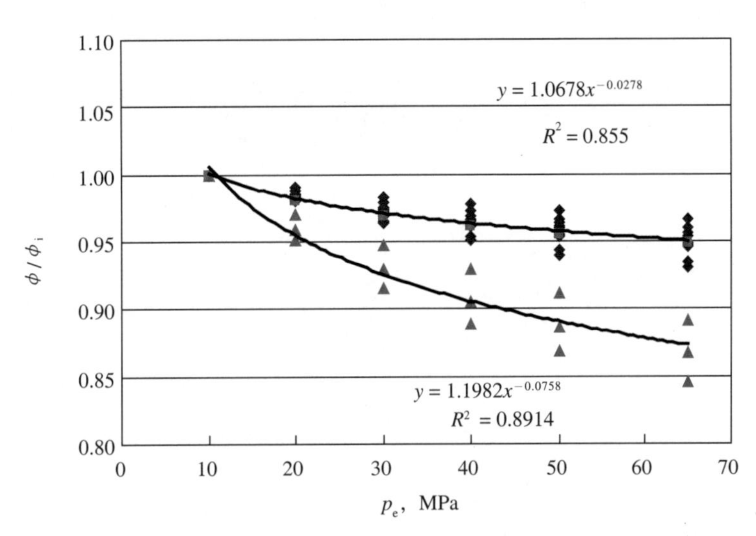

图7−12 迪那2气田归一化孔隙度与有效覆压关系式

因此，针对此类型凝析气藏需要解决两个方面的问题：一个是适当调控采气速度，尽可能地利用边水能量，以延缓压降速度和减小压降幅度，将岩石变形（裂缝闭合）的影响减到最小；另一个是适当调控单井产量减轻井底附近区域裂缝的闭合或渗透率降低幅度，减缓产能下降速度。

因此，应力敏感性凝析气藏数值模拟研究的主要内容有：

（1）模拟应力敏感性大小对油、气采出程度的影响。

（2）研究合理的开发方式，采用衰竭开发还是保持压力开发。

（3）研究确定开发井型，即采用水平井还是直井开发。

（4）研究采气速度对应力敏感性的影响，确定合理采气速度。

（5）研究边底水能量大小对开发效果的影响。

参考文献

[1] 袁士义，叶继根，孙志道. 凝析气藏高效开发理论与实践［M］. 北京:石油工业出版社，

2003.

[2] 叶继根.油气藏三维三相组分模型软件研制及应用 [J] .计算物理，2000, 17 (5) : 548-552.

[3] 李士伦.气田开发方案设计 [M] . 北京：石油工业出版社，2006.

[4] 黄炳光，　　李晓平.气藏工程动态分析方法 [M] . 北京:石油工业出版社，2004.

[5] 胡永乐，方义生，王晓云，等. 用单井数值模拟法研究凝析气井开采特征 [J] . 石油勘探与开发，1993, 20 (3) : 42-47.

第八章　凝析气藏开发程序及实例

油气藏勘探开发过程分为两个大的阶段——勘探阶段和开发阶段。勘探阶段通常由初探和预探两部分组成。开发阶段则是贯穿油气藏开发始终的一个长期过程，它依次包括油气藏评价、油气藏开发方案编制、油气藏产能建设、油气藏生产过程管理、开发调整和提高采收率等多个阶段直至油气藏废弃为止。

当含油气构造或圈闭通过预探取得了控制储量（或有重大发现），并经初步分析确认具有开发价值后，即进入油气藏评价阶段，开发研究人员将由此介入，与勘探研究人员一起，共同完成油气藏评价阶段的各项勘探开发任务。

第一节　凝析气藏开发程序

一、凝析气藏开发概念设计及评价部署

如前所述，当凝析气藏构造或圈闭经预探获得控制储量或有重大发现后，即进入气藏评价阶段，于是将进行凝析气藏开发概念设计，规划和评估该气藏可能建成的生产能力及建成此能力需要部署的各项勘探开发工作。因此，此阶段包括以下两项工作内容。

1. 开发概念设计

所谓开发概念设计，就是在凝析气藏发现证实后，在初步认识了圈闭、储层、流体、产能等地质特点的条件下，为了提高气田勘探开发及下游工程整体效益，按照开发要求所编制的最初的开发设计。开发概念设计应是地下、地面、市场、经济效益一体化设计，内容属于定性分析或初步预测，要求做到框架设计基本可靠。它包括地质、气藏工程、钻井工程、采气工程、地面工程等概念设计及经济评价。

地质、气藏工程概念设计与地质、气藏工程开发方案设计相似，要对凝析气藏的各项地质、动态特征（包括构造、储层、流体性质、相态特征、产能等）进行研究，建立概念地质模型。在此基础上，进行开发原则的制定，开发方式选择，开发层序的划分和组合，开发井网的部署，生产能力评估，对比方案设计和开发指标预测，经济评价和方案优选等[1,2]。

对于其他工程的概念设计，其内容结构与编制开发方案时的各项工程设计（钻井工程设计、采气工程设计、地面工程设计）也是类似的。

2. 勘探开发评价部署

上述概念设计，特别是地质、气藏工程概念设计，所依据的资料是勘探阶段获得的，其数量及质量均有很大的局限性，因而概念设计所确定的生产能力具有很大的风险性。为此，在评价阶段必须部署并实施一些勘探开发工作量，为编制正式开发方案做好准备。

（1）部署开发地震，钻评价井、取心，对构造和储层进行深入研究，使控制储量升级为探明储量。

（2）部署评价井试油、试井、试采，进行产能和天然能量研究。

（3）安排流体取样，进行流体性质和相态特征研究。

（4）安排室内试验，进行相对渗透率曲线、毛细管压力曲线、润湿性和敏感性等渗流特征研究。

（5）根据需要部署先导性矿场试验，进行开采机理和其他各项开发动态特征研究。

通过评价阶段的各项勘探开发工作，就可以建立起一个比较接近实际的凝析气藏地质模型，从而为编制正式开发方案做好准备。

二、凝析气藏开发方案设计

在凝析气藏评价阶段，通过各项勘探开发工作部署及实施，取得了足够的资料，控制储量升级为探明储量，完成了开发方案编制的准备工作，随即进入凝析气藏开发方案编制阶段。在此阶段，根据评价阶段取得的各项静态和动态资料，深入研究凝析气藏地质动态特征，建立地质模型。在此基础上进行开发方案编制，包括：地质、气藏工程方案设计，钻井工程方案设计，采气工程方案设计和地面工程方案设计以及健康、安全、环境（HSE）要求，经济评价和方案优选等。

1. 地质、气藏工程方案设计

地质、气藏工程方案设计包括两部分内容：一部分内容是研究工作，即根据评价阶段所取得各项相关资料研究凝析气藏地质、动态特征，为地质、气藏工程方案设计提供依据；另一部分是设计工作，即依据凝析气藏地质、动态特征，在开发原则指导下，进行开发方式、开发层系、开发井网、注气方式和产能等设计。由此可见气藏地质、动态特征研究是地质、气藏工程方案设计的依据，而地质、气藏工程方案设计是凝析气藏地质、动态特征研究的目的。二者是一个紧密相连的整体，不可分割。

1）凝析气藏地质、动态特征研究

凝析气藏地质、动态特征研究主要包括以下几个方面：

（1）构造特征和断裂系统研究。

构造特征和断裂系统对确定气藏类型（构造、岩性、断块等）、油气水分布、地质储量、驱动类型和井网布局等有着至关重要的意义，因此，编制开发方案时应对其进行深入研究。

（2）储层特征研究。

储层是流体储集和运动的场所。储层的性质制约着流体的运动规律，因此，研究储层性质或储层特征对于开发方案设计是不可缺少的。储层特征研究主要包括：储层的划分与对比、储层沉积相研究、储层砂体形态与展布、储层物性特征、储层微观孔隙结构特征、夹层特征、储层裂缝性质及分布规律等诸多方面。

（3）油气水关系及气藏类型研究。

通过构造特征分析、流体性质和油气水关系的研究，就可以确定油气藏类型。不同类型的气藏（如干气气藏、凝析气藏、带油环的凝析气藏等），其开发决策特别是开发方式是不一样的，因此，开发方案设计时必须对气藏类型进行深入研究。

（4）地质储量分析评价。

这里所说的地质储量是指通过凝析气藏评价阶段的工作计算出来并通过全国矿产储量委员会批准的探明储量。开发方案设计时，与上交探明储量时相比，一般来说没有新资料或资料增加不多，因此，不会对这一储量进行重新计算。但由于储量是产能建设的物质基础，因此仍需在储量参数上分别进行分析、评估，最后得出一个可动用的地质储量用于开发方案设计。

（5）建立地质模型。

充分利用地震、钻井、测井、试油和分析化验等原始资料，综合地质、测井和储层地震横向预测等研究成果，应用有关建模方法，建立单井剖面、平面和三维地质模型，供开发方案设计应用。

（6）气藏温度、压力系统研究。

气藏温度、压力系统指的是气藏温度和原始气藏压力随深度的关系。气藏温度和压力是流体性质及其相态特征的重要影响因素，并且原始气藏压力又是原始能量的象征。因此，研究气藏温度、压力系统，对于开发方案设计来说是十分重要的。

（7）流体性质及相态特征研究。

流体性质和相态特征研究以及相平衡计算对凝析气藏开发方案设计具有重要意义，研究内容主要包括：流体的组成及物理性质，包括等组分膨胀和等容衰竭等实验的相态分析，PVT相态实验数据拟合，凝析油气体系的气—液平衡计算等。

（8）渗流物理特征研究。

主要包括储层岩石润湿性、敏感性、相对渗透率曲线和毛细管压力曲线等。

（9）气藏天然能量及其可利用性研究。

主要包括气藏弹性能量（岩石和流体），边、底水能量，甚至夹层水能量，并研究如何利用。

（10）气藏产出、注入能力研究。

气藏产出能力研究主要通过产能试井解决以下几个问题：

① 建立无阻流量（q_{AOF}）与地层系数（Kh）的相关关系。

② 建立全气藏综合产能方程。

③ 确定生产压差上限（最大可能的生产压差），该生产压差必须满足以下条件，不破坏储层岩石结构，即不导致气井出砂，不引起边、底水暴性水淹或暴性气窜，不造成井底附近区域发生显著地反凝析现象，不造成油管冲蚀等。

气藏注入能力研究主要是对需要循环注气开发的凝析气藏，确定单井的注入能力。在没有试注资料的情况下，可以采用产能方程确定。因为凝析气藏的产出气和注入气，虽然有湿气与干气之分，但二者是互溶的，均属于气相，没有相对渗透率和毛细管力的差别。如果说有什么不同，那就是它们的黏度和压缩因子有所差异。但这些差异很小，考虑它们实际意义不大。此外，产能常因地层中的反凝析影响而变低，使得开发中的产能总是小于原始产能。可是注入能力是随注入时间的推移而增加的。因此，同一井层的注入能力总是比其生产能力要好一些。

（11）凝析气藏开采机理和采收率研究。

凝析气藏开采机理研究主要是对影响凝析气藏开发的单因素进行分析，包括采气速度、井网、井型、水体大小敏感性分析、不同开发方式的采收率对比分析等。

进行上述项目的研究，需要多学科协同工作。在对气藏地质、动态特征取得了全面有效地认识后方能着手编制地质、气藏工程方案。

2）地质、气藏工程方案

在气藏地质、储量分类与评价等研究基础上，开展气藏工程设计。

主要内容包括：开发原则的制定，开发方式选择，开发层系的划分与组合，开发井网部署及注气方式的选择，生产能力设计，对比方案设计和开发指标预测，技术经济分析和方案优选以及方案实施要求等。

（1）开发原则的制定。

开发原则指气藏开发的技术经济路线及重大开发决策的规定。例如，技术经济路线可以提出以取得最大利润为总原则，也可以从国家发展需要及保护国家资源出发，提出“按气藏特点，根据国民经济发展的要求，通过适当调节，以满足气藏较长时期的高产和稳产，以最少的经济消耗，取得最高的采收率和最大的经济效益”的开发原则。又如，对采气速度，稳产期限，开采方式，注气方式，采收率，井下及地面工程，储层保护，环境、卫生及安全生产等重大开发决策提出政策性要求或界限。

（2）开发方式选择。

开发方式包括衰竭式开采和保持压力开采两大类型。衰竭式开采常存在如何有效利用天然能量（主要指边、底水能量）的问题；保持压力开采可以有外来气注入或循环注气加外来气注入保持压力开采，或单纯循环注气部分保持压力开采。保持压力也可以在不同压力水平上保持，如保持在原始地层压力、原始露点压力以上或以下某一压力，形成单相驱或混相驱。

选择何种开发方式，应根据凝析气藏地质、动态特征和技术经济条件决定。

（3）开发层系的划分和组合。

一个开发层系是由一些流体性质和储层性质相近，折算原始地层压力相近的储层组成，其顶底具有良好的隔层，且具有足够的储量和生产能力。合理地划分和组合开发层系可以减少层间矛盾，提高储量动用程度，提高注入气的纵向波及系数，改善开发效果。

对一个多储层的凝析气藏，有时如果在组合了一套独立的开发层系后，还剩下一些居于该套开发层系之外，又不足以组成另一套开发层系的储层，对这些储层应该慎重对待，是利用特殊定向井开发，还是作为今后的产能接替储层，需妥善地做出开发决策。

（4）开发井网部署及注气方式的选择。

井网部署通常要研究3个问题：井网密度，一次与多次井网及其衔接，布井方式。

井网密度与储层的连通性有关，一般来说，连通性好的中、高渗透储层，可以适应较稀的井网，而连通性差的低渗透储层，则必须部署较密的井网，以提高井网对储层砂体的控制程度。此外井网密度还与所要求的采气速度有关。要提高采气速度，必然增加井数，即加大井网密度，反之亦然。加大井网密度，一方面加快了产出，但另一方面也增加了投入，对于一个具体的凝析气藏来说，应有一个特定的合理平衡点，或者说有其合理的井网密度，既要求对储层的控制程度高，达到所要求的生产能力，而又要投资最少，经济效益高。

注气方式选择由气藏的具体地质特点及所要求的压力保持水平确定。

（5）生产能力设计。

生产能力设计是地质、气藏工程方案设计的目标和落脚点。前面所有各项研究工作，以及层系、井网、注气方式等各项设计，都是围绕建成所要求的生产能力而运作的。凝析气田（藏）的生产能力既要考虑整体的采气速度又要考虑单井合理产量。

（6）对比方案设计和开发指标预测。

对比方案设计和开发指标预测是设计若干个有竞争性的对比方案，并预测各个方案的开发指标变化规律，以供开发方案优选之用。

（7）技术经济分析和方案优选。

技术经济分析和方案优选是根据钻井工程、采油工程、地面工程投资和生产成本，对各个对比方案进行技术经济评价，以优选出最佳开发方案提供实施。

（8）方案实施要求。

方案实施要求是在实施推荐的最佳方案时，应该履行或遵守的技术准则或规定，以保证开发方案设计指标的实现。例如，对钻井程序可以提出由内到外，整体部署，分步实施；对直井井斜或井底位移，可以提出不超过某一斜度或距离的技术界限要求；对投产、投注时机及程序，可以提出先采气至原始露点压力或到某个压力以下开始注气，或同时投产、投注的技术要求；还有实施过程中取资料要求等。

2. 其他工程方案设计

1）钻井工程方案设计

钻井工程方案应以地质与气藏工程方案为基础，满足采气工程的要求。主要内容包括：已钻井基本情况分析，地层孔隙压力、破裂压力及坍塌压力预测，井身结构设计，钻井装备要求，井控设计，钻井工艺要求，储层保护要求，录井要求，固井及完井设计，HSE（健康、安全、环境）要求，钻井工程投资估算等。

2）采气工程方案设计

采气工程方案应以地质与气藏工程方案为基础，结合钻井工程方案进行设计。主要内容包括：储层保护措施，采气工程完井设计，采气方式和参数优化设计，注气工艺和参数优化设计，增产增注技术，对钻井和地面工程的要求，HSE要求，其他配套技术，采气工程投资估算等。

3）地面工程方案设计

地面工程方案设计以地质与气藏工程、钻井工程、采气工程方案为依据，按照“安全、环保、高效、低耗”的原则，在区域性总体开发规划指导下，结合已建地面系统等依托条件进行设计。

主要内容包括：地面工程建设规模和总体布局，地面工程建设，各系统（油气集输系统，天然气集输处理系统，供气、注气系统，供水、供电、通讯系统，防腐保温系统，供热采暖、通风系统等）工艺设计，土建工程，防垢工程，生产维修，组织机构和定员方案，健康、安全、环保和节能等方案，地面工程方案的主要设备选型及工程用量，地面工程总占地面积，总建筑面积，地面工程投资估算等。

3. 经济评价

凝析气藏开发方案经济评价是在石油工业建设项目经济评价的有关政策、规定指导下进行的。评价方法采用国际上通用的动态现金流量法并辅以静态分析方法。评价时以地质、气藏工程设计方案为对象，根据钻井、采油和地面工程设计估算投资，根据采气工程设计测算生产成本，再结合销售收入、评价年限、税率和贴现率等参数进行评价。评价得出内部收益率、投资回收期、投资利润率、净现值等主要经济指标。然后进行敏感性分析，最后进行技术经济综合决策分析及方案优选。

第二节 牙哈23凝析气藏循环注气开发

牙哈凝析气田是中国第一个大规模整装采用高压循环注气开发的凝析气田，经过10多年开发实践，取得了较好的开发效果[3, 4]。

一、气藏概况

1. 地质特征

牙哈23构造是牙哈断裂构造带上规模最大的一个构造。产层埋深平均在5000m左右，是牙哈构造带上埋深相对较浅的一个含油气构造，其形态为长轴背斜，长短轴之比为9：1。如图8-1所示。各层系上下构造形态基本一致，发育继承性好。

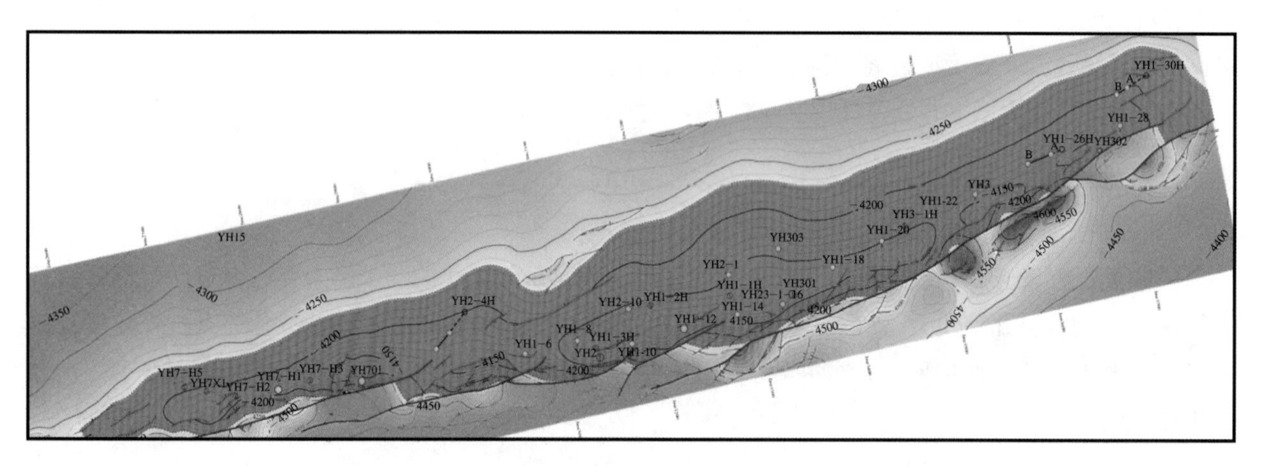

图8-1 牙哈23凝析气藏古近系底砂岩顶面构造图

牙哈凝析气田共有4套储层：吉迪克上砂体（N_1j_1）、吉迪克下砂体（N_1j_2）、古近系底砂岩（E）、白垩系（K），其中N_1j_1、N_1j_2为侧向大片连通分布稳定的砂坪相沉积。E层为冲积平原上的长流程辫状河沉积，K层为冲积平原上的短流程辫状河沉积，如图8-2所示。

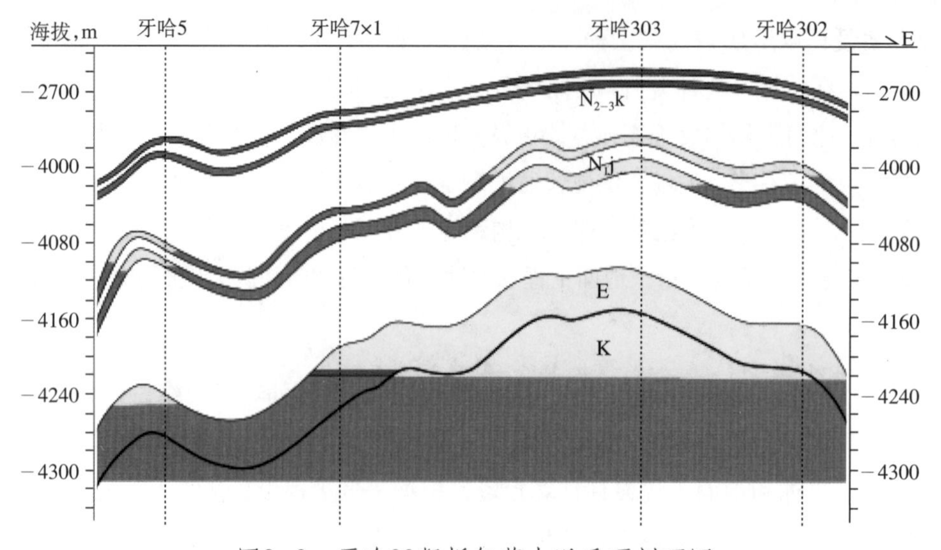

图8-2 牙哈23凝析气藏古近系顶剖面图

古近系底砂岩E层孔隙度一般在12%～18%变化，平均15.3%，渗透率平均145mD。白垩系砂岩孔隙度一般在10%～20%变化，平均15.1%。渗透率平均19mD。

牙哈23凝析气藏夹层物性总体来看孔隙度小于10%，渗透率小于6mD，划分夹层的物性上限基本上是参照各层位储层物性下限确定的。以夹层研究的重点层位E+K而言，通过岩心分析数据统计表明，岩性夹层孔隙度多在1%～8%，大部分小于6%。渗透率多在0.1～3mD，一般小于2mD，而夹层物性较好，孔隙度多在4%～10%，平均约6%左右。渗透率多分布在2～6mD，大部分小于4mD。

夹层分布层数最多的层位是白垩系，最少的是古近系底砂岩，吉迪克组分布居中。夹层厚度、频率、密度是衡量夹层分布程度的关键参数。其中夹层频率是指每米厚地层中夹层出现的条数，夹层密度是指每米厚地层中夹层所占的厚度。牙哈凝析气田夹层统计结果如图8-3所示。

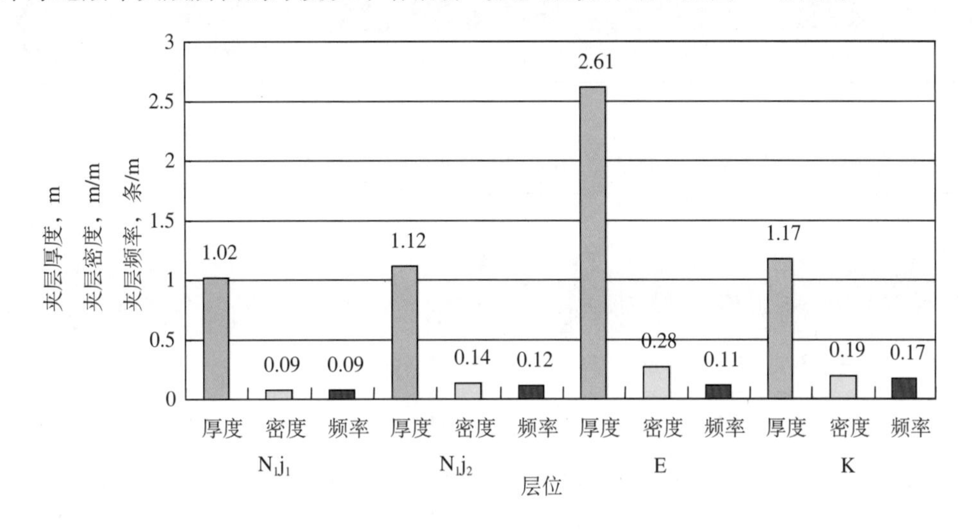

图8-3 牙哈23构造各层位夹层厚度、密度、频率分布变化

2. 储层流体特征

经过对比，牙哈23E+K凝析气藏最有代表性的地层流体为YH23-2-10井E层的样品。

YH23-2-10井取样条件见表8-1，E层凝析气藏生产初始气油比为1332m³/m³，流体组成数据见表8-2。C_1+N_2的含量为77.76%；CO_2+C_2～C_6的含量为15.96%；C_{7+}的含量为6.28%。20℃时油罐油密度为0.8g/cm³。

该井层原始地层压力为56.26MPa，地层温度为138.6℃。露点压力为51.2MPa，地露压差为5.06MPa。进行了六级衰竭实验，测得衰竭过程中各组分含量、偏差系数、采收率、反凝析液量等数据随压力的变化见表8-3、表8-4。衰竭生产时的最大反凝析压力为30MPa，最大反凝析液量为19.2%，该样品相图特征如图8-4所示。

YH23-2-10井地层流体分析表明，凝析气中的凝析油含量在550～600g/m³之间。

二、开发方案设计

1. 产出、注入能力评价

1）产气能力评价

（1）单井无阻流量。

根据试油、系统试井资料，利用单点法无阻流量公式计算各气藏无阻流量[5]，结果见表8-5。

表8-1 YH23-2-10井流体样品取样条件

分离器		井口压力 MPa	井底流压 MPa	地层压力 MPa	生产压差 MPa	气产量 m^3/d	油产量 m^3/d	生产气油比 m^3/m^3
温度 ℃	压力 MPa							
30	2.55	36.54	55.41	56.26	0.85	62292	46.75	1332

表8-2 YH23-2-10井E层井流物组成数据

组 分	CO_2	N_2	C_1	C_2	C_3	iC_4	nC_4	iC_5	nC_5	C_6	C_{7+}
井 流 物	0.60	3.12	74.64	8.76	3.51	0.80	1.01	0.36	0.36	0.56	6.28

表8-3 YH23-2-10井E层定容衰竭测试数据

衰竭压力 MPa	组 分													平衡气相偏差系数 Z	气液两相偏差系数 Z	累计采出百分数 %
	CO_2	N_2	C_1	C_2	C_3	iC_4	nC_4	iC_5	nC_5	C_6	C_{7+}	MC_{7+}	DC_{7+}			
51.20	0.60	3.12	74.64	8.76	3.51	0.80	1.01	0.36	0.36	0.56	6.28	289	0.867	1.171	1.171	0
44.00	0.61	3.14	75.15	8.74	3.49	0.77	0.97	0.34	0.34	0.54	5.91	244	0.858	1.107	1.074	6.352
37.00	0.62	3.17	75.51	8.77	3.47	0.74	0.94	0.31	0.30	0.52	5.65	225	0.845	1.042	0.986	14.212
30.00	0.63	3.19	75.74	8.79	3.46	0.72	0.91	0.29	0.28	0.51	5.48	217	0.839	0.980	0.916	25.105
23.00	0.63	3.16	76.10	8.82	3.48	0.75	0.94	0.30	0.29	0.54	4.99	212	0.836	0.920	0.862	39.008
16.00	0.63	3.18	75.93	8.85	3.51	0.78	0.98	0.31	0.30	0.57	4.96	209	0.834	0.865	0.833	56.054
9.58	0.63	3.24	74.56	8.91	3.62	0.86	1.08	0.34	0.33	0.62	5.81	207	0.832	0.852	0.797	72.504

表8-4 YH23-2-10衰竭过程中压力与反凝析液量数据

压力 MPa	反凝析液量占孔隙体积百分数 %
51.20	0.00
44.00	9.08
37.00	16.61
30.00	19.20
23.00	19.10
16.00	16.56
9.58	12.97
0.00	9.32

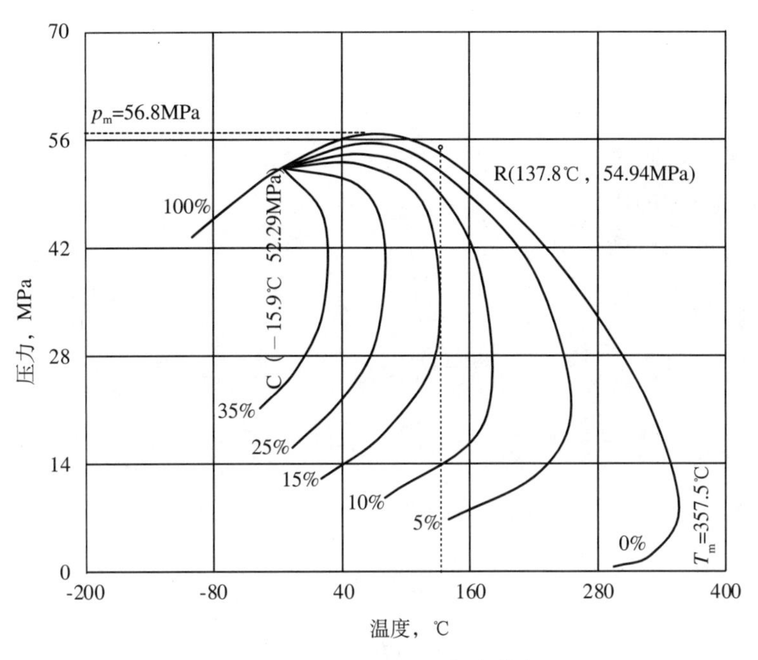

图8–4　YH23–2–10井流体相图

表8–5　牙哈凝析气田无阻流量汇总

层　位		井层	无阻流量，$10^4m^3/d$	
			范　围	平　均
Nj	Nj_1	7	8.2810～89.1572	50.2714
	Nj_2	2	33.7450～55.8405	44.7938
	小计	9	8.2810～89.1572	49.0541
E		7	89.4827～176.2156	122.7362
K		4	3.3471～14.5292	9.6742

（2）建立无阻流量q_{AOF}与地层系数（Kh）的关系。

首先对Kh进行井筒伤害校正及打开程度校正。将校正后的Kh与对应的q_{AOF}置于双对数坐标上，得到：

$$\text{Nj，E层：}\quad q_{AOF}=6.3719(Kh)^{0.3937} \tag{8-1}$$

$$\text{K层：}\quad q_{AOF}=0.0273(Kh)^{1.0228} \tag{8-2}$$

（3）建立与（Kh）相关的气藏平均产能方程。

利用二项式产能方程中A、B常数与q_{AOF}的关系：

$$A=p_i^2/4q_{AOF}，\quad B=3p_i^2/4q_{AOF}^2 \tag{8-3}$$

代入二项式产能方程，得到气藏的平均产能方程：

$$\text{Nj，E层：}\quad p_R^2-p_{wf}^2=0.03923p_i^2(Kh)^{-0.3937}q_{mix}+0.01847p_i^2(Kh)^{-0.7874}q_{mix}^2 \tag{8-4}$$

$$\text{K层：} p_R^2 - p_{wf}^2 = 9.1575 p_i^2 (Kh)^{-1.0228} q_{mix} + 1006.32 p_i^2 (Kh)^{-2.0456} q_{mix}^2 \tag{8-5}$$

式中 p_i——原始地层压力，MPa；

p_R——生产到某一时期的平均地层压力，MPa；

p_{wf}——井底流压，MPa；

（4）N_1j、E、K层单井产能方程。

将校正后的气藏平均地层系数代入式（8–4）、式（8–5），得到各气藏的平均单井产能方程：

$$N_1j\text{：} p_R^2 - p_{wf}^2 = 14.23 q_{mix} + 0.7807 q_{mix}^2 \tag{8-6}$$

$$q_{AOF}=54.68 \times 10^4 m^3/d$$

$$\text{E：} p_R^2 - p_{wf}^2 = 5.4573 q_{mix} + 0.1118 q_{mix}^2 \tag{8-7}$$

$$q_{AOF}=146.39 \times 10^4 m^3/d$$

$$\text{K：} p_R^2 - p_{wf}^2 = 67.4753 q_{mix} + 17.0967 q_{mix}^2 \tag{8-8}$$

$$q_{AOF}=11.84 \times 10^4 m^3/d$$

（5）牙哈凝析气藏合理生产压差分析。

由于牙哈凝析气藏未见出砂现象，合理生产压差主要考虑以下方面：

①井底附近地层没有明显反凝析：根据已有资料难以确定不出现明显反凝析的生产压差界限，暂用注入井底流压$p_{wfLim} \geqslant 0.9p_d$（$p_d$为露点压力），即压差小于5MPa。

②具有足够的携液能力：具有足够的携液能力的极限流量，N_1j层（1.879～4.738）$\times 10^4 m^3/d$、E层（1.873～4.714）$\times 10^4 m^3/d$；所需生产压差，N_1j层0.26～0.77MPa、E层0.10～0.28MPa、K层1.68～6.61MPa。

③井口附近不生成水合物：生产压差为0.1MPa时，可能生成水合物的温度为27.54℃，而气井正常生产时，生产压差大于0.1MPa，井口流温30℃以上，因此，井口生成水合物的可能性不大。

由以上因素综合分析，确定合理生产压差为2MPa。

（6）产能预测。

在合理生产压差下，计算了气藏平均单井合理产量，见表8–6。

表8–6 牙哈凝析气藏平均单井指标

层位	无阻流量 $10^4 m^3/d$	合理压差 MPa	平均单井产量 $10^4 m^3/d$
N_1j	55	2	10
E	146	2	26
K	12	2	2.1

2）注气能力分析

凝析气藏的产出气、注入气可以互溶，均属气相，没有相对渗透率和毛细管压力的差异，故仍以产能方程代替注气能力方程[6]。

（1）注气能力方程。

N_1j、E层：

$$p_{wfi}^{\ 2} - p_R^{\ 2} = 0.03923\, p_i^{\ 2} (Kh)^{-0.3937} q_i + 0.01847 \times 10^{-5} p_i^{\ 2} \cdot (Kh)^{-0.7874} q_i^2 \tag{8-9}$$

K层：

$$p_{wfi}^{\ 2} - p_R^{\ 2} = 9.1575\, p_i^{\ 2} (Kh)^{-1.0228} q_i + 100631970 \times 10^{-5} p_i^{\ 2} \cdot (Kh)^{-2.0456} q_i^2 \tag{8-10}$$

式中　p_{wfi}——注入井井底流压，MPa。

（2）地层压力保持水平。

既要减少反凝析，使平均流压保持在露点附近，同时地层压力保持水平又不过高，地层压力保持54MPa较合理。

注入井口压力50MPa，平均单井注入量（20～30）×10⁴m³/d时，最大注入井底流压（p_{wfim}）63MPa，正常生产时取其0.95倍，为59.83MPa，则注入压差5.83MPa，可满足注采平衡。

（3）最大注入压差分析。

保持地层压力54MPa时，最大注入压差Δp_{injm}为：N_1j层9.093MPa、E+K层9.393MPa。

（4）平均单井注入量。

保持54MPa压力时，平均单井产量为：N_1j层$30 \times 10^4 m^3/d$、E+K层$75 \times 10^4 m^3/d$。

保持54MPa压力时，注入流压取最大注入流压的0.95倍，平均单井注入量为：N_1j层$22.6 \times 10^4 m^3/d$、E+K层$56.9 \times 10^4 m^3/d$。

2. 开发层系及开发方式优化

1）开发层系

N_1j、E+K属不同的油、气、水系统，埋深相差100m左右，储量丰度、生产能力具备单独开发的条件，因此可分为两套开发层系。

2）开发方式

（1）E+K层开发方式优化。

通过对衰竭式开采、部分保持压力注气开采、保持压力注气开采、压力降至35MPa注气开采等4种开发方式对比，研究认为，部分保持压力注气开采方式最佳。见气时间3年，见水时间为11年，循环注气可抑制边、底水的侵入。凝析油采出程度58.15%，气采出程度70.81%，注气期间保持压力水平53.8～51.1MPa。

（2）N_1j层开发方式优化。

通过对衰竭方式、循环注气部分保持压力、循环注气保持压力等3种开发方式研究认为，循环注气部分保持压力开发方式最佳。注气前先衰竭半年，平均地层压力由55.3MPa降为53.6MPa。注气时间为9年。见气时间3年，见水时间为5年，注气抑制了边、底水的侵入。油采出程度49.3%，气采出程度63.1%。

3. 开发井网及井距优化

1）井网

（1）E+K层开发井网优化。

对以下3种方案进行对比：

①轴部注气，轴部及边部采气相结合。

②边部注气，轴部采气。

③轴部注气，边部采气。

研究认为，第一种方案最佳，该方案在累计产油相同的条件下，气油比、累计注气、累计产水均低于其他两个方案。注气见气时间3年，见水时间14年，油、气的采出程度分别为56.5%、61.8%。

（2）N_1j层开发井网优化。

通过对轴部注气边部采气、边部注气轴部采气、轴部（鞍部）注气轴部（高部位）采气等3种布井方式研究认为，第三种布井方式最优。见气时间3年，见水时间7年，油采出程度49.74%，气采出程度64.4%。

2）井距

通过计算，循环注气开采经济极限井距，N_1j为900m左右，E+K层为725m左右；根据数值模拟结果，确定注采井距上限为1100m。确定合理注采井距为800～1100m。

4. 方案部署及开发指标预测

通过综合评价优选，E+K层采用轴部注气、轴部和边部采气相结合的布井方式，部分保持压力、循环注气开发，6注10采（含1口水平井），2口观察井[7]。N_1j层采用鞍部注气、高部位采气的布井方式，部分保压、循环注气开发，2注5采。总井数有25口。

牙哈凝析气田开发指标预测，从投产时开始注气，注气时间9年。平均采气速度为6.3%。注气结束时，凝析油采出程度40.53%，天然气采出程度1.75%。预测生产25年后，凝析油采出程度54.7%，天然气采出程度67.94%。

三、开发实施效果

牙哈23凝析气藏从2000年10月底投产以来，年产凝析油55×10^4t以上，已稳产10年，高于方案设计年产油50×10^4t以上稳产5年（图8-5）的水平。

牙哈23凝析气藏总体气油比逐渐升高，通过实施各种调整措施维持凝析油的稳定生产，截至2010年12月，气油比达到2586m^3/t，已累计产气$117.05\times10^8m^3$，累计注气$61.47\times10^8m^3$（0.24PV），回注率52.52%，累计产凝析油586.55×10^4t，天然气采出程度21.53%，凝析油采出程度31.63%[8,9]。

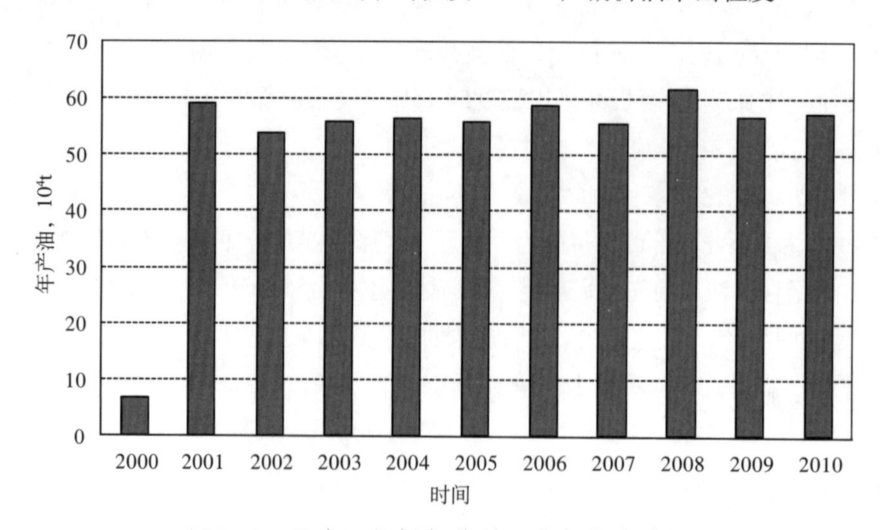

图8-5 牙哈23凝析气藏循环注气年产油量

第三节　英买7-19带油环凝析气藏开发

英买力凝析气田群由英买7-19、英买21、英买17、英买23、羊塔1、羊塔2、玉东2合计7个凝析气藏组成，其中英买7-19为英买力气田群最大的凝析气藏，该气藏具有5m的油环，开发过程中采用水平井开发底油、直井采气，取得了一定的效果。

一、气藏概况

1. 地质特征

英买7号断裂构造带位于塔里木盆地塔北隆起带西段，轮台断隆的西北缘。英买7-19号构造位于英买7断裂中东部，为一长轴断背斜。其长轴北东向延伸，长约13.3km，宽约2.9km，长宽比为4.6：1。构造北翼完整，南翼被英买7-19断层和英买7-19东断层切割[4, 10]。

英买7-19号构造有两个高点，最高者海拔为-3656m，最大圈闭线海拔-3720m，最大幅度64m，圈闭面积22.7km²，如图8-6所示。

英买7-19号构造顶界海拔-3643m，油气界面海拔-3714m，油水界面-3719m；气柱高度71m，含气面积17.5km²，油柱高度5m，含油面积18.8km²，如图8-7所示。

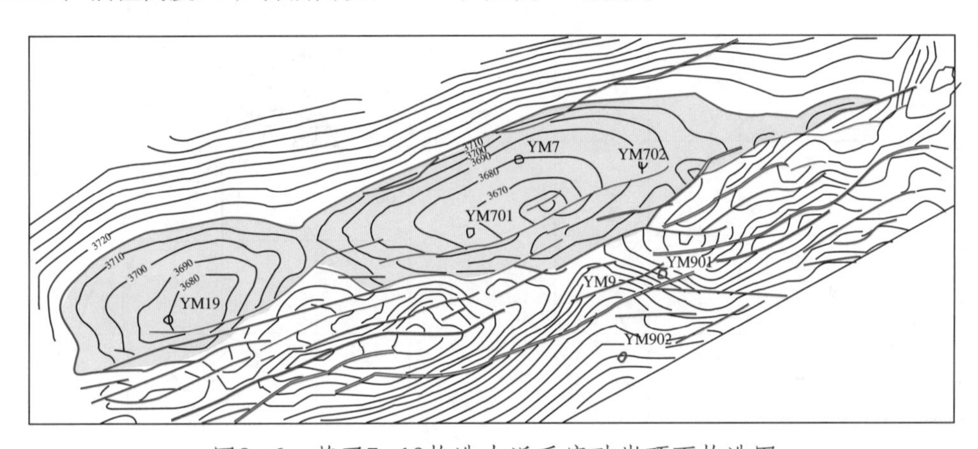

图8-6　英买7-19构造古近系底砂岩顶面构造图

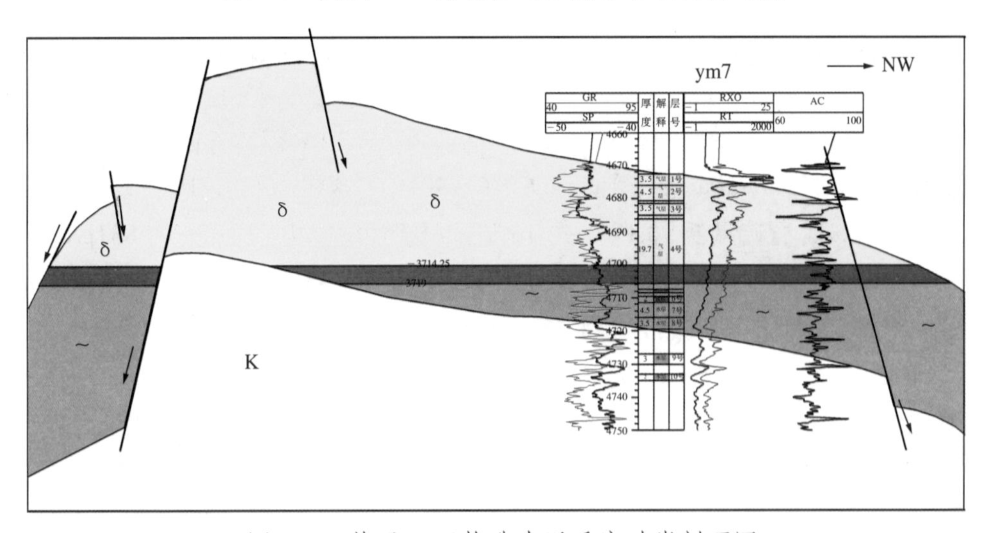

图8-7　英买7-19构造古近系底砂岩剖面图

据岩心观察，砂体粒序以正韵律为主，块状韵律次之，复合韵律、反韵律很少。储层非均质性参数统计见表8–7，由统计表看出古近系底砂岩非均质性较为严重。

表8–7 英买7–19带油环凝析气藏古近系底砂岩非均质性参数统计表

渗透率，mD			级差	突进系数	变异系数	均质程度评价
最大值	最小值	平均值				
13537	0.41	1451.62	529～18	5.7～4.0	1.5	严重非均质

英买7–19号构造古近系底砂岩的孔隙度一般为10%～25%，均值为19.72%。渗透率为0.41～13537mD，均值为1451.6mD，为中孔高渗的Ⅰ～Ⅱ类储层。

2. 流体性质

英买7–19古近系带油环凝析气藏油气界面为–3714m、油水界面为–3719m，原始地层温度为106.83℃。以气藏的油水界面作为基准面，地层压力51.12MPa。原始状态下地层原油相图如图8–8所示，凝析气流体相图如图8–9所示。

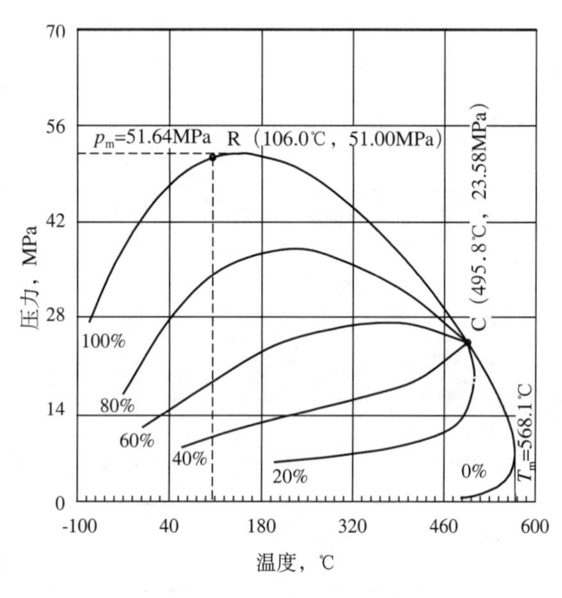

图8–8 YM7–2井流体相态图

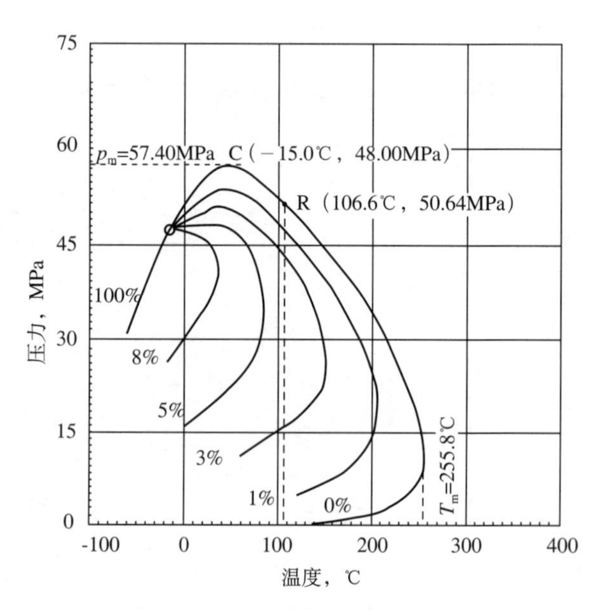

图8–9 YM701井地层流体相态图

英买7–19带油环凝析气藏的原油相对密度（20℃）中等，为0.8254～0.8552，具有四高一低的特点，即黏度高（4.74～38.52mPa·s）、凝固点高（26～40℃）、含蜡高（13.01%～23.91%）、胶质沥青含量高（8.42%～8.61%）、含硫量低（0.11%～0.16%）。凝析油密度为0.7614～0.7831g/cm^3，50℃时的黏度为1.12～1.18mPa·s，凝固点0～40.0℃，平均17℃，含蜡量5.35%～8.52%，含硫量0.14%。

英买7–19带油环凝析气藏天然气相对密度平均为0.6286，甲烷含量87.97%，C_2～C_5含量8.27%，CO_2含量0.27%，氮气含量3.39%，H_2S含量8mg/m^3。

英买7–19带油环凝析气藏地层水矿化度高，总矿化度为200866mg/L，Cl^-含量为122706mg/L，Ca^{2+}含量为12673.3mg/L，K^++Na^+含量为62771.9mg/L；水型为$CaCl_2$型，气藏封闭条件好。

二、开发方案设计

1. 产能评价

英买7−19带油环凝析气藏气层共试气10个井层，无阻流量为（49.3～971.1）×10⁴m³/d，平均288.9×10⁴m³/d。结果见表8−8。

表8−8　英买7−19带油环凝析气藏一点法无阻流量汇总

层位	气层试油井层数	无阻流量，$10^4m^3/d$	
		范围	平均
E	10	49.3～971.1	288.9

为了确定气藏的产能，在YM701井进行了修正等时试井。根据测试结果作曲线$\Delta p^2/q$—q（图8−10），得YM701井产能方程为：

$$p_R^2 - p_{wf}^2 = 0.3456q_{mix} + 8.4\times10^{-3}q_{mix}{}^2 \quad (8-11)$$

式中　p_R，p_{wf}——地层压力和流压，MPa；

q_{mix}——产气量，$10^4m^3/d$。

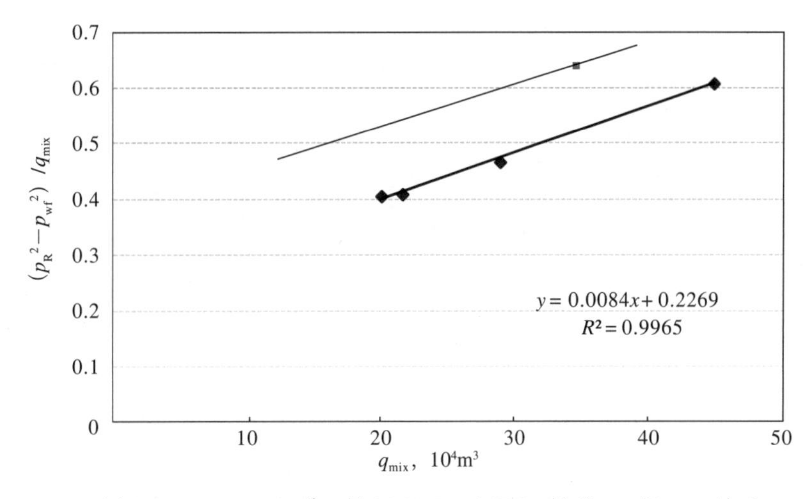

图8−10　YM701井E层4661.5～4676m层段$\Delta p^2/q$—q关系

由方程（8−11）得该层段无阻流量为529.5×10⁴m³/d。其IPR曲线如图8−11所示。结合测试资料对上述解释结果分析如下：

（1）YM701井古近系总有效厚度37m，射开有效厚度14.5m，打开程度39.2%，无阻流量529.5×10⁴m³/d，产能很高。

（2）本次修正的等时试井，各个工作制度下生产压差都很小，在10mm油嘴生产时，凝析气产量高达44.877×10⁴m³/d，生产压差只有0.27MPa；且每次关井压力恢复都很快，关井后压力在很短的时间内就恢复到稳定，显示出地层物性好、能量充足的特点。

为了确定新的井层或全气藏的平均单井产能，还必须找出无阻流量（q_{AOF}）与气藏地层系数（Kh）的关系，然后利用测井解释Kh值按此关系预测新的井层或全气藏的平均单井产能。

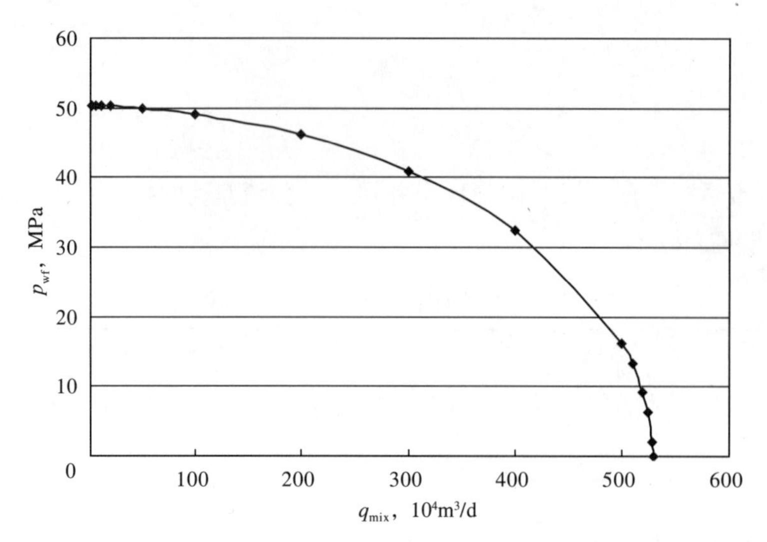

图8－11 YM701井E层4661.5～4676m井段系统试井二项式产能曲线

将英买7－19带油环凝析气藏所有测试气层测井的*Kh*值及与之对应的无阻流量q_{AOF}（表8－9）置于直角坐标上（图8－12），从而可以得到下列关系：

$$q_{AOF}=0.176(Kh)^{0.7845} \tag{8-12}$$

式中 q_{AOF}——无阻流量，$10^4m^3/d$；

Kh——地层系数，测井解释值，mD·m。

如果已知某井层的测井解释*Kh*值，即可按照方程（8－12）求得该井层的无阻流量，同理也可求得气藏平均单井无阻流量。

表8－9 英买7－19带油环凝析气藏无阻流量q_{AOF}与*Kh*值数据表

井号	层位	射开井段 m	射开厚度 m	射开有效厚度 m	*d* mm	*K* mD	*Kh* mD·m	q_{AOF} $10^4m^3/d$
YM7	E	4672.0～4685.0	13	11.5	9.53	682.2	7846	218.10
	E	4690.0～4700.0	10	10	9.53	469.6	4696	99.99
	E	4690.0～4700.0	10	10	9.12	469.6	4696	140.40
	E	4707.5～4712.5	5	4	6.35	389.8	1559	70.51
YM701	E	4661.26～4685.0	23.7	23.5	7.94	2347.7	55171	971.06
	E	4690.0～4697.0	7	7	7.14	232.0	1624	49.32
YM702	E	4700.0～4705.0	5	5	6.35	463.0	2315	84.63
YM19	E	4663.75～4678.66	14.9	14.16	7.94	2022.5	28639	508.30

2. 开发机理研究

1）开发井型优选

在不考虑油环的情况下，进行了直井和水平井只开采气层时的开发效果对比。对比方案中采气速度为3.5%，直井打开程度30%，水平井水平段长300m、位于气层顶部。

表8－10为两种井型下的开采指标对比。可以看出，水平井的开采指标略好于直井，考虑到水平井钻井费用高于直井，因此采用直井来开采气层。

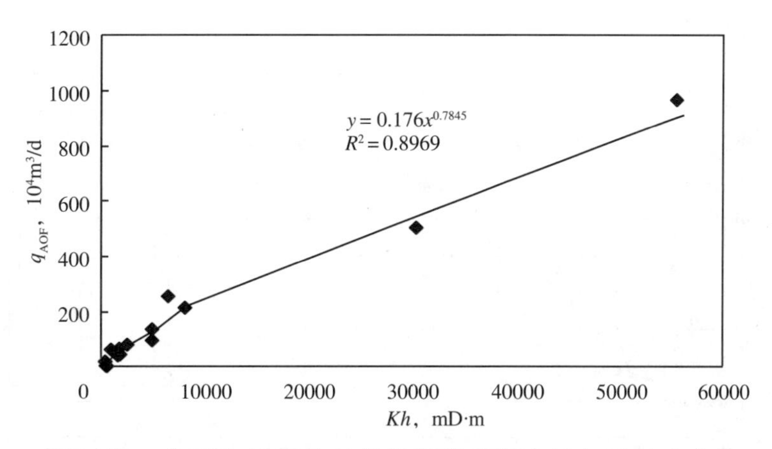

图8–12　英买7–19带油环凝析气藏无阻流量与Kh关系曲线

分析原因，主要是由于气藏油气柱高度大，储层呈反旋回，气藏上部储层物性好（渗透率高达1000mD），而油水界面附近储层物性差且夹层发育，水层处于物性最差位置，从开发气层的角度看，应用水平井的优势不明显。

表8–10　不考虑油环时直井与水平井开采效果对比表

对比方案	无水期			稳产期			24年指标			
	时间 a	油采出程度 %	气采出程度 %	时间 a	油采出程度 %	气采出程度 %	油采出程度 %	气采出程度 %	水气比 $m^3/10^4m^3$	含水率 %
直井	8	10.49	39.03	12	15.10	58.47	19.59	80.23	5.63	88.78
水平井	13	15.20	63.41	14	16.07	68.30	18.94	80.57	0.75	51.72

2）水平井开采底油可行性研究

水平井由于具有泄油面积大、生产压差低、可延缓气（水）锥进速度等优点，随着钻井技术的日益成熟，水平井的使用越来越广泛，特别是对于薄油环凝析气藏的开发，更具有很好的应用效果。英买7–19带油环凝析气藏底油厚度较薄（5m），气藏储层的中下部夹层发育，因此开展了利用水平井提高底油采收率的可行性研究，主要从水平井水平段在纵向上的位置、水平段长度、采油速度、水平井先采油再上返采气的时机等方面进行了论证，在设计水平井开采底油最优方案的基础上，与直井采气方案进行了对比，优选了开采程序。所有的对比研究均在三维模型中进行[11]。

（1）水平井纵向上水平段位置优选。

在所有井均为水平井、底油开采速度为2%的条件下，设计了水平段位于油气界面处，油气界面以上3m、2m、1m，位于油气界面以下1m、2m共6套对比方案，预测时间为15年。

图8–13、图8–14分别为水平井水平段在不同纵向位置时油采出程度与含水率的关系曲线、气采出程度与水气比的关系曲线对比。从图可知，水平段距油水界面越近，则见水越早，油和气的采出程度越低，当水平段距水界面6m（即距油气界面1m）后，油和气的采出程度相差不大，综合考虑油和气的采出程度（在保证油采出程度的同时也要保证气的采出程度）确定水平段最佳层位为油气界面以上1～2m处。

（2）水平段长度优选。

在水平井水平段纵向位置优选的基础上又进行了水平段长度的优选，共设计了水平段长度L分别为100m、200m、300m、400m、500m共5套对比方案，底油开采速度2%，预测时间15年。

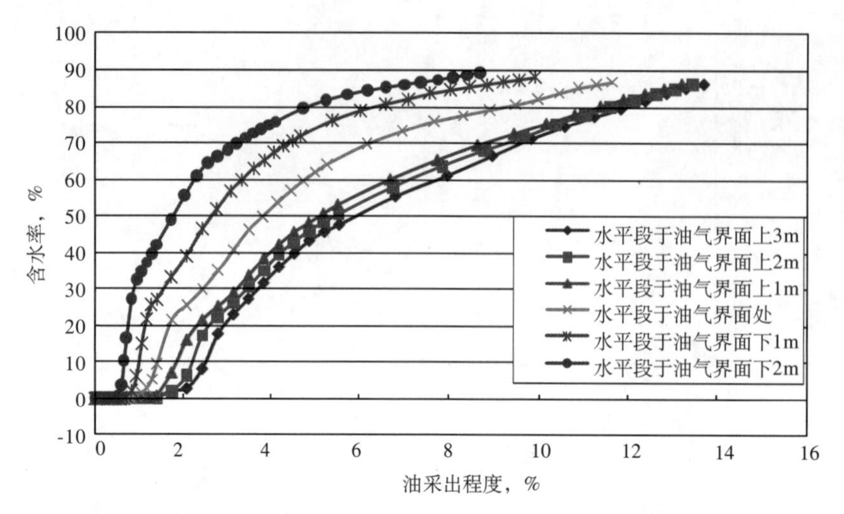

图8-13 不同纵向位置下油采出程度与含水率的关系曲线对比

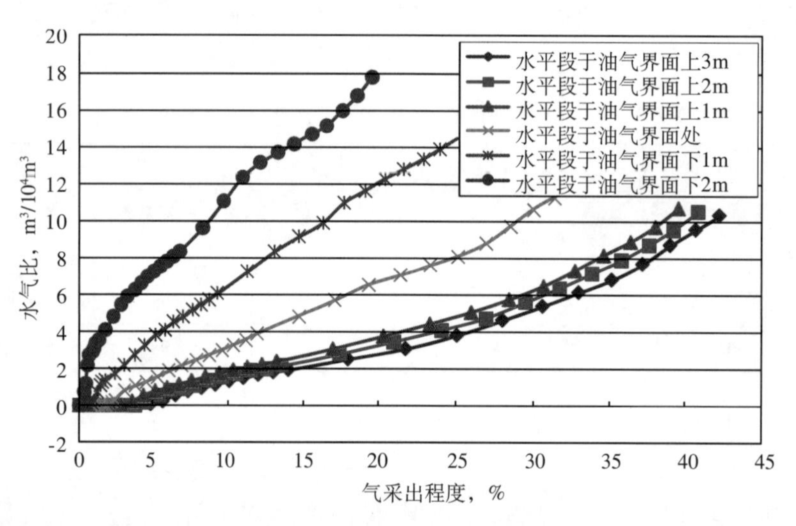

图8-14 不同纵向位置下气采出程度与水气比的关系曲线对比

图8-15为不同水平段长度下日产油随时间的变化曲线，图8-16为开采前5年的放大图，可以看出，水平段越长则稳产期越长，当水平段长度超过300m后，油的稳产期相差不大。通过不同水平段长度下不同开采时期油的采出程度对比，不论是开采5年还是10年，水平段长300m方案的指标都是最优的，因此水平段的合理长度为300m。

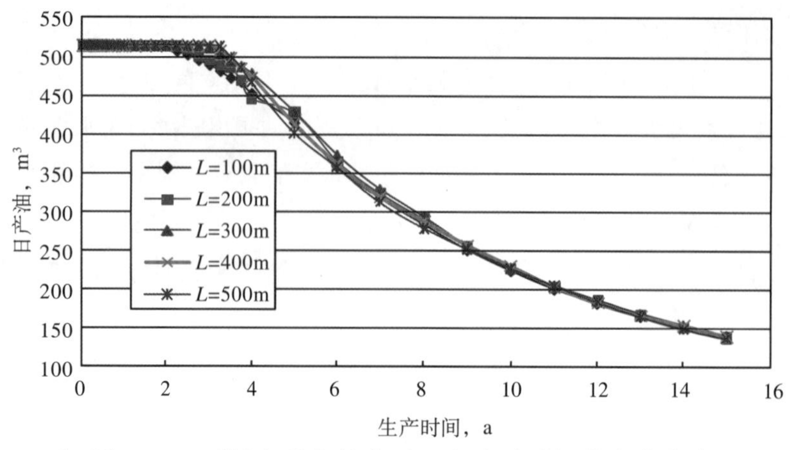

图8-15 不同水平段长度下日产油随时间的变化曲线

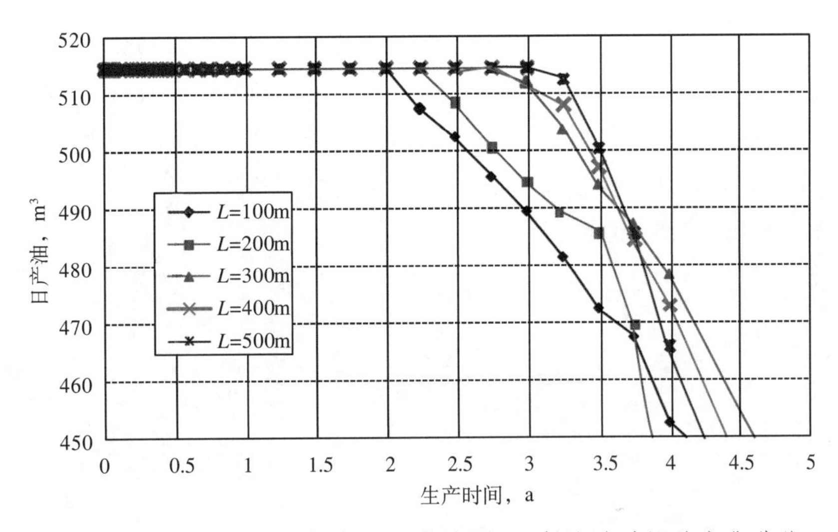

图8-16　不同水平段长度下开发前5年日产油随时间的变化曲线

三、开发效果分析

英买力气田群于2007年4月25日正式投产，到年底共有34口井投产。投产后，单井产能符合率高，整体达到方案设计规模。

根据实施方案的水平井开采底油的机理研究，气藏共部署了4口水平井先期采油环（YM7-H1井、YM7-H2井、YM7-H3井、YM7-H4井），后期上返采气，水平段长300m，位于油气界面以上1～2m。表8-11为截止到2009年底的实际开发数据，说明采用水平井开发油环取得了比较好的开发效果[12]。

表8-11　开采底油井开发效果对比

井号	日产油 m^3	日产气 10^4m^3	累计产油，10^4m^3			累计产气 10^8m^3	气油比 m^3/m^3	综合含水率 %
			油合计	凝析油	底油			
YM7-H1	21	15	7.12	4.02	3.1	2.87	7142.86	26.5
YM7-H2	50	34.3	5.87	5.47	0.4	3.75	6860.00	
YM7-H3	37	25.9	2.97	0.76	2.21	0.53	7000.00	高含水关井
YM7-H4	12	0.16	3.18	0.51	2.67	0.55	7133.33	93.3
YM7-2	43	32.9	3.3	1.95	1.35	1.49	7651.16	

第四节　大张坨凝析气藏注气开发

大张坨凝析气藏于1995年1月采用循环注气的开发模式。循环注气5年后，于2000年改为储气库[13]。

一、气藏概况

1. 构造储层

1）构造特征

大张坨凝析气藏板Ⅱ油组顶面为一西高东低的鼻状构造，上倾方向由砂岩尖灭和断层遮挡形成断层岩性复合圈闭。含气层位为板Ⅱ油组1小层，其顶面构造高点埋深−2565m，溢出点−2800m，构造幅度235m，东西长5km，南北宽3km，圈闭面积12km²。构造高点位于西南部板57井附近，地层倾向北东，倾角5°～6°，北端面临板桥凹陷，北东方向通过鞍部水体与板桥油气田中断块连通。北面为一较大水域，南面为大张坨断层，西面为岩性尖灭带，东面与板桥中区板Ⅱ组共享同一个水域，是一个断层和岩性复合圈闭的鼻状构造[14]（图8−17）。

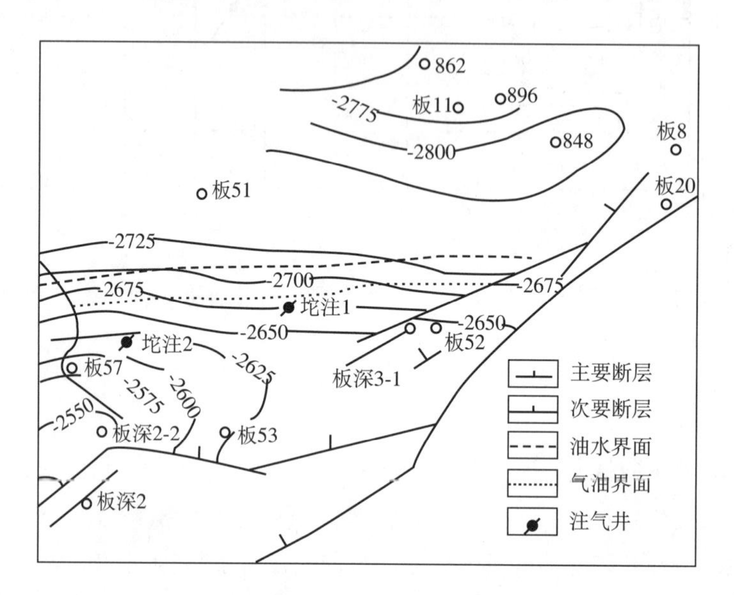

图8−17 大张坨凝析气藏构造及井位图

构造特点是西部构造简单，地层略陡；东部地层平缓，在板52井附近存在一个局部高点，在板深3−1井和板52井之间有一个小型鞍部；在大张坨断层附近，发育一组派生断层，走向与大张坨断层成30°左右夹角。

2）储层特征

板桥油组普遍发育薄层鲕状灰岩及含砂屑生物灰岩，泥岩为灰绿色，偶见泥裂构造，从沉积特征分析，属于浪基面以上的浅水环境沉积。据板Ⅱ油组沉积微相研究，在水下冲积扇扇端亚相区，由于地势趋于平坦，水动力条件减弱，水下河道开始分叉，变为分支水道，是扇端亚相主要沉积类型，分支水道砂体为主要储层。

板Ⅱ油组岩性主要为灰白色砂岩与灰色、深灰色泥岩互层。从板57井岩心观察，气层部位砂岩单层厚度一般小于10m，以粉砂岩为主，与泥岩和泥质粉砂岩呈薄互层状，夹少量细砂岩和中砂岩，顶部一层为厚0.3m的含螺鲕灰岩。坨注1井与板57井岩性特征相似，但以细砂岩为主。

板Ⅱ油组储层砂岩以重力流水道沉积为主，砂岩单层厚度不等，一般小于10m，最厚达31.4m，砂体分布范围自下部的6小层到上部的1小层明显扩大，砂层厚度也增大，具明显的反旋回特征。位于扇端亚相区的大张坨地区仅上部的1、2号小层发育有砂岩，向西南方向砂岩由厚层块状到砂泥互层状，最后尖灭。

根据砂体内部的沉积韵律和夹层分布情况，将板Ⅱ油组1号小层进一步细分成4个单砂层，每个单砂层厚度小于6m。平面上，砂体呈席状分布，与板中断块南北高点砂体连通，气藏主体部位砂岩厚度为7～12.2m。

据岩心分析资料，本区板Ⅱ1小层砂岩孔隙度一般为20%～25%，渗透率一般为0.27～15.4mD。板

57井因位于砂岩尖灭线附近，物性较坨注1井差，气藏剖面如图8–18所示。

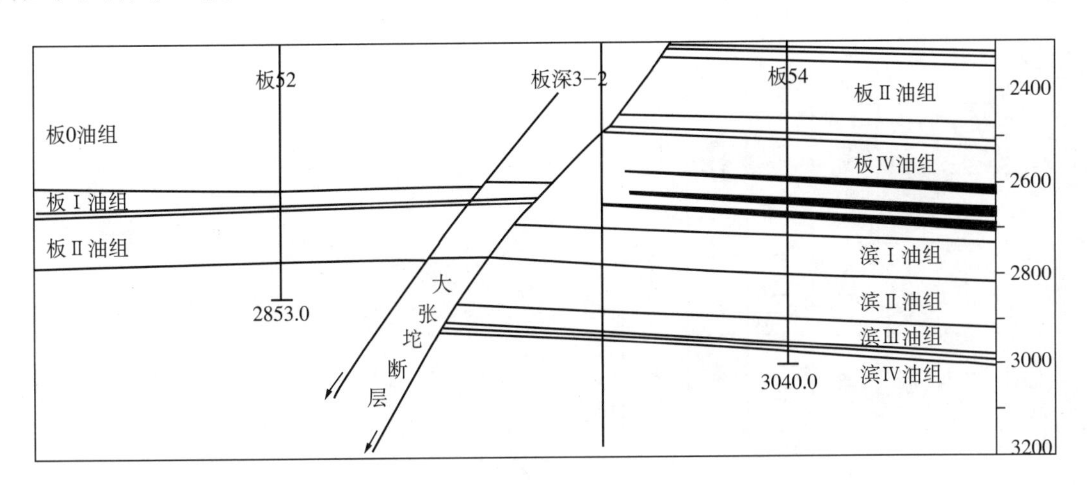

图8–18　大张坨凝析气藏剖面图

2. 油气层分布

1）油气层分布特征

大张坨凝析气藏目的层为板Ⅱ油组1小层，在构造上倾部位砂岩尖灭，构造低部位通过边水与板桥中断块板Ⅱ油组气藏相连。平面上气层分布连片，连通性好，分布集中在砂岩主体部位，气层有效厚度4.6～12.4m，平均7.67m，为一受岩性和构造控制、具有边水带小油环的凝析气藏。含气高度110m，油环高度20m，气油界面–2675m，油水界面–2695m。

2）流体性质

天然气相对密度0.6035～0.7659，甲烷含量77.91%～82.02%，CO_2+N_2含量小于4%。凝析油具有四低的特征，即相对密度低（0.732～0.764）、黏度低（0.64～0.9mPa·s）、凝固点低（–15～–30℃）、初馏点低（30～46℃）。地层水为$NaHCO_3$型，总矿化度7089mg/L。凝析油含量630g/m^3，为高凝析油含量的凝析气藏。

3）温度压力系统

板52井板Ⅱ油组1975年试油，测得原始地层压力为29.77MPa（油层中部深度2660m），地层静温105℃，地层压力系数1.1，地温梯度3.95℃/100m，属于常温常压系统。

3. 流体相态特征

大张坨凝析气藏进行了多次取样及PVT流体样品分析，反映出大张坨凝析气藏具有凝析油含量高（630g/m^3）、高饱和、高反凝析液量相态特点。具体表现如下:

1）地露压差小、凝析油饱和度高

大张坨凝析气藏从1975年发现至1995年已先后钻井6口，其中有5口井获得工业油气流，这5口凝析气井均进行过高压物性取样，先后共取样6井次。除坨注1井取样时，由于生产不稳定，判定样品不合格未做PVT室内实验外，其余井在取样时气井生产稳定，井筒测得的流压梯度在不同的深度均相近，表明气井生产时的天然气流速能全部将井筒中的反凝析液带到地面分离器，可在地面条件下取到代表地层条件的样品。在室内按规程做了各项参数的测定，其井流物组成见表8–12。

表8-12 大张坨凝析气藏井流物主要物性参数

井号	取样时间	组分摩尔分数，%													气油比 m^3/m^3	最大反凝析压力 MPa	最大反凝析液量 %	评价	可靠性
		N_2	CO_2	C_1	C_2	C_3	iC_4	nC_4	iC_5	nC_5	C_6	C_{7+}	C_1+N_2	$C_2\sim C_6+CO_2$					
板52	1987	0.54	1	68.55	11.22	6.42	1.63	2.03	0.94	0.83	1.82	5.02	69.09	25.89	1206	12.74	14.4	稳定	可靠
	1994	1.27	1	68.22	11.26	6.12	1.59	2.03	0.86	0.79	1.16	5.7	69.49	24.81	1437.5	15.60	7.94	未稳定	参考
板53	1994	1.104	0.43	67.932	11.366	6.193	1.644	2.186	0.957	0.859	1.274	6.055	69.036	24.909	1289	15.50	9.97	稳定	可靠
板57	1991	0	0.67	72.81	8.41	5.06	1.51	2.02	1.11	1.07	1.58	5.58	72.81	21.43	1611	15.50	10.8	稳定	可靠
坨注1	1994	1.04	0.87	68.8	11.1	5.99	1.69	2.19	0.94	0.84	1.16	5.38	69.88	24.78	1684	15.52	11.28	未稳定	参考
坨注2	1994	0.35	0.4	70.73	10.93	5.96	1.64	2.08	0.91	0.79	1.12	5.09	71.08	23.83	1540	16.23	9.67	稳定	可靠

2）衰竭过程中反凝析现象严重

在所有样品中，反凝析现象均比较强烈，反映出高凝析油含量、高饱和、高反凝析液量的凝析气藏相态特征。

凝析气露点压力与取样时的地层压力相近，一般在24～25MPa。只有板57井因处于构造最高部位，凝析油饱和度较低，实验露点压力约22.5MPa。所有样品的反凝析区都在16MPa以上，反凝析液量在16MPa时达到最大，约占地下孔隙体积的10%以上（图8–19）。原始流体样品的（板52井1987年样品）最大反凝析液量达14%。

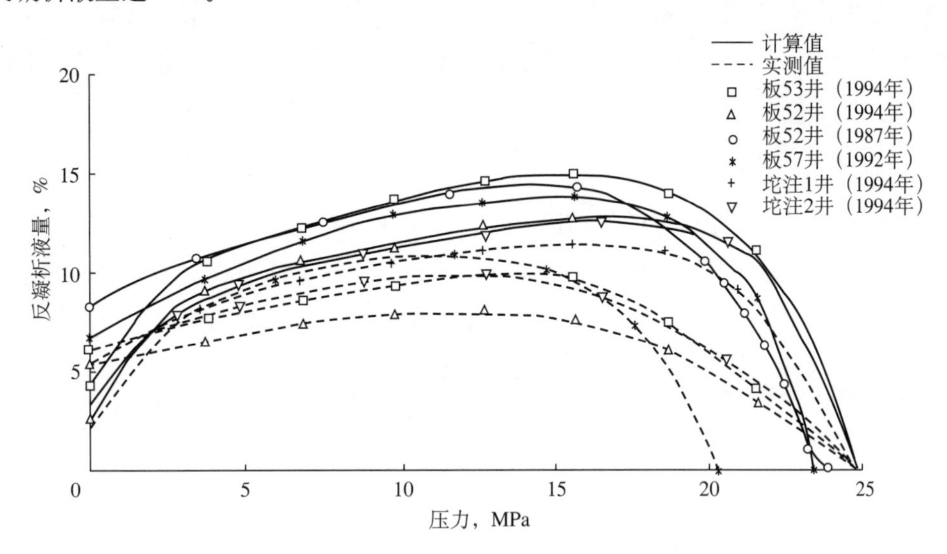

图8–19　大张坨凝析气藏等容衰竭反凝析液量曲线

二、循环注气开发方案设计

大张坨凝析气藏是一个构造比较简单、油气层比较单一、大面积分布、凝析油含量高并带有窄油环的凝析气藏。在确定该凝析气藏的开发方案时，主要进行的工作和程序如下[15–20]。

1. 产能确定

对板52和板53两口井1994年的系统试井资料，用指数方程分别进行了无阻流量的计算，其中板52井无阻流量为$57.48\times10^4m^3/d$；而板53井的无阻流量为$54.34\times10^4m^3/d$。

根据板桥凝析气田开发20余年的经验制定如下配产原则：

（1）枯竭式开采，气井单井产量不超过无阻流量的1/3。

（2）注气开采，为满足注采平衡需要，气井单井产量可以按无阻流量的l/3或3/5配产。

基于板52井、板53井和板57井的无阻流量，考虑到循环注气开发的需要和气井试气的实际生产能力，配产指标为板52井$19.16\times10^4m^3/d$；板53井$18.11\times10^4m^3/d$；板57井$7\times10^4m^3/d$。

在实际生产过程中还可以调整，设计大张坨凝析气藏的日产量为$40\times10^4m^3$，与板桥凝析气田已开发的几口气井对比和经现场实施，认为产量设计是合理的。

2. 井网、井距的确定

由于气藏规模较小，要开发需要再钻井数少，难以实现规则布井，因此新钻井的位置只考虑如何减少边水对气藏开发带来的不利影响，故采用了不规则的三角形井网。在注采井数上考虑了一注两采、两注两采和两注三采方案。由于该凝析气藏储层物性比较好，选用两注两采方案，注采井距1600m左右，只需新钻2口注气井，即坨注1井、坨注2井，并于1994年按注气要求完井。该凝析气藏共有6口井，其中两口注气井，两口采气井（板52、板53）和两口观察井（板51、板57）。

3. 开发方式的选择

利用组分数值模拟软件对大张坨凝析气藏不同开发方式进行了研究，结果表明：保持压力可使大张坨凝析气藏凝析油的采收率比枯竭式开采有很大幅度的提高，因为相邻凝析气藏的枯竭式开采实践表明，凝析油的采收率一般只有30%左右。鉴于这种情况，决定该凝析气藏选择保持压力的方式进行开采。

4. 注入介质的筛选

对大张坨凝析气藏的注入介质进行了筛选评定，其中评定的注入介质是甲烷、二氧化碳、氮气、烟道气及采出气，采用多组分模拟软件开展了不同注入介质对凝析油采收率的影响。再考虑到大港油区的资源现状，选定注入介质为处理后的干气。注干气条件下，凝析油的采收率与干气注入量有直接关系，随注采比从0时的30%左右增加到注采比为1.0时的70%左右（图8–20）。

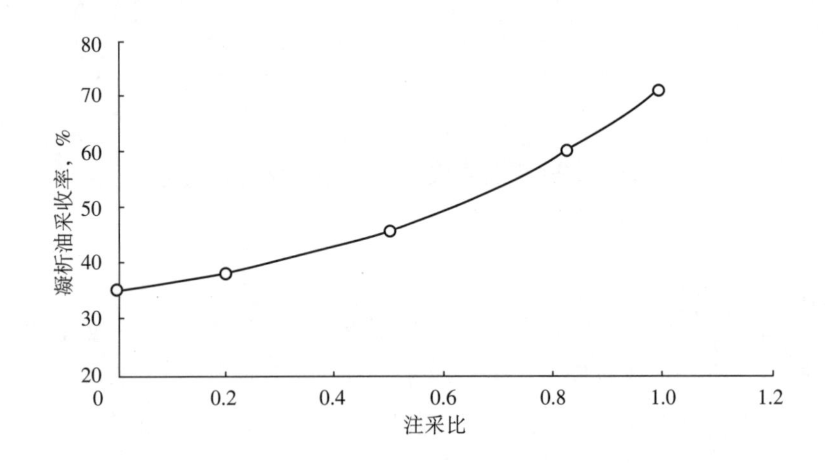

图8–20 大张坨凝析气藏注采比与凝析油采出程度的关系

5. 注入气量、注入压力及注气周期

大张坨凝析气藏两口注气井的设计总日注气量为$32\times10^4m^3$，对应此时的注入井井口压力为25MPa，注气周期为7年，注气结束时的累计注气量为$7.67\times10^8m^3$。

三、循环注气实施效果

大张坨凝析气藏于1995年1月16日开始循环注气，注气前分别对两口注气井注入了乙硫醇和氦气两种示踪剂，到1995年8月全面达到方案设计指标，两口生产井的井流物日产量达$43\times10^4m^3$，两口注气井的日注量为$32.7\times10^4m^3$，注入井井口压力为19～20MPa，实际指标与设计指标相符。总体效果如下。

1. 凝析油含量递减减慢

凝析油含量递减减慢，凝析油损失量减少。大张坨凝析气藏循环注气减缓了地层压降速度，减小了凝析油反凝析程度，开发5年（1995—1999年），井流物中凝析油含量由630g/m^{3}下降到450g/m^3，只降低了180g/m^3。而衰竭式开发，方案预计同期凝析油含量由630g/m^{3}降到280g/m^3，降低350g/m^3。注气开发与衰竭式开发相比，凝析油损失几乎减少了一半。

2. 气藏压降速度减缓

气藏压降速度减缓，凝析油采出量增加。大张坨凝析气藏1998年10月测得地层压力为22.17MPa，而方案预计衰竭式开采同期地层压力为17.16MPa，压力相差5.01MPa。在注采比为0.75的情况下，循环注气开发单位压降凝析油采出量是衰竭式开发的6.8倍。

3. 凝析油增产明显

大张坨凝析气藏到2000年2月累计生产凝析油26.23×10^4t，与衰竭式开发相比，已累计增油15.49×10^4t，注气开发比衰竭式开发阶段凝析油采收率提高13.56%。

第五节　挪威北海SleiPner Ty气田注气开发

SleiPner Ty气田投产前进行了详细的储层特征、流体性质研究，确定了注气保持压力的开发方式。开发过程中对水体、压力、流体性质等动态特征开展了系统的监测分析，开发调整措施的实施也取得了较好的效果[21, 22]。

一、气藏概况

1. 地质特征

SleiPner Ty气田为构造地层圈闭，分为南、北两个区域，中间由一鞍部相连。地层由古近系深海相砂岩和伴生泥岩构成，砂岩呈瓣状复合体，厚度变化极大，西北部地层厚度约为150m，东南部砂岩尖灭，厚度变为0。通过泥岩高分辨率生物地层学的研究，将气藏分为9层（Ty1—Ty9）。泥岩层在舌尖部厚度达到5m，并且在气田大部分区域都有分布。SleiPner Ty气田水体活跃，天然气储量590×10^8m^3，凝析油储量5200×10^4m^3。

生产井及注气井的压力监测表明，储层在纵向及平面上都是连通的，泥岩起流动隔板的作用，并不完全封闭，泥岩夹层影响了注入气及地层水的突破时间。高渗透条带和断层会导致层间发生窜流，压力连通性较好。砂岩向北部及西部继续延伸，使水体也较为活跃。

储层物性很好，净毛比较高，平均孔隙度、渗透率较高。除了分为9个层之外，气藏还可以根据不同的电阻率测井响应分为两个单元。上单元电阻率较高，下单元电阻率较低。不同单元的岩石物理性质也不同。下单元原始含水饱和度较高，孔隙度较高，渗透率较低。Ty气藏特征见表8-13。不同的气藏特征决定了不同的流动特征。

表8-13 气田储层特征

储层参数	平均值	
储层厚度	87m	
净毛比	0.91	
孔隙度	HRZ：0.25	LRZ：0.28
渗透率	X/Y：400mD	
	HRZ：600mD	LRZ：300mD
初始水饱和度	HRZ：0.23	LRZ：0.39
气柱高度	52m	
初始自由水界面（FWL）	2415m TVD SS	
初始气水界面（GWC）	2405m TVD SS	

注：HRZ 代表上部气层；LRZ 代表下部气层。

钻穿水层的所有井证实，圈闭的溢出点垂深2415m（自由水面），气水界面为2405m。

2. 流体性质

原始流体组成见表8-14，CO_2含量低于销售天然气规定的2.5%。

表8-14 初始流体组成

组分摩尔分数，%												C_{10+}性质		
CO_2	N_2	C_1	C_2	C_3	iC_4	nC_4	iC_5	nC_5	C_{6+}	C_{10+}	合计	摩尔质量 g/mol	密度 g/cm^3	平均摩尔质量 g/mol
0.27	1.17	70.64	10.64	7.55	1.27	2.23	0.72	0.73	3.38	1.41	100.0	177.1	0.827	27.1

探井生产测试表明，气油比为$1000m^3/m^3$，然而受重力梯度的影响，位于气藏顶部的生产井气油比略高，初始平均气油比为$1125m^3/m^3$。

初始地层温度为96℃，压力在参考深度2385m处为24.4MPa。仅仅高于露点压力0.1MPa，PVT实验中等容衰竭到地层压力10MPa时，最大凝析油饱和度为8%。

组成中C_{10+}含量较低，并且由于重组分的摩尔质量及含量较低，反凝析液极易挥发。地层压力为19MPa时，凝析液即可蒸发进入注入干气中，因此被驱替过的区域其残余凝析油饱和度极低。

二、开发方案设计及调整

1. 开发方案设计

气田采用注气开发方式。1993年，SleiPner Ty 凝析气藏的第一口井开始试采，1994年开始注入干气，1996年开始大规模注气。注气开发方式首先可以保持地层压力，抑制凝析油的析出，另一方面可以蒸发凝析油，提高凝析油采出程度。方案设计的原则是注气井位于气藏边部，以延长注入气到生产井的突破时间，获得尽可能大的垂向及平面的波及程度，同时抑制、减少气藏的水侵量。

采用边（低）部注、高部位采气的注采模式。注采井数比1:2.6，生产井10口，其中9口井集中的南部高部位，1口位于北部，注气井5口，如图8–21所示。

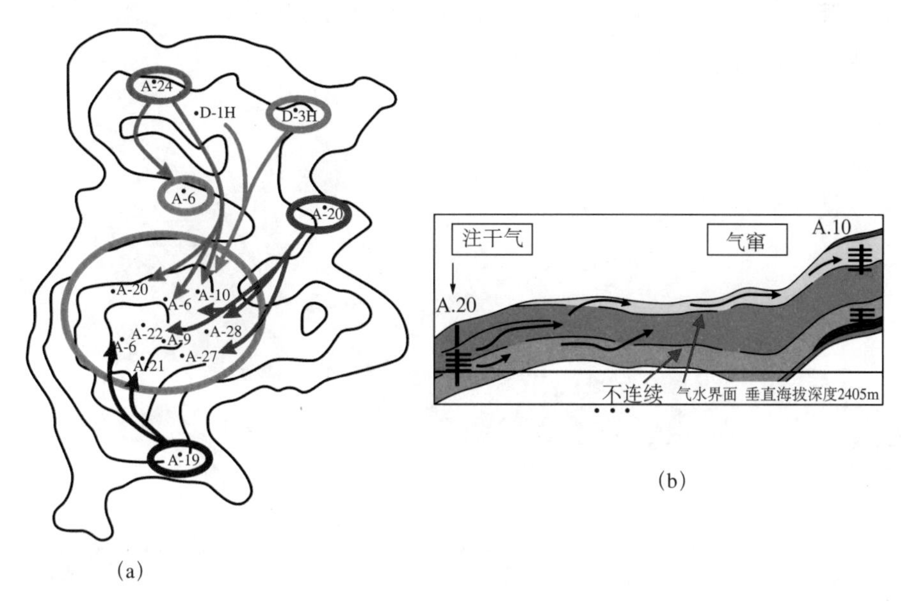

图8–21　Sleipner Ty凝析气藏注采井分布图及注入气流动方向示意图

2. 注气机理及开发调整措施

1996年开始大规模回注干气，之后的两年内地层压力升高、气油比也随之降低。截至2005年，注气阶段累计回注干气$290\times10^8m^3$。注气阶段的关键问题是提高平面和纵向的波及系数，使凝析油反蒸发，气藏模拟表明短期内大量注气比低注气量长期注入可以提高驱替效果。通过注入化学气体示踪剂可以分析注入气在地层中的流动方向（图8–22），通过此方法判断未波及区域，从而通过改变注气剖面、新钻加密井来调整驱替过程。

垂向及平面干气波及系数最大化可以提高凝析油采收率。在5口注气井中注入了5种不同的化学气体示踪剂，将生产井中所取气体样品进行分析化验，来监测注入干气在地层中的流动。早在1998年，半数的生产井已监测到示踪剂的突破。气油比同时也开始逐渐升高。结果表明，产量大多来自渗透率较高的上部气层。除了渗透率差异，原始气体与注入干气的重力差异也较为明显，注入干气较轻，倾向于流向气藏顶部，如图8–22所示。

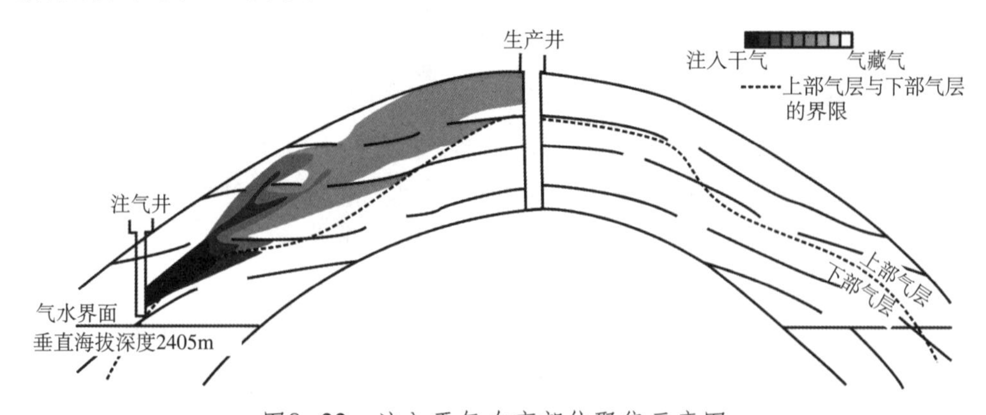

图8–22　注入干气在高部位聚集示意图

因此依据示踪剂监测成果，对于生产井可以考虑封堵上部干气驱替区域，而射开下部干气未波及层段，提高波及系数，如图8–23所示。A–10井射孔段分上下两段，但仅在上部射孔段监测到化学示踪剂，1997年10月气油比升至1600m^3/m^{3}而关井，1998年单独测试上部射孔段其气油比为2000m^3/m^3。封堵上部射孔段之后开井生产，气油比降至1200m^3/m^3，生产18天后便收回成本，经济效益显著。同样的措施也在A–9井、A–26井进行了实施。

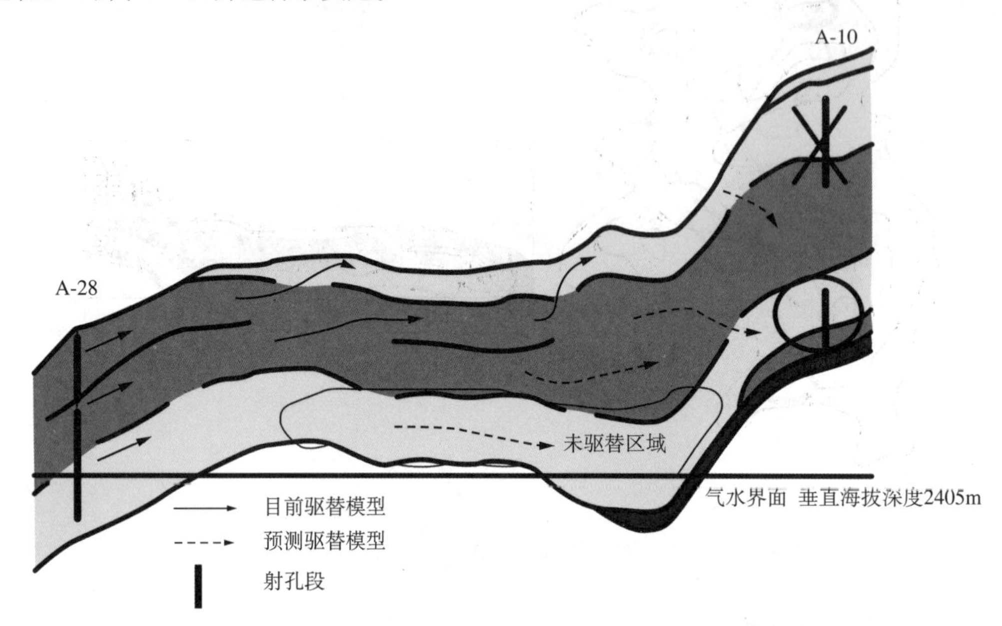

图8–23 鞍部注气井A–28与生产井A–10地质剖面

通过数值模拟研究，认为该井网条件下大量凝析油滞留在构造西部，如图8–24所示。因此，在此区域增加注气井可以提高凝析油采收率，注入的干气一方面可以抑制水侵，还可以使凝析油反蒸发，并有效地保持此区域的地层压力水平，同时新井的实施还可以落实气水界面上升的高度（图8–25），为调整措施的制定提供可靠的依据。新井A–4于2000年初开钻，预计增加凝析油产量100×10^{4}m^3。

2005年秋季开始正式调整开发策略，停止注气。重复饱和度测井及4D地震用于监测水体的侵入。由于水体已经侵入到鞍部的西部，在北部与南部之间。组分数值模拟表明注入气全部滞留在构造的北部。模拟显示如果继续注气，北部圈闭的气体大约占注入气体的10%～20%。虽然凝析油采收率在循环注气时仍然可以提高，但凝析油增量的收益被注入气的损失抵消，继续注气经济效益不理想。

三、开发效果分析

回注干气开发使凝析油采收率较高，虽然整个开发过程中地层压力低于露点压力，但注气的开发方式抑制了凝析液的析出。1996年开始大规模回注干气，地层压力升高，气油比明显降低。

活跃的水体有利缓解了地层压降，有利于凝析油的开发，但容易封锁气体。由于气藏中间鞍部的水淹，恰好把南部的生产井与北部的注气井分开，把回注干气的10%～20%封闭在无生产井的北部区域，而难以采出。

循环注气的开发方式极大地提高了凝析油采收率，最初设计衰竭开发时预计凝析油采收率为50%，而目前估计最终采收率为81%，天然气采收率75%。至2007年7月1日产气377×10^{8}m^3，凝析油3940×10^{4}m^3，采出程度已分别为64%、76%。

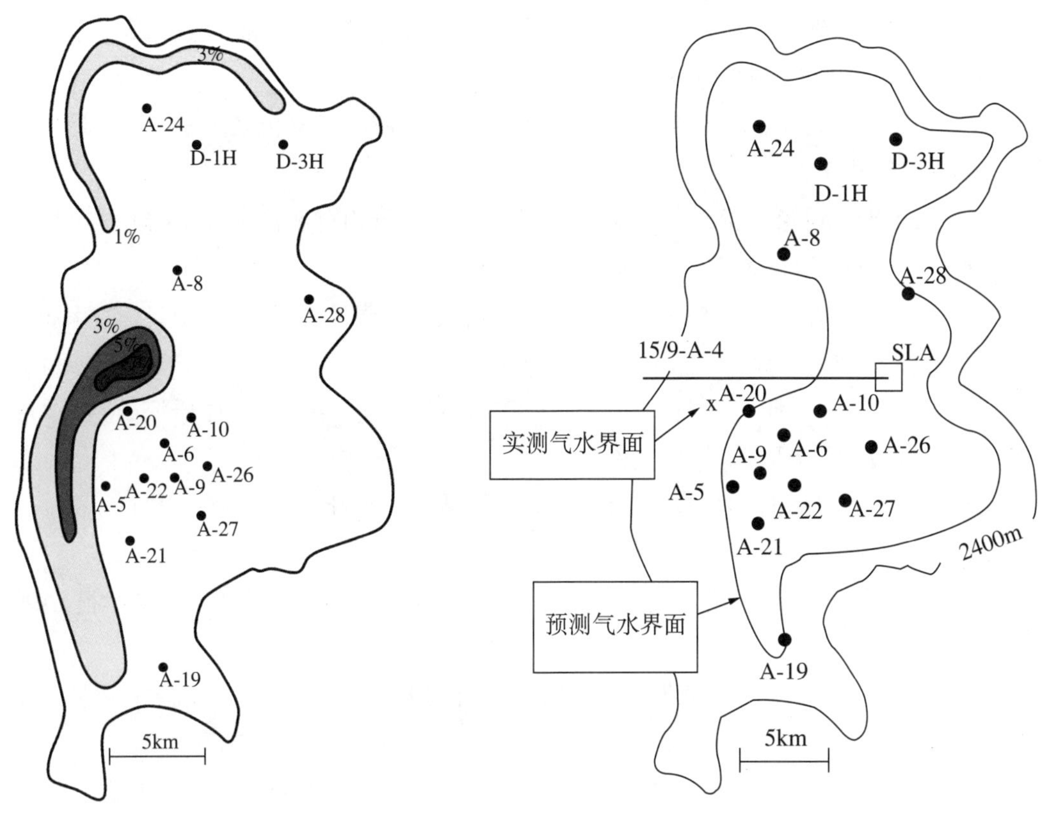

图8-24　开发末期凝析油饱和度平面分布预测　　图8-25　预测与实测气水界面对比（2000年春）

参考文献

[1] 袁士义，叶继根，孙志道.凝析气藏高效开发理论与实践［M］. 北京：石油工业出版社，2003.

[2] 李士伦. 气田开发方案设计［M］. 北京：石油工业出版社，2006.

[3] 孙龙德，宋文杰，江同文. 塔里木盆地牙哈凝析气田循环注气开发研究［J］. 中国科学：D辑，2003, 33 (2)：177−182.

[4] 孙龙德. 塔里木盆地凝析气田开发［M］. 北京：石油工业出版社，2003.

[5] 陈文龙，吴年宏，杨勇，等. 现代试井分析在牙哈凝析气田的应用［J］. 新疆石油地质，2004，25 (1)：87−89.

[6] 宋清平，裴红. 超高压注气压缩机在牙哈凝析气田中的应用［J］. 石油规划设计，2002，13 (6)：50−53.

[7] 李保柱，朱玉新，宋文杰，等. 水平井技术在牙哈凝析气田开发中的应用［J］. 油气地质与采收率，2003，10 (1)：35−37.

[8] 邓军，洪玉娟，瞿加元，等. 牙哈23凝析油气田产量变化特征及预测［J］. 天然气工业，2007，27 (2)：87−90.

[9] 肖香姣，姜汉桥，王洪峰，等. 牙哈23凝析气田有效水体及驱动能量评价［J］. 西南石油大学学报：自然科学版，2008，30 (5)：111−114.

[10] 张祥忠，靳涛，吴欣松，等. 塔里木盆地英买9构造圈闭精细描述与储集层预测 [J]. 新疆石油地质，2001，22 (5)：397-399.

[11] 邹国庆，成荣红，施 英，等. 利用水平井提高英买7凝析气藏采收率 [J]. 天然气工业，2007，27 (4)：82-85.

[12] 洪玉娟，刘峰，高贵洪，等. 探讨提高英买力气田群底油采收率的方法 [J]. 石油天然气学报，2007，29 (3)：315-317.

[13] 崔立宏，疏壮志，杨树合，等. 大张坨地下储气库建设方案 [J]. 西南石油学院学报，2003，25 (2)：76-80.

[14] 崔立宏，刘聪，杨树合，等. 大港油田地下储气库可行性研究 [J]. 石油勘探与开发. 1998，25 (5)：83-87.

[15] 崔立宏，付超，刘韬. 大张坨凝析气藏循环注气开发方案研究 [J]. 石油勘探与开发，1999，26 (5)：43-45.

[16] 马世煜，周嘉玺，超平起. 大张坨凝析气藏循环注气开发 [J]. 石油学报，1998，19 (1)：47-52.

[17] 程远忠，韩世庆，陈振银. 大张坨凝析气藏循环注气的动态监测 [J]. 油气井测试，2001，10 (4)：65-67.

[18] 蒲建，杨树合，何书梅，等. 大张坨地下储气库数值模拟研究 [J]. 天然气与石油，2002，20 (1)：9-11.

[19] 杨树合，何书梅，杨波，等. 大张坨地下储气库运行实践与评价 [J].天然气与地球科学，2003，14 (5)：425-428.

[20] 王起京，张余，刘旭.大张坨地下储气库地质动态及运行效果分析 [J]. 天然气工业，2003，23 (2)：89-93.

[21] Helga Hansen，Kristin Westvik. Successful multidisciPlinary teamwork increases income. Case study：The SleiPner East Ty Field，South Viking Graben，North Sea [C]. SPE 65135，2000.

[22] Kjersti M. Eikeland，Helga Hansen. Dry-Gas Reinjection in a Strong Waterdrive Gas-Condensate Field Increases Condensate Recovery.Case Study：The SleiPner Ty Field，South Viking Graben，Norwegian North Sea [C]. SPE 110309，2007.